配电线路施工与运行

苏　涛　夏永涛　石宇辉　主编

吉林科学技术出版社

图书在版编目（CIP）数据

配电线路施工与运行 / 苏涛，夏永涛，石宇辉主编
. -- 长春：吉林科学技术出版社，2020.1
ISBN 978-7-5578-6410-1

Ⅰ．①配… Ⅱ．①苏… ②夏… ③石… Ⅲ．①配电线
路—工程施工②配电线路—运行 Ⅳ．① TM726

中国版本图书馆 CIP 数据核字（2019）第 300219 号

配电线路施工与运行

主　　编	苏　涛　　夏永涛　　石宇辉	
出 版 人	李　梁	
责任编辑	端金香	
封面设计	刘　华	
制　　版	王　朋	
开　　本	185mm×260mm	
字　　数	360 千字	
印　　张	16.25	
版　　次	2020 年 1 月第 1 版	
印　　次	2020 年 1 月第 1 次印刷	
出　　版	吉林科学技术出版社	
发　　行	吉林科学技术出版社	
地　　址	长春市福祉大路 5788 号出版集团 A 座	
邮　　编	130118	
发行部电话 / 传真	0431—81629529　　81629530　　81629531	
	81629532　　81629533　　81629534	
储运部电话	0431—86059116	
编辑部电话	0431—81629517	
网　　址	www.jlstp.net	
印　　刷	北京宝莲鸿图科技有限公司	
书　　号	ISBN 978-7-5578-6410-1	
定　　价	65.00 元	

前　言

　　作为国民经济发展的重要基础，电力工业深刻影响着社会经济的发展和人民生活水平的提高，都需要以电作为能源和动力。自中国加入世界贸易组织以后，快速发展的市场经济使社会用电量大大增加，相对社会发展而言，电网建设的发展速度远远跟不上时代发展的步伐，供求平衡失调、线损大、可靠率低的问题比较突出。伴随智能电网以及农网改造项目的相继运行，国家范围内各个地区的电网公司都感受到了压力与日俱增。社会的稳定发展需要电力安全运行的支持，这也是电力行业发展的基础条件之一。但是，由于我国受到长时间计划经济体制的影响，电力建设项目工程管理水平非常落后，与国际先进水平之间存在较大差距。尤其是在电力配网工程建设方面还处于发展初级阶段，传统的建设施工技术与管理模式已经不能满足未来的发展需求，在实际应用过程中面临重重困难。

　　与配电线路相比，输电线路在电力传输中相对重要，目前的研究也多偏向于此，输电线路施工技术也已相当成熟，且有成套装置应用于现场，在电力系统安全运行中发挥了重要作用。对配电线路而言，由于配电线路的特殊性因而其研究进展缓慢，而配电线路好坏直接影响着配电网供电的可靠性，配电网作为电力网的末端，直接与用户相连，它能敏锐地反映用户对供电安全、品质等方面的要求，其运行安全性、可靠性和经济性直接关系到社会生产与人们的生活。配电网一旦发生故障，就会造成社会生产的巨大损失，给人们的生活带来极大的不便。以常见的单相接地故障为例，故障发生后，其他两相的对地电压升高为线电压，易引起绝缘薄弱环节的击穿，发生相间短路，从而使事故扩大；还可能导致电压互感器严重超过负荷而烧毁；也可能产生谐振现象，导致接地超过电压，危害电力系统的安全运行。因而，开展配电线路的故障检测与故障诊断研究，对于减小故障影响、迅速恢复供电以及提高配电系统可靠性有着重要的意义。

　　本书系统介绍了配电线路各阶段施工要点以及运行规程，为配电线路施工实践提供理论指导依据，望广大读者品评与指正。

目 录

第一章 绪 论

第一节 电力系统

一、电力系统组成

电力系统是由不同电压等级的电力线路组成的一个发电、输电、配电、用电的整体,即有发电厂、输电网、配电网和电力用户组成的整体,是将一次能源转换成电能并输送和分配到用户的一个统一系统。输电网和配电网统称为电网,是电力系统的重要组成部分。发电厂将一次能源转换成电能,经过电网将电能输送和分配到电力用户的用户设备,从而完成电能从生产到使用的整个过程。将 1kV 以上称为高压,1kV 以下称为低压。电力系统还包括保证其安全可靠运行的继电保护装置、安全自动装置、电镀自动化系统和电力通信等相应的辅助系统(一般称为二次系统)。

输电网是电力系统中最高电压等级的电网,指架设在升压变电所与一次降压变电所之间的线路,专门用于输送电能,是电力系统中的主要网络(简称主网),在一个现代电力系统中既有超高压交流输电,又有超高压直流输电。这种输电系统通常称为交、直流混合输电系统。

配电网是从一次降压变电所至各用户之间的 10kV 及以下线路,它将电能从枢纽变电站直接分配到用户区或用户,它的作用是将电力分配到配电变电站后再向用户供电,也有一部分电力不经配电变电站,直接分配到大用户,由大用户的配电装置进行配电。

在电力系统中,电网按电压等级的高低分层,按负荷密度的地域分区。不同容量的发电厂和用户应分别接入不同电压等级的电网。大容量主力电网应接入主网,较大容量的电厂应接入较高压的电网,容量较小的可接入较低电压的电网。

电力系统的出现,使高效、无污染、使用方便、易于调控的电能得到广泛应用,推动了社会生产各个领域的变化,开创了电力时代,发生了第二次技术革命。电力系统的规模和技术水准已成为一个国家经济发展水平的标志之一。

一般来说,将电力电线路分为室外和室内两种形式。其中,架空线路、电缆线路属于室外施工形式;线槽、瓷瓶、瓷夹、线管等属于室内施工形式。

二、电压等级与变电站种类

（一）电力系统电压等级

电力系统电压等级有 220V/380V（0.4kV）、3kV、6kV、10kV、20kV、35kV、66kV、110kV、220kV、330kV、500kV。随着电机制造工艺的提高，10kV 电动机已批量生产，所以 3kV、6kV 已较少使用，20kV、66kV 也很少使用。供电系统以 10kV、35kV 为主。输配电系统以 110kV 以上为主。发电厂发电机有 6kV 与 10kV 两种，现在以 10kV 为主，用户均为 220V/380V（0.4kV）低压系统。

根据《城市电力网规定设计规则》规定：输电网为 500kV、330kV、220kV、110kV，高压配电网为 110kV、66kV，中压配电网为 20kV、10kV、6kV，低压配电网为 0.4kV（220V/380V）。

发电厂发出 6kV 或 10kV 电，除发电厂自己用（厂用电）之外，也可以用 10kV 电压送给发电厂附近用户，10kV 供电范围为 10km、35kV 为 20~50km、66kV 为 30~100km、110kV 为 50~150km、220kV 为 100~300km、330kV 为 200~600km、500kV 为 150~850km。

（二）变配电站种类

电力系统各种电压等级均通过电力变压器来转换，电压升高为升压变压器（变电站为升压站），电压降低为降压变压器（变电站为降压站）。一种电压变为另一种电压的选用两个线圈（绕组）的双圈变压器，一种电压变为两种电压的选用三个线圈（绕组）的三圈变压器。

变电站除升压与降压之分外，还以规模大小分为枢纽站，区域站与终端站。枢纽站电压等级一般为三个（三圈变压器），550kV/220kV/110kV。区域站一般也有三个电压等级（三圈变压器），220kV/110kV/35kV 或 110kV/35kV/10kV。终端站一般直接接到用户，大多数为两个电压等级（两圈变压器）110kV/10kV 或 35kV/10kV。用户本身的变电站一般只有两个电压等级（双圈变压器）110kV/10kV、35kV/0.4kV、10kV/0.4kV，其中以 10kV/0.4kV 为最多。

第二节　配电网系统

配电系统由变电站、高压配电线路、配电变压器、低压配电线路以及相应的控制保护设备组成。根据电压等级的不同，可分为高压配电网（35~110kV）、中压配电网（3kV、6kV、10kV、20kV）和低压配电网（380V/220V）。对各级电压的配电网统称为配电系统。根据供电区域及地理特征的不同，可分为城市配电网及农村配电网。根据配电线路的不同，又可分为架空配电网、电缆配电网及架空电缆混合配电网。配电线路的配电设施主要包括配电线路、配电变压器、开闭所、小区变电室、环网柜、分支箱等。

一、配电网系统分类

（一）架空配电网

沿空中走廊架设，需要杆塔支持，每条线路的分段点设置单台开关（多为柱上）。为了有效地利用架空走廊，在城市市区主要采用同杆并架方式。有双回、四回同杆并架；也有 10kV、380kV 上下排同杆并架。架空线路按在网络的位置分主干线路和分支线路，在主干线路中间可以直接"T"接成分支线路（大分支线路），在分支线路中间可以直接"T"接又形成分支线路（小分支线路）。主干线和较大的分支线应装设分段开关。主干线路的导线截面一般为 120~240mm²，分支线截面一般不少于 70mm²。

中压架空线路最常见的有放射式和环网式两类。农村、山区中架空线路由于负荷密度较少、分散，供电线路长，导线截面积较少，大多不具备与其他电源联络的条件，一般采用树枝状放射式供电。低压架空线路也采用树枝状放射式供电。

城市及近郊区中压配电线路一般采用放射性环网架设，多将线路分成三段左右，每段与其他变电站线路或与本变电站其他电源线路供电，提高供电可靠性及运行灵活性。

架空配电线路的构成元件主要有导线、绝缘子、杆塔、拉线、基础、横担金具等，还包括在架空配电线路上安装的附属电气设备，如变压器、断路器、隔离开关、跌落式熔断器等。

与电缆线路相比，架空线路的优点是成本低、投资少、施工周期少、施工周期短、易维护与检修、容易查找故障。缺点是占用空中走廊、影响城市美观、容易受自然灾害（风、雨、雪、盐、树、鸟）和人为因素（外力撞杆、风筝、抛物等）破坏。目前我国 10kV 配电网较多采用架空线路方式。

（二）电缆配电网

依据城市规划，高负荷密度地区、繁华地区、供电可靠性要求较高地区、住宅小区、市容环境有特殊要求的地区、街道狭窄架空线路走廊难以解决的地区应采用电缆线路。

电缆线路主要是指沿地下走廊架设，无须杆塔支撑，但需要电缆沟（管）道等设施支持的配电线路。一般多为多台断路器（开闭所、环网柜）设置，线路中间不可任意直接"T"接，要通过电缆分接箱或开闭所等设备才可形成分支线路。由于电缆主要处于地下的复杂环境，故对电缆本身要求较高，要求电缆有可靠的绝缘与防护。中压主干线电缆宜采用铜芯 185mm² 及以上或铝芯 240mm² 及以上，支线电缆的截面应选用满足载流量及热稳定的要求。

电缆的敷设主要有以下几种方式：

1. 直埋敷设方式用于电缆条数较少时。

2. 隧道敷设方式分为专用的，与其他市政建设设施用沟道（如煤气、自来水、热力管道、电信光缆、有线电视等）混用的。用于变电站出线端及重要市区街道、电缆条数多或多种电压等级电缆并行以及市政建设统一考虑的地段。

3. 排管敷设方式主要用于机动车辆通道。

4. 其他敷设方式，如架空及桥梁架构敷设、水下敷设等。

与架空线路相比，电缆线路具有安全可靠、运行过程中受自然气象条件和周围环境影响较少，寿命长、对外界环境的影响小、不影响人身安全、同一通道可以容纳多根电缆、供电能力强等优点。但也有自身和建设成本高（与架空线路相比投资成倍增长）、施工周期长、电缆发生故障时因故障点查找困难而导致修复时间长等缺点。

二、配电系统的基本功能

工业企业供电系统是电力系统的重要组成部分，它一方面受电力系统运行情况的影响和制约，但另一方面和电力系统不同，它主要反映工业企业用户的特点和要求。

（一）数据采集

对供电系统运行参数的在线实时采集是变电所综合自动化系统的基本功能之一，运行参数可分为模拟量、状态量和脉冲量。

1. 模拟量

变电所采集的典型模拟量有：进线电压、电流和功率值，各段母线的电压、电流，各馈电回路的电流及功率值。此外还有变压器的油温、电容器室的温度及直流电源电压等。

2. 状态量

在变电所内采集的状态量数据主要有：变电所内各高压断路器和高压隔离开关的位置状态；变电所内一次设备运行状态及报警信号，变压器分接头位置信号，无功补偿电容器的投切开关位置状态等。这些信号大部分采用光电隔离方式的开关量中断输入或周期性扫描采样获得。其中有些信号可通过"电脑防误闭锁系统"的串行通信口而获得。

3. 脉冲量

脉冲量指脉冲电度表输出的以脉冲信号表示的电量。这种量的采集在硬件接口上与状态量的采集相同。

（二）数据处理与记录

数据处理的主要内容包括电力部门和用户内部生产调度所要求的数据。

1. 变电所运行参数的统计、分析与计算

包括变电所进线及各馈电回路的电压、电流、有功功率、无功功率、功率因数、有功电量、无功电量的统计计算；进线电压及母线电压各次谐波电压畸变率及总畸变率的分析，三相电压不平衡度的计算；日负荷、月负荷的最大值、最小值、平均值的统计分析；各类负荷报表的生成及负荷曲线的绘制等。

2. 变电所内各种事件信息的顺序记忆应登录存档

变电所内各开关的正常操作次数，发生的时间；断路器切除故障时，故障电流和跳闸操作次数的累计数；继电保护装置和各种自动装置动作的类型、时间、内容等。

3. 变电所内运行参数和设备的越限报警及记录

包括变电所内各开关的变位报警，设备及运行参数的越限报警，系统保护装置的动作报警等。在给出声光报警的同时，应记录下被监测量的名称、限值、越限值、越限的百分数、越限的起止时间等。

（三）控制与操作

闭锁变电所内的各高压断路器、隔离开关可以通过变电所综合自动化系统 CRT 屏幕进行操作，也可以对变压器的分接头进行调节控制，可对电容器组进行投切。

为了防止计算机系统故障时无法操作被控设备，在设计上应保留人工直接跳合闸手段，操作闭锁应包括以下内容：操作出口具有跳、合闭锁功能；操作出口具有并发性操作闭锁功能；根据实时信息，实现断路器、隔离开关操作闭锁功能。适应一次设备现场维修操作的电脑五防操作及闭锁系统：即防止带负荷拉、合隔离开关；防止误入带电间隔；防止误分、合断路器；防止带电挂接地线；防止带地线合隔离开关。CRT 屏幕操作闭锁功能，只有输入正确的操作口令和监护口令才有权进行操作控制。

（四）微机保护

微机保护主要包括线路保护、变压器保护、母线保护、电容器保护、备用电源的自动投入装置和自动重合闸装置等。

作为综合自动化重要环节的微机保护应具有以下功能：故障记录，且断电保持；存储多套整定值，并能显示及当地修改整定值；实时显示保护主要状态；与监控系统通信，根据监控系统命令发送故障信息、保护装置动作信息、保护装置动作值以及自诊断信息；接收监控系统选择保护类型及修改保护整定值的命令等，与监控系统通信应采用标准规约。

（五）与远方操作控制中心（或电力部门调度中心）通信

本功能即常规的远动功能或扩充的远动功能，在实现遥测、遥信、遥调、遥控的基础上增加了远方修改整定保护定值等。当用户供电系统及变电所的运行参数需要向电力部门传送时，可通过相应的接口和通道，按规定的通信规约向电力部门传送数据信息。

（六）人机联系功能

变电所有人值班时，人机联系功能在当地监控系统的后台机（或称主机）上进行，变电所无人值班时，人机联系功能在远方操作控制中心的主机或工作站上进行，不管采用哪种方式，操作维护人员面对的都是 CRT 屏幕，操作工具都是键盘或鼠标器。

1. 屏幕显示

这是变电所综合自动化系统进行人机联系的重要手段之一。通过屏幕显示，可以使值班人员随时、全面地了解供电系统及变电所的运行情况。屏幕显示的内容可以包括：供电系统的主接线、供电系统的实时运行参数、变电所内一次设备的运行状况、报警画面与提示信息、事件的顺序记录、事故记录、保护整定值、控制系统的配置显示、退出运行的设备和装置的显示以及值班记录、各种报表和负荷曲线，在系统发生故障时能够显示与故障有关的信息及故障处理的有关规程程序和操作指令等，以帮助值班人员妥善地迅速处理事故。

2. 通过键盘输入数据

如运行操作人员的代码及密码，运行操作人员密码的更改，保护类型的选择及定值的更改，报警的界限、设置与退出，手动/自动设置等。

3. 人工操作控制

断路器及隔离开关的操作、变压器分接头位置的控制、控制闭锁的设定、保护装置的投入或退出、设备运行/检修的设置、当地/远方控制的选择、信号复归等。

4. 运行参数及信息的打印记录

屏幕显示的优点是直观、灵活、容易更新。但屏幕显示是暂时性的，不能够长期保存信息。而人机联系的另一种方式，打印记录功能就可将各类数据和信息长期保存。因此，屏幕显示和打印记录是变电所综合自动化系统进行人机联系不可缺少的互补措施。

（七）变电所综合自动化系统

综合自动化系统的数据库自诊断信息也像数据采集一样，周期性变电所综合自动化系统的数据库是用来存储整个供电系统所涉及的数据信息和资料信息。对供电系统而言，其数据库中的类型一般可分为基本类数据、对象类数据、归档类数据。

第三节　配电线路施工测量

输配电工程是一项极其复杂的工程，要提高对输配电工程的专业技能和施工技术方面的要求，此工程具有施工量大、施工周期长、技术含量高、资金投入量大等特点，因此，需要协调好各个施工单位之间的分工协作，同时，又因为工程还受到各个方面的约束，为保证输配电工程测量技术的正常进行和施工的安全性，必须提高施工过程中的安全问题，尽量对测量的每个环节进行完善，因为一旦输配电工程测量环节出现问题，则极易影响输配电工程的整体性，更严重的可能会引起相关人员的生命财产安全。

一、输配电工程测量技术概述

由于输配电工程测量的工程量很大、需要的劳动力和传统仪器多，工作周期长，再加上测量工作的反射因素，传统的输配电测量技术已经无法满足当代输配电工程的要求。传统输配电工程的测量要包括终勘定位和踏勘两个环节。终勘定位主要是根据施工初步设计的线路图进行湿地考察，对选线、定线、测距等具体工作的实施。踏勘主要是为室内输电工程选线提供具体材料，对特殊的施工地段需要对施工地点进行平面图和断面图的测绘。而随着科学技术的快速发展，CPS RTK 测量技术逐渐得到了人们的认同，在输配电工程的测量工作中得到了很好的应用。

二、GPS RTK 测量技术在输配电测量中的应用

传统的输配电工程的测量中，测量人员会使用视距尺，按照光学原理的基本要求计算出亮点间的视距与竖直角之间的距离，但是这个方法虽然简便易操作但是计算出的数值误差较大。因此，操作人员有时会使用经纬仪，采用定线测量的方法进行测量工作，虽然这个方法能测出输电线的实际高程和输电线的距离，但是，由于要借助仪器的协助，并且还存在施工难度大、周期长等缺点，因此，这种方法不太能满足测量的需求。随着科技的快

速发展，CPS RTK 测量技术的出现在很大程度上弥补了传统测量技术的不足，并且已经得到的广泛应用。

GPS 在输配电线路的测量中提供坐标，RTK 在输配电线路的测量中主要进行定位、定线、平断面测量、直线塔位和对塔位进行放样等工作。在输配电工程中应用 GPS RTK 测量技术，则不需要在线路沿途中布设控制点，进而可以减少在施工过程中控制网中的布设密度，不仅减少了经济支出也有效缩短了工程工期。尤其是 RTK 技术具有单人作业、不需通视、打桩方便等优势，并且其水平精度非常高，可达 ±1cm，垂直精度可达 ±2cm，此外它的最佳工作范围为 10km，最大工作距离可达 25km，完全可以满足输配电工程的技术要求。

运用 GPS RTK 测量技术对杆塔进行定位测量，在测量之前要设置参考站，在预先选择的控制点上架设接收机和天线，然后将设置的坐标系统输入 GPS 接收机。选择配置集输入天线高和参考坐标，将 GPS 接收机转换为 WGS-84 坐标，此时，就可以连续接收到所有可视 GPS 信号，通过发射电台将观测站的坐标、观测值、接收机的工作状态、卫星跟踪状态等信号发射出去，当通信信号发出时电台流动站就可以工作了。流动站不仅跟踪 GPS 上的卫星信号，同时，也接受参考站发送的信号，处理流动站的三维 WGS-84 坐标，然后，将参考站坐标转换为相应的数值。通过比较接收机的设计值和实时位置，进而确定杆塔的正确位置。

运用 GPS RTK 测量技术对横断面进行测量时，横断面图测量的准确性往往对输配电线路的设计和施工都起着重要的影响，根据横断面方向上相邻点的水平距离和高差来进行横断面图的绘制，对中桩所在的垂直线路中线方向上地面起伏状态进行测量，因为输配电线路都是由直线组成，所以，在横断面方向上的线路都与中心线垂直。在横断面测量中，计算中桩处的横断面端点坐标是至关重要的一个环节，因此，一定要准确计算出中桩处的横断面坐标。

输配电线路工程一般都集中于起伏不平的山地或丘陵地带，地质环境较为复杂、交通闭塞、通视条件也较差，因此，对于测量工作人员的身体素质和心理素质都有较高的要求，同时，由于测量范围大，传统的测量方法容易出现较大的误差累计，并且还容易受到地球曲率的影响。作为比较先进的电信号次测量技术 GPS RTK 测量技术，由于对环境的要求比较低，在处于这样复杂的测量环境时，可以避免周边环境对测量结果造成的影响。GPS 测量技术是依靠卫星信号来传输信息。在测量站间不需要通视，并且此技术操作方便，可以不受自然环境的影响提供准确的三维坐标，在输配电线路的测量工作中有着明显的优势，而这些优势也决定了 GPS RTK 技术在输配电上程的测量中得到广泛的应用。

三、输配电线路导线的选择

由于输配电工程工序较为复杂，因此，为保证工程的整体性，必须做好导线选择的工作。在工程中可以选择大截面导线，大截面导线能够提供大量的电流，不仅能满足人们的用电需求、降低线路电阻，还可以提高输配电的节能效率、减少资金的投入量，保证了输配电工程施工的安全性。还要根据实际情况选择架空绝缘导线，首先架空绝缘导线很环保，能提高资源利用率，节约资源；其次架空绝缘导线能防止外力伤害，很大程度上降低导线被腐蚀的概率，降低输配电工程中的能源消耗，提高了线路的安全性以及导线的使用寿命和利用率，节约资金成本的投入量。因此，选择与使用架空绝缘导线有助于输配电工程测量工作的顺利进行，还能提高输配电工程的整体性，在工程中起着极为重要的作用。

第四节　电力系统运行的特点和要求

美国东部时间 2003 年 8 月 14 日 16：11：57 开始，美国中西部、东北部和加拿大东部联合电网发生了大面积停电事故，停电范围 9300 多平方英里，合计损失负荷 6180 万 kW，直接经济损失约 250 亿美元。这是一起由电网局部故障，不断演变扩大为大电网稳定破坏、电压崩溃，最后造成电网瓦解和大面积停电的严重事故。根据计算机控制系统、调度记录和调度录音等原始资料，经各方面确认，同年 9 月 12 日，事故调查委员对外公布了第 1 份报告，叙述这次事故的主要发展过程。此次事故所暴露出来的问题，引起全世界的震惊和深思。同样也引起中国特别是中国电力工作者的深思：类似美加大停电事故是否会在中国重演？

一、电力系统安全稳定运行的基本要求

（一）不断完善电力法规，重构安全保障机制

电网分开后，市场主体和市场环境都发生了很大变化，目前的当务之急是重构电力系统安全稳定运行的保障机制。应尽快修订和完善电力法律法规体系，走依法发展电力、依法管理电力、依法调度指挥电力系统运行的轨道；各级政府、发供电企业和用户形成电力系统安全稳定第一的共识，增强责任意识，自觉遵守和坚决贯彻电力法律法规的要求，坚决维护调度指令的权威性和严肃性；不断完善并网调度协议和用电协议，共同维护电力系统安全稳定运行；建立电力系统重大事故的应急处理机制，进一步完善突发事故处理预案及电网瓦解后的黑启动方案，在重要部门配置可靠的备用电源；政府部门认真监管，杜绝有法不依的行为，严惩违反调度纪律的事件。

（二）加大电力建设力度，夯实安全稳定基础

为满足推进工业化进程和全面建设小康社会的需求，电力建设必须适度超前国民经济增长速度。加大电力建设力度，制订富有远见的上网电价和输电电价的定价原则、形成机制和有效管理办法；下决心解决巨额电费拖欠问题，为电网发展和运营创造良好的环境；适度超前建设电源，保证适当的系统备用容量。对湖南系统来说，2010 年前，每年应有 600~900MW 容量的新机组投产；充分开发利用小水电，做好建设核电站的前期工作，加速核电建设；建设好电网，早日实现 500kV 双环网、220kV 分区运行的目标电网，进一步加强城乡电网建设，为国民经济和城乡居民提供安全、可靠、优质的电能。

（三）加强技术支持建设，提供可靠控制手段

为了及时监视和控制电力系统的安全稳定运行状态，必须加强技术支持系统的建设。包括：合理确定调度管理部门的技术改造和开发费用，不断提高电网调度的科技水平；更新改造四统一保护（电磁型）、晶体管保护和集成电路保护等老旧设备，加强继电保护和安全自动装置的优化配置，研制先进、可靠的安全自动装置；更新能量管理系统（EMS），开发功能强大的高级应用软件，统一归口管理厂站端的自动化设备，力争实现电力系统安全稳定运行的在线分析；建设两种独立的通信电路及供电电源，确保调度通信可靠畅通；按照"总体规划、分步实施"的原则，建设安全、可靠、开放的电力市场技术支持系统。

（四）深入开展用电管理，安全优质服务社会

深入开展用电管理，为电力用户提供安全优质的电能，同时，要求电力用户承担相应的电力系统安全稳定责任。应及时向电网调度汇报重大事故情况；按照要求安装和投入低频、低压自动减负荷装置；与电网调度协商一致后，安排设备大修工作；根据电力系统安全稳定运行的需要，配置无功补偿设备，控制有害谐波进入电力系统；坚决执行保证电力系统安全稳定运行的限电拉闸指令。

（五）统一调度分级管理，优化利用电力资源

统一调度，分级管理，可以有效地避免电力系统运行、操作、事故处理、安全措施设置与配合等各自为政的混乱局面，优化利用电力资源。加强电网调度的自身建设，进一步做好系统的负荷预测、安全稳定分析和专业管理等工作，不断提高调度管理水平，牢固树立全局观念，确保调度指令畅通；统一安排电力系统一次及二次设备运行方式；统一指挥处理电力系统事故，必要时，上级调度可以越权指挥；科学划分调度管辖范围；采用符合华中地区实际情况的区域电力市场模式；采取市场经济的办法，合理解决系统备用、调峰、调频、调压等问题。

（六）提高运行人员素质，确保系统安全稳定

高素质的运行人员是确保电力系统安全稳定的关键，电力系统的运行人员应该经过严格培训和考核，并取得规定的合格证书后，才能正式上岗从事运行工作；应具有较高的职业道德；具有较强的组织纪律；组织定期培训，学习电力法规，掌握电力系统的新知识和新技术；利用现代计算机技术及仿真工具，经常、深入地开展电力系统反事故演习，不断提高处理事故的素质及能力；制定有关政策，吸引高素质人才从事电力系统运行工作。

当前，电力能源在国民经济各个领域中的参与性越来越高，确保电力系统安全、可靠、高效运行对各行各业经济发展有着重大的意义和价值。变电站作为电力系统中重要的组成部分，其变电运行是否可靠、高效、稳定与整个电力系统的效能有着密切关系，直接关系着电网运行效率。因此，为了保证电力系统中变电运行的稳定性与可靠性，有必要进一步扼要分析变电运行技术，详细分析变电运行中存在的潜在影响因素及其防范措施，以不断提高变电运行管理水平，为国民经济发展奠定坚实基础。

二、继电保护运行要求

（一）继电保护的基本要求

选择性和速动性作为电力系统继电保护的基本要求，即继电保护在电力系统故障发生时，在有选择性的切断故障线路时，同时，还要在确保可靠性和稳定性的前提下快速执行，从而，对故障造成的损失进行控制。在电流瞬时增大动作时动作的电流保护即为电流速断保护。在传统速断装置整定值确定时，通常是在离线状态下来假定工作在最大运行状态下线路末端发生短路，以此来确保速断装置的整定值，同时，设备需要根据所设置的整定值来进行保护动作。但当前电网结构和规模发生较大地变化，这也使电力系统故障更具多样性，这也使传统的速断保护装置存在一定的局限性，如整定值与实际运行状态存在区别，这就导致保护装置无法时刻保持在最佳运行状态。而且在最大运行方式下确定的整定值，在其他运行方式时其保护可能存在失效的情况。针对这种问题的存在，自适应电流速断保护出现并在电力系统中进行运用，其是针对电力系统运行方式和故障状态来实时改变保护性能和整定值，其有效地解决传统速断装置存在的弊端，其集实时信息采集、信号处理及微机继电保护等于一体，有效地确保了电力系统发生故障时的及时动作。

（二）继电保护安全运行要求

1. 一般性检查的重要性

在对继电保护装置进行一般性检查，需要对现场连接件紧固情况、焊接点等机械特性进行检查，对于保护屏后的端子排端子螺丝要逐一进行检查，对出现松动的螺母要进行紧固，避免保护拒动或是误动的情况发生。在一般性检查过程中，需要将继电保护装置中所有插件逐一拔下后检查，并插紧，按紧所有芯片，拧紧螺丝，并对虚焊点进行重新焊接。

2. 继电保护装置检验

检验整组试验和电流回路升流试验，这两项工作完成后不允许再拔插件，同时也严禁改定值、改定值区和对二次回路接线进行改变。在其他试验项目完成后需要进行电流回路升流和电压回路升压试验。在继电保护装置定期检验过程中，由于在检验完成、设备进入热备状态或是投入运行时会经常性出现暂时没有负荷的情况，因此在这种情况下不能对负荷向量进行测试，或是打印负荷采样值。

3. 工作记录和检查习惯

工作记录可以作为一份技术档案，因此，需要认真、详细及真实的对工作中一些重要环节进行记录，以便其能够为后续工作提供必要的参考。对于继电保护工作记录，需要在规程限定内容以外对每一个工作细节和处理方法进行认真记录，并在工作完成后对所接触过的设备进行认真检查一遍，及时发现工作中存在的疏漏。

4. 接地问题

对于保护屏各装置机箱需要做好接地处理，需要将其与屏上铜排连接，通常情况下生产厂家都已经做好接地处理，因此，在实际工作中需要认真检查，确保不存在隐患即可。在检查中需要重点关注保护屏内的铜排与地网之间的可靠连接，为了确保与地网连接的紧固性，可以采用大截面的铜鞭或是导线，使其与接地网紧固连接在一起，连接完成后还要利用绝缘表对其电阻进行测量，确保与相关规程的要求相符。

（三）高压电网继电保护的基本技术要求

1. 被保护线路在各种运行条件下（线路空载、轻载、满载等）进行各种正常的倒闸操作时，保护装置不得误发跳闸命令。被保护线路发生各种类型的金属性短路故障时（保护装置本身功能有局限性的除外，例如：只反映接地短路的保护装置，不要求反应相间短路故障），保护应能可靠地快速动作，其动作时间应符合电力系统稳定运行的要求。对 500kV 线路，每组独立的、性能完整的保护装置，建议：近端故障提 20ms，远端故障 40ms；而非故障线路的保护装置，则应保证不发生非选择性动作。

2. 在各种运行条件下，当被保护线路发生非金属性接地或相间短路时（对接地电阻数值，建议：220kV 线路，100Ω；330kV 线路，150Ω；500kV 线路，300Ω），应保证有保护装置可靠地动作于跳闸（例如对接地故障由反时限的零序电流保护动作）；而非故障线路的保护应保证不会误动作，即正方向不会由于超越，反方向不会由于失去方向性而误发跳闸命令。

3. 电力系统发生静态稳定破坏事故时，从事故开始的整个振荡过程中（包括在此期间为处理事故而进行的投入或断开某些电力系统元件或负荷等操作）到最终恢复同步运行，保护装置应保证不会非计划性地误断开被保护线路。

4. 电力系统不论是由于发生单一性故障或非单一性故障（包括故障延时切除，故障加断路器拒动等）而造成系统暂态稳定破坏时，非故障线路的保护装置不会由于系统失去稳定而非计划性地误发跳闸命令。

5. 被保护线路采用单相重合闸时，保护装置应保证当线路单相接地故障时只跳故障相，继之单相重合；重合于永久性故障时，应能保证快速动作，并同时断开断路器三相；重合时若故障已消失，保护装置不应误发跳闸命令，以保证重合成功；重合成功后，故障线路再故障时，保护应能快速跳闸。在单相重合的周期中，若健全的两相又发生任一种类型的短路故障时，保护应能快速动作，并同时断升断路器各相。当线路发生任一种类型的相间短路时，保护应能同时将断路器三相断开。在执行单相重合的短过程中，允许不考虑同时发生区外故障引起的故障线路保护装置非选择性动作。重合闸装置的动作性能，应保证符合断路器的安全操作要求。

6. 在系统失去稳定振荡过程中，线路发生各种接地或相间短路故障时，故障线路的保护应能可靠地动作切除故障，并至少保持发生接地故障时的选择性。保护装置不得因二次回路故障（例如电压、电流回路短路及断线等）与二次回路干扰等引起误发出跳闸命令。

第五节 中国电力行业发展现状

电力行业是整个国民经济的基础和命脉，在新中国建立以后，中国的电力行业取得了长足的发展。经过 50 多年的努力，特别是改革开放以来 20 多年的快速发展，电力供需形势经历了从过去的严重短缺到目前的基本平衡的发展历程。

1949 年年底，中国发电装机容量为 185 万千瓦，年发电量仅 43 亿千瓦时，在世界上位居第 21 位和第 25 位。到 1990 年年底，全国发电装机容量达到 13500 万千瓦，年发电量为 6180 亿千瓦时，跃居世界各国的第 4 位。到 2000 年年底，全国发电装机容量达到 31900 万千瓦，年发电量为 13600 亿千瓦时。到 2001 年年底，全国发电装机容量已达到 33400 万千瓦，年发电量达 14650 亿千瓦时，发电总装机容量和发电量位居世界第二，电力工业已经满足适应了国民经济发展的需要。

目前中国已掌握 30 万、60 万千瓦的亚临界大型机组的设计制造技术，电力行业的技术装备水平已进入超高压、大电网、高参数和大机组的时代，计算机调度自动化系统已普遍应用于电力生产，生产管理现代化手段先进，基本实现了与世界先进水平的接轨。

但是，随着中国加入 WTO，加快电力体制改革、提高电力工业的竞争力已成为有关各方的共识。经过几年的艰苦讨论，2002 年 4 月 12 日中国电力体制改革方案最终得到确定，国务院已经批准实施，中国电力行业迎来新的发展。

一、行业发展现状

（一）中国电力行业成就回顾

中国自改革开放以来，电力工业实行"政企分开，省为实体，联合电网，统一调度，集资办电"的方针，大大地调动地方办电的积极性和责任，迅速地筹集资金，使电力建设飞速发展。从 1988 年起连续 11 年每年新增投产大中型发电机组，按全国统计，口径达 1500 万千瓦。各大区电网和省网随着电源的增长加强了网架建设，从 1982 到 1999 年年底，中国新增 330 千伏以上输电线路 372837 公里，新增变电容量 732690MVA，而 1950 至 1981 年 30 年期间新增输电线路为 277257 公里，变电容量 70360MVA。

目前中国基本上进入大电网、大电厂、大机组、高电压输电、高度自动控制的新时代。电网发展的主要标志是：

1. 中国现有发电装机容量在 200 万千瓦以上的电力系统 11 个，其中东北、华北、华东、华中电网装机容量均超过 3000 万千瓦，华东、华中电网甚至超过 4000 万千瓦，西北电网的装机容量也达到 2000 万千瓦。其他几个独立省网，如四川、山东、福建等电网和装机容量也超过或接近 1000 万千瓦。

2. 各电网中 500 千伏（包括 330 千伏）主网架逐步形成和壮大。220 千伏电网不断完善和扩充，到 1999 年底 220 千伏以上输电线路总长达 495123 公里，变电容量达 593690MVA。其中 500 千伏线路（含直流线路）达 22927 公里，变电容量达 80120MVA。

3. 1990 年中国第一条从葛洲坝水电站至上海南桥换流站的 ±500 千伏直流输电线路实现双极运行，使华中和华东两大区电网实现非同期联网。

4. 随着 500 千伏网架的形成和加强，网络结构的改善，电力系统运行的稳定性得到改善。1990 年至 2000 年间系统稳定破坏事故比 1980 年至 1990 年下降了 60% 以上。

5. 省及以上电网现代化的自动化调度系统基本完成。

6. 以数据通信为特征的覆盖全国各主要电网的电力专用通信网基本形成。

（二）发展现状及问题分析

1. 总体现状

到 2000 年年底，中国发电装机容量达到 31900 万千瓦，年发电量 13600 亿千瓦时。到 2001 年底，中国发电装机容量已达到 33400 万千瓦，年发电量达 14650 亿千瓦时，发电总装机容量和发电量位居世界第二，电力工业已经基本满足了国民经济发展的需要。

随着"西电东送"战略的实施，500 千伏超高压交、直流输变电线路发展迅速，"十五"期间将基本形成大区联网，打破各省自我平衡的局面，实现更大区域内的能源资源优化配置。

1998 年开始城乡电网改造，在全国范围内完善配电网的建设，有效地缓解制约城乡居民用电增长的因素。

随着中国国民经济保持健康、快速的增长，必将进一步促进电力工业的发展，预计"十五"期间每年将净新增装机 1000 万千瓦以上。

2. 2001 年电力行业发展状况

2001 年中国电力工业继续保持平稳增长态势。2001 年中国 GDP 的增长速度为 7.3%，全社会用电量达到 14530 亿千瓦时，同比增长接近 8%。2001 年中国的电力市场呈现以下特点：

（1）各行业用电量持续增长。电力需求在经济结构调整和消费拉动作用下保持有力增长，几个结构调整较大的行业，其用电增长表现出与以往较为不同的特征。前 10 个月，全国累计完成发电量 11756.3 亿千瓦时，同比增长 8.46%，2001 全年发电量和全社会用电量增长率在 7.8% 左右。从各行业用电情况看，除石油加工业和木材采运业外，各行业用电均保持增长态势，其中建材及非金属采矿业、其他采选业、纺织、橡胶、黑色金属、有色金属等行业在较高增速的基础上继续保持两位数的增长，机械、造纸、炼焦炼气等高耗电行业也保持了 8% 以上的较高用电增长水平。第一、二、三产和居民生活用电的比重为 3.8：72.6：11.1：12.5，与上年相比变化的趋势仍是一产、二产比重下降，三产和居民生活用电比重上升。

（2）电力市场供求关系不同地区差异较大各地区用电水平均比同期有所上升，地区之间用电增长不平衡。2001 年前 10 个月的电力生产情况表明，由于电源地区的分布不均衡，有个别地区在一些特定时段出现用电紧张。从各大跨区电网和独立省网的情况看，东北、华中、海南和川渝电网电力装机富余较多，而本地区用电需求增长相对平缓，电力供大于求；安徽、内蒙古、山西有一定富余，西北、福建、华北、华东、山东、贵州电网供需基本平衡，相对于需求增长，广东、浙江、河北南部地区和宁夏电力装机比较紧张，电力需求难以有效满足。

（3）各电网之间交换电量规模扩大。东北和华北在2001年5月份实现跨大区联网，到9月底，东北送华北的电量已经达到11.5亿千瓦时；华东净受华中的电量也有较大幅度的增长，净受电量达到16.5亿千瓦时，同比增长65.47%；二滩送四川和重庆的电量分别达到63.4和23.3亿千瓦时，分别增长49%和92.5%；西电送广东的电量达到76.8亿千瓦时，同比增长39.3%；山西、蒙西送京津唐电量比去年同期有所增长。

（4）高峰负荷继续增大。2001年电力负荷变化进一步加大，受七八月份高温天气的影响，华北、华东、华中、南方和西北电网负荷增长较快，福建、山东、海南和新疆等独立省网的负荷也有较大幅度的增长，主要电网中只有东北和川渝电网最高负荷略有下降，下降幅度分别为0.88%和0.84%。从负荷特性变化情况看，高温天气对负荷的影响更加显著，空调降温负荷使得各电网峰谷差进一步加大，高峰期供需矛盾进一步尖锐。

（5）"西电东送"工程南部通道建设取得实质性进展。2001年电力行业发展的重大事件之一是"西电东送"建设继续深入并取得实质性进展。"西电东送"工程与"西气东输""南水北调"、青藏铁路是西部大开发的四项跨世纪工程。其中"西电东送"被称为西部大开发的标志性工程。"西电东送"由南线、中线和北线三个部分组成，其中南线是"十五"期间建设的重点。"西电东送"南线建设目标是：到"十五"末实现云南、贵州和广西向广东送电规模700万千瓦，三峡向广东送电规模300万千瓦。

二、发展趋势

（一）电力需求预测及分析

1. 电力需求将保持稳步增长

"十五"期间中国经济增长速度预期为年均7%左右。分析综合各方面的研究结果，预计"十五"期间中国电力需求的平均增长速度为5%，实际增长速度可能略高一些，但相对"九五"各年的增长速度，"十五"期间将比较平稳，电量的总供给与总需求基本平衡。预测到2005年中国年发电量将达到17500亿千瓦时以上。

2. 用电构成将继续发生变化

经济结构调整使得电力需求结构发生较大变化，突出表现在：第二产业用电比重减小，第三产业和居民生活用电比重相应提高；工业内部高耗电行业（冶金、化工、建材等）和传统行业（纺织、煤炭等）用电比重减小，低电耗、高附加值产业的用电比重相应提高。综合考虑经济全球化进程的加快和中国加入世界贸易组织及经济结构调整和产业升级的逐步推进，预计第一产业用电将稳定增长；第二产业随着结构调整和增长方式的转变，单位产值电耗将进一步降低，在全社会用电中的份额会逐步下降；第三产业用电在全社会用电中的份额将逐步上升；城乡居民用电将继续保持快速增长。

3. 各地区供需平衡的差异将逐步缩小

在总量基本平衡的同时，当前各地区的电力供需情况存在明显差异。东北电网、福建电网和海南电网电力装机过剩较多。华中电网和川渝电网由于水电比重较大、调节性能差，丰水期电力过剩。华北电网、华东电网、山东电网和广西、贵州、云南电网电力供需基本平衡，电网中的局部地区存在短时供应不足的情况。广东电网 2000 年以来，在用电高峰期出现了电力供应紧张的局面。"十五"期间，随着进一步实施宏观调控和电网之间的互联，各电网之间的供需平衡差异将逐步缩小。初步分析，东北电网、海南电网供过于求的情况还将延续一段时间；广东、浙江、河北南部等局部地区供应不足的问题在"十五"初期有可能加剧；其他地区将基本保持供需平衡。

4. 电价对电力需求的影响将趋于明显

随着中国经济体制改革的不断深入，以及各行各业市场化程度的不断提高，电价对电力需求的影响日趋明显。主要表现在两方面：一是影响企业的用电水平。电价高于企业的承受能力时，用电量明显减少；二是影响高耗电产业发展的地区分布和现有布局。高耗电产业将纷纷由电价高的地区转移到电价低的地区，致使各地区电力需求增长格局发生明显变化。随着电力工业市场化改革的逐步推进，电力市场的供需状况将更多地受到电价水平的影响。

5. 负荷增长速度将持续超过用电量增长速度

随着经济的发展和人民生活水平的提高，近几年电力负荷特性发生了较大变化。特别是随着空调拥有量的不断增加，气温对用电负荷的影响越来越大，中国部分省份全年最高负荷逐步由冬季向夏季转移，导致年最大负荷增长的波动性增大。今后负荷的增长将继续高于用电量的增长，调峰矛盾日趋突出，电网需要的调峰容量逐年增加。"十五"电力供需的矛盾将主要表现在调峰能力不足，或是调峰的技术手段不能满足电网安全、稳定和经济运行的需要。

（二）2002 年电力行业展望

1. 宏观经济走势预测

2002 年预计国内 GDP 增长可以达到 7%，低于 2001 年全年 7.3% 的增长率。国际经济形势情况不乐观，直接影响到中国 2002 年的出口形势。因此，2002 年促进内需持续扩张和经济稳定增长的任务十分艰巨。此外，由于全球性生产过剩、物价下降、过度竞争将更加突出，也会间接传导到中国，加重中国已存在的通货紧缩压力。受国际需求下降、国内需求不足的双重影响，中国市场发展中的通货紧缩问题仍未得到缓解。从目前情况看，内需持续扩张的基础尚不稳固，2002 年消费需求增长幅度可能略有降低；有关专家预计2002 年投资增长将难以继续保持高速增长态势。

综上所述，2002 年国内宏观经济形势走势对电力工业发展的积极作用十分有限。2002 年用电增长速度将低于经济增长速度，预计为 6%~7%。

2. 电力供需基本平衡

综合分析宏观经济形势和电力供需形势，2002 年中国电力行业将出现以下形势：在今后一段比较长的时间内，伴随着国民经济的稳定发展，电力需求也将会保持一个相对平稳的增长速度。

电力供需基本平衡的格局不会发生根本改变，全国范围内电力供需仍将维持低用电水平下的买方市场的格局，不会出现全国性的缺电局面，但在前几年供需基本平衡，最近几年没有新增装机或新增装机容量很小的，以及一些水电比重较大的个别地区，在高峰时段或枯水期缺电现象还会出现。电力供需矛盾主要表现为高峰期电力短缺，峰谷差进一步加大，最大负荷增长的波动性还将进一步加大。

煤炭价格变化对电力行业产生影响。中国煤炭价格 2002 年将稳中有升，预测 2002 年煤炭平均价格上扬 5%~7%，因此部分地区火力发电企业的经营业绩将受到严重影响。2001 年，中国煤炭经济运行态势基本稳定，煤炭价格出现了几年来所没有的恢复性增长，全国煤炭库存明显减少，煤炭价格的恢复性上涨完全是由市场供求关系决定的。

预计 2002 年煤炭价格上升趋势已确定。一旦部分地区煤炭价格上涨太快和幅度太大，政府有可能采取措施行政干预，也不排除考虑煤炭市场的供需状况，国家和各省明年将对具备安全生产，符合煤炭生产条件，不影响国有重点煤矿生产的乡镇煤矿逐步进行重新验收、发证，恢复生产，但在短期内小煤矿产量不会有明显增长。

（三）电力体制改革

国务院于 2002 年 4 月 12 日批准了《电力体制改革方案》，并发出通知，要求各地认真贯彻实施。

1. 电力体制改革的指导思想

按照党的十五大和十五届五中全会精神，总结和借鉴国内外电力体制改革的经验和教训，从国情出发，遵循电力工业发展规律，充分发挥市场配置资源的基础性作用，加快完善现代企业制度，促进电力企业转变内部经营机制，建立与社会主义市场经济体制相适应的电力体制。改革要有利于促进电力工业的发展，有利于提高供电的安全可靠性，有利于改善对环境的影响，满足全社会不断增长的电力需求。按照总体设计、分步实施、积极稳妥、配套推进的原则，加强领导，精心组织，有步骤、分阶段完成改革任务。

2. 电力体制改革方案的总体目标

打破垄断，引入竞争，提高效率，降低成本，健全电价机制，优化资源配置，促进电力发展，推进全国联网，构建政府监管下的政企分开、公平竞争、开放有序、健康发展的电力市场体系。

3. "十五"期间电力体制改革的主要任务

实施厂网分开，重组发电和电网企业；实行竞价上网，建立电力市场运行规则和政府监管体系，初步建立竞争、开放的区域电力市场，实行新的电价机制；制定发电排放的环境折价标准，形成激励清洁电源发展的新机制；开展发电企业向大用户直接供电的试点工作，改变电网企业独家购买电力的格局；继续推进农村电力管理体制的改革。

4. 改革方案

厂网分开后，原国家电力公司拥有的发电资产，除华能集团公司直接改组为独立发电企业外，其余发电资产重组为规模大致相当的 3~4 个全国性的独立发电企业，由国务院分别授权经营。

在电网方面，成立国家电网公司和南方电网公司。国家电网公司作为原国家电力公司管理的电网资产出资人代表，按国有独资形式设置，在国家计划中实行单列。由国家电网公司负责组建华北（含山东）、东北（含内蒙古东部）、西北、华东（含福建）和华中（含重庆、四川）五个区域电网有限责任公司或股份有限公司。西藏电力企业由国家电网公司代管。南方电网公司由广东、海南和原国家电力公司在云南、贵州、广西的电网资产组成，按各方面拥有的电网净资产比例，由控股方负责组建南方电网公司。

5. 电价制度的改革

理顺电价机制是电力体制改革的核心内容，新的电价体系将划分为上网电价，输、配电价和终端销售电价。首先在发电环节引入竞争机制，上网电价由容量电价和市场竞价产生的电量电价组成。对于仍处于垄断经营地位的电网公司的输、配电价，要在严格的效率原则、成本约束和激励机制的条件下，由政府确定定价原则，最终形成比较科学、合理的销售电价。

6. 监管机构

根据电力体制改革方案，国家电力监管委员会将正式成立，并按照国家授权履行电力监管职责。

7. 改革进程

国务院的通知要求，电力改革的实施工作要在国务院统一领导下，按照积极稳妥的原则精心组织，区别各地区和各电力企业的不同情况，重点安排好过渡期的实施步骤和具体措施，在总体设计下分阶段推进改革。国务院各相关部门已在统一部署下，着手开展改革的各项工作，预计2002年年内将完成企业重组的各项主要任务。

三、电力行业的规制变迁

计划体制下发展起来的中国电力行业，在中国经济向市场经济体制转轨的过程中也进行了几次重大体制改革。然而，在告别电力短缺、"计划性"轮流供电的年代之后，近几年中国大部分地区又出现了电力供给紧张的局面。再次凸现了电力工业依旧存在垂直一体化垄断的弊端，引发了对电力体制改革取向的争论。

（一）规制改革的动因

1. 电力产业经济特征弱化

整体而言，电力产业属于自然垄断产业，但大量国内外文献表明，电力行业各环节存在不同强弱程度的自然垄断性。高压输电、低压配电环节自然垄断特性强，而在发电、供电环节自然垄断性弱，因此要视自然垄断的强弱采取不同的规制政策。还有技术进步、市场范围的扩大在很大程度上改变了自然垄断的界限和范围，客观上要求政府的规制政策也要有相应的动态变化。

2. 垂直一体化垄断制约电力产业发展

中国电力产业的主体是垂直整合的国家电力公司，作为电网的运营者，又是电厂的经营者，且电网在电力生产中具有生产指挥权，哪些发电公司发多少电全由国家电力公司说了算，这样垂直一体化体制的弊病就完全地暴露出来了。

在垂直一体化的经营中，由于电网营运业务是垄断性的，而发电、电力设备供应、电力销售业务是竞争性的，产生了企业内部业务间的交叉补贴行为。电网内部各发电厂发电成本差异很大，但在电网公司的大家庭中，通过交叉补贴，各电厂都能在市场上生存下来。"吃大锅饭"的内部机制抑制了效率较高电厂的积极性，产生了棘轮效应。

3. 售电领域存在着电价形成机制的问题和电价结构不合理

在电力部 1998 年撤销后，电力企业投资、运营、成本规及财务监督由不同部门分别负责，导致电价规制失去了有效信息的支撑，形成了定价的倒逼机制，加剧了电价的不合理。先建厂后定价的造成电力工程建设成本缺乏约束，电力工程造价不断攀升，导致电价过高，加重用户负担。

尚未彻底解决的垂直一体化问题严重阻碍了中国电力工业的市场化进程，势必要求政府进行管理体制的改革，逐步分离政府职能和企业职能，通过结构性重组引入市场竞争。

（二）规制改革中存在的问题

电力的规制变革涉及了市场结构和经营体制的变革以及现代电力规制体制和现代电力企业的建立，目的是破除垂直一体化垄断。然而在改革过程中，仍存在着政府规制错位、越位及不到位的现象，体现在以下几大问题中：

1. 规制侵占问题

规制侵占指的是由垄断到竞争的政策变化违背了原垄断运营商与规制机构订立的规制合同，甚至侵占原垄断运营商的资产。

2. 规制错位现象

如政府的宏观调控与电力规制相混淆。宏观调控的对象是经济增长率、通货膨胀率、失业率及国际收支等经济总量，运用的手段是货币政策和财政政策；而电力规制内容是决定价格结构、审核企业财务收支、批准市场准入、处罚违规行为等。多年来我国电力规制一直被当作政府的宏观调控手段，如在通货膨胀时期，压制终端售电价格特别是居民用电价格就常被作为抑制物价上涨的重点领域，从而使已经扭曲的终端售价体系更加扭曲。

3. "省间壁垒"现象

各省的电力企业通过各种方式最大限度地保护本省利益，区域电力市场很难建立。尽管区域市场交易会给该区域带来净收益，但各省所得利益并不均衡。送电省因为输送省外的电价低于受电省，必然要求电价相同；受电省认为外来电能直接减少了本地发电，就排斥外来电能，这样电力资源优化配置出现很大障碍。"省间壁垒"现象的存在完全是行业规制职能与地方保护主义冲突的结果。

4.. 负外部性问题

主要是指环境成本问题。由于中国煤炭资源比较丰富，且长期缺电，而火电投资少，见效快，因此火电在中国整个电力供应中约占 3/4 的比重，由此造成了较严重的环境污染问题。

5. 规制的法律框架不健全

《电力法》已实施五年，但许多必要的配套法规仍迟迟未能出台，尤其是经济规制方面的法规和规章，基本上还是空白，具体的操作规则也很缺乏。众所周知，成本规制是价格规制的基础，但至今没有一部反映电力工业规制需要的成本规则。如项目审批、价格制定、成本监控及服务监督等各方规制决定做出之前，相互之间必须进行协调。但应如何协调？无"规"可循。

第二章 配电线路基础施工

第一节 基础施工概述

一、土壤的力学性质

地基土通常被分为土和岩石两类。

（一）土壤

土壤是岩石风化作用的产物，包括风化后崩解、破碎的松散物质在各种自然力（重力、水流搬运、冰川作用、生物活动）的作用下在低洼地区或海底沉积而形成的沉积土及未经成岩作用的松散物质（残积土）。

土壤是一种松散物质，松散物质中主要是含有多种矿物成分的土颗粒，颗粒之间是空隙，空隙中有液体和气体（三相）。土颗粒、水、空气三种基本物质，构成土壤的三要素。土壤的物理力学性质通常用比重、含水量、容重、孔隙率、饱和度等来量化。

（二）土壤的工程性质（物理力学性质）

土壤大致分成黏性土、砂石类土和岩石三大类。黏性土可分为黏土、亚黏土、亚黏土、亚砂土三种。砂石类土可分为砂土和碎石。砂土又可分为硕砂、粗砂、中砂、细砂、粉砂。碎石又分为大块碎石、卵石及硕石。

碎石、砂土和黏性土等各类的物理特性可查阅相关资料。

（三）碎石、砂土、黏性土、人工填土等的野外鉴别方法

1. 碎石的鉴别

碎石土指粒径大于 2mm 的颗粒超过总质量的 50% 的土。碎石的野外鉴别方法如下：

（1）碎石土根据粒组含量及颗粒形状，分为：漂石、块石、卵石、碎石、圆砾和角砾。其密实程度可据其可挖性，可钻性等野外鉴别方法确定，分为密实、中密、稍密和松散四种（平均粒径大于 50mm，或最大粒径超过 100mm）。

（2）碎石土的粒径越大，含量越多，承载力越高，骨架颗粒呈圆形充填砂土者比棱角形充填黏土者承载力高。

（3）碎石土没有黏性和塑性，强度高、压缩性低、透水性好，可作为良好的天然地基。

2. 人工填土的鉴别

由人类活动堆填形成的各类土称为人工填土。按组成和成因可以分为：素填土、杂填土和冲填土。

（1）素填土

由碎石、砂土、粉土、黏性土等组成的填土，称为素填土。这种人工填土不含杂物，经分层压实者统称为压实填土，可以作为天然地基，但应注意填土年限、密度、均匀性等，以防沉降过大。

（2）杂填土

含有建筑垃圾、工业废料、生活垃圾等杂物的填土，称为杂填土。其成分复杂，性质不均匀。对以生活垃圾和腐蚀性工业废料为主的杂填土，不宜作为建筑物地基。对以建筑垃圾和工业废料为主要成分的杂填土，经慎重处理后可以作为一般建筑的地基。建筑垃圾回填的土经处理，工程性质较好，承载力可达 400~500KPa，但生活垃圾则不行。

（3）冲填土

由水力冲填泥砂，形成的沉积土称为冲填土。

冲填土含水量较高，强度低，压缩性高，工程性质较差，不宜作为建筑物天然地基。但对冲填时间长，排水固结较好的冲填土，也可作为一般建筑物的天然地基。

3. 砂土、黏性土的鉴别方法

砂土、黏性土可按下面表 2-1-1 来鉴别。

表 2-1-1　砂土、黏性土鉴别方法

土壤名称	现场鉴别方法				
	在掌中搓捻时的感觉	用放大镜看用和用眼镜看的情况	土的情况		搓条情况
			干的情况	湿的情况	
砂土	感到是砂粒	看到绝大部分是砂粒	松散	无塑性	搓不成土条
黏性土	不感觉有砂粒	大多数砂很细的粉末，一般没有砂粒	土块很坚硬，有锤可打成碎块	塑性大，黏结性很大，土团压成饼时不起裂缝	人搓成直径为 1mm 的长条

二、基础的基本类型

所谓基础指的是杆塔的地面部分，确定杆塔基础的类型与线路路径中的地质、地形（斜柱式基础）、水文情况，施工条件，杆塔形式（荷载），经济性等因素相关。

（一）电杆基础

电杆的基础通常称为三盘：底盘、卡盘、拉盘，采用钢筋混凝土或天然石材制作而成，石材三盘宜选用抗压强度高、吸水率小、抗冻及耐磨性好的岩石，如花岗岩，要求岩石有完整性、无裂纹、层理等，岩石不能有较严重的风化，极限抗压强度不低于 117.68MPa，弯曲抗拉强度到 6.86MPa。钢筋混凝土标号常用 200#。

（二）现浇混凝土基础

现浇混凝土基础有配钢筋和不配钢筋两种。

1. 钢筋混凝土基础

钢筋混凝土基础的混凝土标号不宜低于 150#，素混凝土基础的标号不宜低于 100#。其优点：尺寸、形式多样化，满足不同塔型的要求；材料可零星运至塔位，较预制混凝土基础方便；缺点：混凝土量大，耗费人工多，存在现场养护的问题，施工质量难以保证。

适用范围：适用于土质满足要求（黏性土、砂土、碎石等抗压强度较高的土质），交通方便，砂、石料来源充足，水源有保证的地区。

2. 现浇混凝土基础基本形式

现浇混凝土基础的基本形式为立柱台阶式，其结构有主柱和底盘（台阶）两个部分，主柱有直柱和斜柱两种，台阶有一层或多层。

（1）直柱式基础

直柱式基础是一种传统的立柱台阶式基础形式，已经在电力线路基础及其他工业与民用建筑中广泛使用。

（2）斜柱式基础

斜柱式基础是一种较新的基础形式，第一次大量使用是在 20 世纪 90 年代初期建设的天（生桥）- 贵（阳）500kV 线路工程中，该线途径崇山峻岭、地形复杂，且属于高海拔重冰区。斜柱式基础也是立柱台阶式基础，是依据力在砼中散失传递的原理来设计的，柱体轴心线与铁塔主材倾角一致，立柱部分只承受轴向荷载、不受弯，它结构紧凑、尺寸较小，比立柱台阶式省料 40%，材料费节省 25%~30%。

3. 杆塔与基础相连的方式

按杆塔与基础相连的方式分为：底脚螺栓式、主角钢插入式、球绞式等。

在实际工程中使用，其底板部分根据不同的地质条件采用了两种形式：半掏挖式刚性插入式基础，它是圆形截面，用于土耐力较好的地质。大开挖柔性插入式基础，它是方形截面，用于土耐力较差的地质。插入式基础的施工关键，在于控制插入基础立柱及底板的铁塔主材预埋段的正确位置及误差精度。基础分坑布桩时采用四边对称布桩，铁塔主材预埋段的下部用砼垫块支承配以垂球找正，铁塔主材预埋段的上部（接头包铁）用组合桁架样板，每角并联一只双钩紧线器找正。

（三）装配式基础

装配式基础是工厂预制，现场装配的基础形式。它比现浇基础节约 30%~50% 的劳动力，缩短工期 1/3~1/2，且基础本体的质量有保证（在工厂加工条件好），施工作业不受季节影响，有利于半机械化或机械化作业，降低施工人员的作业强度，是输电线路基础施工的发展方向。

装配式基础按材料的不同分为：金属基础、混凝土预制基础。

1. 金属基础

特点：金属基础重量轻，结构简单，运输施工方便；缺点是耗钢材量大；适用于山地且土质好（风化的岩石、坚质黏土、砂土等），交通运输困难，不受地下水影响的塔位。

2. 混凝土基础

混凝土预制基础，是用单个或多个部件拼装而成的预制钢筋混凝土基础、混合结构基础及砌块式基础。这种基础在预制件工厂统一配料、制造，加工条件好，质量能够保证；便于采用新技术、新工艺进行加工，减少原材料消耗（如预应力基础）。一般预制基础单件重量大，运输困难，适用于缺砂、石、水等原材料单交通方便地区。

（四）桩式基础

适用于输电线路跨越江河或经过湖泊、沼泽地等软弱土质（淤泥、淤砂）地区时。桩式基础的桩尖部均埋置于原状土中，基础受力后变形小、抗压抗拔抗倾覆的能力强，且节约土石方。从埋设深度将桩式基础分为：浅桩基础、深桩基础。按施工方式不同分为：打入桩式、爆扩桩式、机扩桩式、钻孔灌注桩式基础。

1. 打入桩式基础

将木桩、钢筋混凝土桩打入地中构造基础。打桩的方式有人工、机械两种，分轻锤高击、重锤低击，多用于无卵石层的平原地区的浅桩基础。

2. 成孔灌注桩式基础

即先在桩位上成孔，再浇制混凝土的基础。成孔的方式有：人工成孔、机械钻孔、爆扩成孔，由此将其分为：机扩桩式基础、爆扩桩式基础。

爆扩桩式基础：利用炸药爆扩桩孔，施工中有一次成形、二次成形法。成孔后，修整桩孔，绑扎和放置钢筋骨架，浇灌混凝土，支模板（桩体露出地面部分），安装地脚螺栓，再继续浇灌混凝土，最后养护混凝土、撤模板。爆扩桩式基础较其他桩式基础具有：工具简单、施工方便、不需大型钻孔设备，施工占地少等优点，缺点是爆破作业中对桩孔的尺寸较难控制，且爆破可能会破坏桩孔壁附近的土质结构。爆扩桩式基础适用于地基 2.5~7m 深度有较厚的持力层，土质为利于爆扩成性的黏土、中密的砂土、碎石土、人工填土或风化岩石等。

机扩桩式基础，用钻机成孔，再浇灌混凝土，适用于黏土。

3. 钻孔灌注桩式基础

适用于土质软弱，地下水位高的塔位。它承载力大、抗冲刷能力强，节省材料，近二十年来在输电线路中得到广泛应用。钻孔灌注桩是由人力或机械用钻孔机具在地基上挖一垂直的井孔，孔内注满压力水，安装好钢筋后，通过导管进行混凝土水下浇灌，得到混凝土的桩体，在桩体上部浇制承台（埋设地脚螺栓）。

（五）岩石基础

简称岩基。是一种以天然岩体为地基的基础形式，它利用岩石的整体性和坚固性好的特点，把锚筋或地脚螺栓直接嵌入岩孔内，利用水泥砂浆作为固结剂使锚筋与岩石结为整体。岩石基础具有较高的抗拔能力，能减少岩石开挖量，节约大量的材料，具有成本低的优点。岩石基础适用于岩石整体性好、风化不严重，且砂、石、水源有保证的，交通较方便的地区。岩石基础的形式有：直锚式、承台式、岩固式、拉线式、自锚式等。

（六）薄壳式基础

薄壳式基础分为预制基础、现浇基础。20世纪70年代在甘肃省开始应用，由西北电力设计院设计并作为新技术推广。

特点是：基础结构为空间结构，以薄壁、曲面的高强度材料取得较大的刚度和强度，重量轻、承载力大，经济适用。

（七）掏挖式基础

属于现浇基础，又称原状土模基础。在500kV平武线中推广应用，经济效益明显。掏挖式基础系将柱的钢筋骨架用混凝土直接浇入人工掏挖成性的土胎模内。掏挖式基础与普通大开挖基础相比，土质结构未被破坏，可充分发挥原状土的承载能力，同样荷载条件下，基础可减小尺寸，这样一来，土石方量大量减少，节约钢材、混凝土和模板；施工中没有支模、撤模及回填土等工序，简化施工。

（八）联合式基础

联合式基础系将四个腿的基础用一个基础板联成整体，每个腿基础可以是现浇、预制或桩式基础。为了增强底板的刚度，在底板上浇以横梁将四个腿基础联结起来；为了增强基础的抗洪水冲刷能力，在基础柱顶部用钢筋混凝土梁联结起来。联合式基础的特点是底板面积大，减少对地基的单位面积压力，适用于荷载较大而地基许可耐压力较小的塔位；另一特点是联合式基础可以浅埋（1.5~2.0m），利于施工，当地下水位较高时，易解决施工排水的问题。缺点是混凝土、模板和钢材的消耗量大，成本费用较高。

三、基础受力分类

基础受力的基本类型：上拔、下压、倾覆类。

（一）上拔、下压类基础

基础主要承受上拔和下压力，兼受较小的水平倾覆荷载。此类基础有：带拉线的电杆基础、分开式铁塔基础。

（二）倾覆类基础

基础主要承受倾覆力矩。此类基础有：不带拉线的电杆基础、整体式铁塔基础、联合式基础等。

（三）基础的稳定安全系数

基础的上拔和倾覆稳定，因采用线路极限状态表达式来计算。

第二节　配电线路灌注桩基础施工

灌注桩系是指在工程现场通过机械钻孔、钢管挤土或人力挖掘等手段在地基土中形成桩孔，并在其内放置钢筋笼、灌注混凝土而做成的桩，依照成孔方法不同，灌注桩又可分为沉管灌注桩、钻孔灌注桩和挖孔灌注桩等几类。钻孔灌注桩是按成桩方法分类而定义的一种桩型。

在现今送电线路的基础施工当中，尤其是在一些超高压和特高压的电力线路的建设中，也逐渐引用了灌柱桩基础的施工方法，而至于一般高压送电线路，在一些基础地质结构较差的条件下，（例如在河边、水泽地等地带）有效的运用灌注桩这一基础施工技术理念，不仅能够更好地提高基础的承载力，保证基础的稳定性，并且也有效地延长基础的使用寿命，同时也杜绝了事故隐患。

一、灌注桩施工

（一）桩径

按桩径大小分，可分为如下几种：

1. 小桩：由于桩径小，施工机械、施工场地、施工方法较为简单，多用于基础加固和复合桩基础中。

2. 中桩：成桩方法和施工工艺繁杂，工业与民用建筑物中大量使用，是目前使用最多的一类桩。

3. 大桩：桩径大且桩端不可扩大，单桩承载力高，近 20 年发展快，多用于重型建筑物、构筑物、港口码头、公路铁路桥涵等工程。

（二）成桩工艺

按成桩工艺，钻孔灌注桩可以分为：干作业法钻孔灌注桩；泥浆护壁法钻孔灌注桩；套管护壁法钻孔灌注桩。

（三）钻孔灌注桩的特点

钻孔灌注桩具有以下技术特点：

1. 施工时基本无噪音、无振动、无地面隆起或侧移，因此对环境和周边建筑物危害小；

2. 大直径钻孔灌注桩直径大、入土深；

3. 对于桩穿透的土层可以在空中作原位测试，以检测土层的性质；

4. 扩底钻孔灌注桩能更好地发挥桩端承载力；

5. 经常设计成一柱一桩，无须桩顶承台，简化了基础结构形式；

6. 钻孔灌注桩通常布桩间距大，群桩效应小；

7. 某些利用"挤扩支盘"钻孔灌注桩可以有效减少桩径和桩长，提高桩的承载力，减少沉降量；

8. 可以穿越各种土层，更可以嵌入基岩，这是别的桩型很难做到的；

9. 施工设备简单轻便，能在较低的净空条件下设桩；

10. 钻孔灌注桩在施工中，影响成桩质量的因素较多，质量不够稳定，有时候会发生缩径、桩身局部夹泥等现象，桩侧阻力和桩端阻力的发挥会随着工艺而变化，且又在较大程度上受施工操作影响；

11. 因为钻孔灌注桩的承载力非常高，所以进行常规的静载试验一般难以测定其极限荷载，对于各种工艺条件下的桩受力，变形及破坏机理现在尚未完全被人们掌握。设计理论有待进一步完善。

（四）施工方法

钻孔灌注桩的施工，因其所选护壁形成的不同，有泥浆护壁方式法和全套管施工法两种。

冲击钻孔，冲抓钻孔和回转钻削成孔等均可采用泥浆护壁施工法。

该施工法的过程是：平整场地→泥浆制备→埋设护筒→铺设工作平台→安装钻机并定位→钻进成孔→清孔并检查成孔质量→下放钢筋笼→灌注水下混凝土→拔出护筒→检查质量。

（五）施工顺序

1. 施工准备

施工准备包括：选择钻机、钻具、场地布置等。

钻机是钻孔灌注桩施工的主要设备，可根据地质情况和各种钻孔机的应用条件来选择。

2. 钻孔机的安装与定位

安装钻孔机的基础如果不稳定，施工中易产生钻孔机倾斜、桩倾斜和桩偏心等不良影响，因此要求安装地基稳固。对地层较软和有坡度的地基，可用推土机推平，在垫上钢板或枕木加固。

为防止桩位不准，施工中很重要的是定好中心位置和正确的安装钻孔机，对有钻塔的钻孔机，先利用钻机的动力与附近的地笼配合，将钻杆移动大致定位，再用千斤顶将机架顶起，准确定位，使起重滑轮、钻头或固定钻杆的卡孔与护筒中心在一垂线上，以保证钻机的垂直度。钻机位置的偏差不大于2cm。对准桩位后，用枕木垫平钻机横梁，并在塔顶对称于钻机轴线上拉上缆风绳。

3. 埋设护筒

钻孔成败的关键是防止孔壁坍塌。当钻孔较深时，在地下水位以下的孔壁土在静水压力下会向孔内坍塌，甚至发生流砂现象。钻孔内若能保持壁地下水位高的水头，增加孔内静水压力，能为孔壁、防止坍孔。护筒除起到这个作用外，同时还有隔离地表水、保护孔口地面、固定桩孔位置和钻头导向作用等。

制作护筒的材料有木、钢、钢筋混凝土三种。护筒要求坚固耐用，不漏水，其内径应比钻孔直径大（旋转钻约大20cm，潜水钻、冲击或冲抓锥约大40cm），每节长度2~3m。一般常用钢护筒。

4. 泥浆制备

钻孔泥浆由水、黏土（膨润土）和添加剂组成。具有浮悬钻渣、冷却钻头、润滑钻具，增大静水压力，并在孔壁形成泥皮，隔断孔内外渗流，防止坍孔的作用。调制的钻孔泥浆及经过循环净化的泥浆，应根据钻孔方法和地层情况来确定泥浆稠度，泥浆稠度应视地层变化或操作要求机动掌握，泥浆太稀，排渣能力小、护壁效果差；泥浆太稠会削弱钻头冲击功能，降低钻进速度。

5. 钻孔

钻孔是一道关键工序，在施工中必须严格按照操作要求进行，才能保证成孔质量，首先要注意开孔质量，为此必须对好中线及垂直度，并压好护筒。在施工中要注意不断添加泥浆和抽渣（冲击式用），还要随时检查成孔是否有偏斜现象。采用冲击式或冲抓式钻机施工时，附近土层因受到震动而影响邻孔的稳固。所以钻好的孔应及时清孔，下放钢筋笼和灌注水下混凝土。钻孔的顺序也应事先规划好，既要保证下一个桩孔的施工不影响上一个桩孔，又要使钻机的移动距离不要过远和相互干扰。

6. 清孔

钻孔的深度、直径、位置和孔形直接关系到成桩质量与桩身曲直。为此，除了钻孔过程中密切观测监督外，在钻孔达到设计要求深度后，应对孔深、孔位、孔形、孔径等进行检查。在终孔检查完全符合设计要求时，应立即进行孔底清理，避免隔时过长以致泥浆沉淀，引起钻孔坍塌。对于摩擦桩当孔壁容易坍塌时，要求在灌注水下混凝土前沉渣厚度不大于30cm；当孔壁不易坍塌时，不大于20cm。对于柱桩，要求在射水或射风前，沉渣厚度不大于5cm。清孔方法是使用的钻机不同而灵活应用。通常可采用正循环旋转钻机、反循环旋转机真空吸泥机以及抽渣筒等清孔。其中用吸泥机清孔，所需设备不多，操作方便，清孔也较彻底，但在不稳定土层中应慎重使用。其原理就是用压缩机产生的高压空气吹入吸泥机管道内将泥渣吹出。

7. 灌注水下混凝土

清完孔之后，就可将预制的钢筋笼垂直吊放到孔内，定位后要加以固定，然后用导管灌注混凝土，灌注时混凝土不要中断，否则易出现断桩现象。

全套管施工法的施工顺序。其一般的施工过程是：平场地、铺设工作平台、安装钻机、压套管、钻进成孔、安放钢筋笼、防导管、浇注混凝土、拉拔套管、检查成桩质量。

全套管施工法的主要施工步骤除不需泥浆及清孔外，其他的与泥浆护壁法都类同。压入套管的垂直度，取决于挖掘开始阶段的5~6m深时的垂直度。因此应该随使用水准仪及铅垂校核其垂直度。

（六）成孔质量问题

1. 塌孔

预防措施：根据不同地层，控制使用好泥浆指标。在回填土、松软层及流砂层钻进时，严格控制速度。地下水位过高，应升高护筒，加大水头。地下障碍物处理时，一定要将残留的砼块处理清除。孔壁坍塌严重时，应探明坍塌位置，用砂和黏土混合回填至坍塌孔段以上1~2m处，捣实后重新钻进。

2. 缩径

预防措施：选用带保径装置钻头，钻头直径应满足成孔直径要求，并应经常检查，及时修复。易缩径孔段钻进时，可适当提高泥浆的黏度。对易缩径部位也可采用上下反复扫孔的方法来扩大孔径。

3. 桩孔偏斜

预防措施：保证施工场地平整，钻机安装平稳，机架垂直，并注意在成孔过程中定时检查和校正。钻头、钻杆接头逐个检查调正，不能用弯曲的钻具。在坚硬土层中不强行加压，应吊住钻杆，控制钻进速度，用低速度进尺。对地下障碍行预先处理干净。对已偏斜的钻孔，控制钻速，慢速提升，下降往复扫孔纠偏。

（七）钢筋笼安装质量问题

1. 钢筋笼安装与设计标高不符

预防措施：钢筋笼制作完成后，注意防止其扭曲变形，钢筋笼入孔安装时要保持垂直，砼保护层垫块设置间距不宜过大，吊筋长度精确计算，并在安装时反复核对检查。

2. 钢筋笼的上浮

钢筋笼上浮的预防措施：严格控制砼质量，坍落度控制在 18±3cm，砼和易性要好。砼进入钢筋笼后，砼上升不宜过快，导管在砼内埋深不宜过大，严格控制在 10m 以下，提升导管时，不宜过快，防止导管钩钢筋笼，将其带上等。

二、水下砼灌注问题

（一）堵管

预防措施：商品砼必须由具有资质，质量保证有信誉的厂家供应，砼的级配与搅拌必须保证砼的和易性、水灰比、坍落度及初凝时间满足设计或规范要求，现场抽查每车砼的坍落度必须控制在钻孔灌注桩施工规范允许的范围以内。灌注用导管应平直，内壁光滑不漏水。

（二）桩顶部位疏松

预防措施：首先保证一定高度的桩顶预留长度。因受沉渣和稠泥浆的影响，极易产生误测。因此可以用一个带钢管取样盒的探测，只有取样盒中捞起的取样物是砼而不是沉淀物时，才能确认终灌标高已经达到。

（三）桩身砼夹泥或断桩

预防措施：成孔时严格控制泥浆密度及孔底沉淤，第一次清孔必须彻底清除泥块，砼灌注过程中导管提升要缓慢，特别到桩顶时，严禁大幅度提升导管。严格控制导管埋深，单桩砼灌注时，严禁中途断料。拔导管时，必须进行精确计算控制拔导管后砼的埋深，严禁凭经验拔管。

三、适用的地质条件

施工方法适用于灌注桩的持力层应为碎石层，碎石含量应在 50% 以上，充填土与碎石无胶结或者为轻微胶结，碎石的石质要坚硬，碎石分布均匀，碎石层厚度要满足设计要求。

四、加固机理

在灌注桩施工中将钢管沿桩钢筋笼外壁埋设，桩混凝土强度满足要求后，将水泥浆液通过钢管由压力作用压入桩端的碎石层孔隙中，使得原本松散的沉渣、碎石、土粒和裂隙胶结成一个高强度的结合体。水泥浆液在压力作用下由桩端在碎石层的孔隙里向四周扩散，对于单桩区域，向四周扩散相当于增加了端部的直径，向下扩散相当于增加了桩长；群桩区域所有的浆液连成一片，使得碎石层成为一个整体，从而使得原来不满足要求的碎石层满足结构的承载力要求。在钻孔灌注桩施工过程中，无论如何清孔，孔底都会留有或多或少的沉渣；在初灌时，混凝土从细长的导管落下，因落差太大造成桩底部位的混凝土离析形成"虚尖""干碴石"；孔壁的泥皮阻碍了桩身与桩周土的结合，降低了摩擦系数，以上几点都影响到灌注桩的桩端承载力和侧壁摩阻力。浆液压入桩端后首先和桩端的沉渣、离析的"虚尖""干碴石"相结合，增强该部分的密实程度，提高了承载力；浆液沿着桩身和土层的结合层上返，消除了泥皮，提高了桩侧摩阻力，同时，浆液横向渗透到桩侧土层中也起到了加大桩径的作用。以上几点均对提高灌注桩的单桩承载力起到不可忽视的作用。

五、压浆参数的设定

压浆参数主要包括压浆水灰比、压浆量以及闭盘压力，由于地质条件的不同，不同工程应采用不同的参数。在工程桩施工前，应该根据以往工程的实践情况，先设定参数，然后根据设定的参数，进行试桩的施工，试桩完成后达到设计的强度，进行桩的静载试验，最终确定试验参数。

（一）水灰比

水灰比一般不宜过大和过小，过大会造成压浆困难，过小会使水泥浆在压力作用下形成离析，一般采用 0.15~0.17。

（二）压浆量

压浆量是指单桩压浆的水泥用量，它与碎石层的碎石含量以及桩间距有关，取决于碎石层的孔隙率，在碎石层碎石含量为 50%~70%，桩间距为 4~5m 的条件下，压浆量一般为 115~210t。它是控制后压浆施工是否完成的主要参数。

（三）闭盘压力

闭盘压力是指结束压浆的控制压力，一般来说什么时候结束一根灌注桩的压浆，应该根据事先设定的压浆量来控制，但同时也要控制压浆的压力值。在达不到预先设定的压浆量，但达到一定的压力时就要停止压浆，压浆的压力过大，一方面会造成水泥浆的离析，堵塞管道；另一方面，压力过大可能扰动碎石层，也有可能使得桩体上浮。一般闭盘的最大压力应该控制在0.18MPa。

根据预先设定的参数，进行试验桩的施工，再根据试桩的静载试验结果，最后确定工程桩的压浆参数，就可以进行工程桩的施工了。

六、后压浆施工工艺

（一）施工工艺流程

灌注桩成孔→钢筋笼制作→压浆管制作→灌注桩清孔→压浆管绑扎→下钢筋笼→灌注桩混凝土后压浆施工。

（二）施工要点

1. 压浆管的制作

在制作钢筋笼的同时制作压浆管，压浆管采用直径为25mm的黑铁管制作，接头采用丝扣连接，两端采用丝堵封严。压浆管长度比钢筋笼长度多出55cm，在桩底部长出钢筋笼5cm，上部高出桩顶混凝土面50cm但不得露出地面以便于保护。压浆管在最下部20cm制作成压浆喷头（俗称花管），在该部分采用钻头均匀钻出4排（每排4个）、间距3cm、直径3mm的压浆孔作为压浆喷头；用图钉将压浆孔堵严，外面套上同直径的自行车内胎并在两端用胶带封严，这样压浆喷头就形成了一个简易的单向装置：当注浆时压浆管中压力将车胎迸裂、图钉弹出，水泥浆通过注浆孔和图钉的孔隙压入碎石层中，而混凝土灌注时该装置又保证混凝土浆不会将压浆管堵塞。

2. 压浆管的布置

将两根压浆管对称绑在钢筋笼外侧，成孔后清孔、提钻、下钢筋笼，在钢筋笼吊装安放过程中要注意对压浆管的保护，钢筋笼不得扭曲，以免造成压浆管在丝扣连接处松动，喷头部分应加混凝土垫块保护，不得摩擦孔壁以免车胎破裂造成压浆孔的堵塞。按照规范要求灌注混凝土。

3. 压浆桩位的选择

根据以往工程实践，在碎石层中水泥浆在工作压力作用下影响面积较大，为防止压浆时水泥浆液从临近薄弱地点冒出，压浆的桩应在混凝土灌注完成3~7d后，并且该桩周围至少8m范围内没有钻机钻孔作业，该范围内的桩混凝土灌注完成也应在3d以上。

4. 压浆施工顺序

压浆时最好采用整个承台群桩一次性压浆，压浆先施工周圈桩位再施工中间桩；压浆时采用2根桩循环压浆，即先压第1根桩的A管，压浆量约占总量的70%（111~114t水泥），压完后再压另1根桩的A管，然后依次为第1根桩的B管和第2根桩的B管，这样就能保证同一根桩2根管压浆时间间隔30~60min以上，给水泥浆一个在碎石层中扩散的时间。压浆时应做好施工记录，记录的内容应包括施工时间、压浆开始及结束时间、压浆数量以及出现的异常情况和处理的措施等。

（三）压浆施工中出现的问题和相应措施

1. 喷头打不开压力达到 10MPa 以上仍然打不开压浆喷头，说明喷头部位已经损坏，不要强行增加压力，可在另一根管中补足压浆数量。

2. 出现冒浆压浆时常会发生水泥浆沿着桩侧或在其他部位冒浆的现象，若水泥浆液是在其他桩或者地面上冒出，说明桩底已经饱和，可以停止压浆；若从本桩侧壁冒浆，压浆量也满足或接近了设计要求，可以停止压浆；若从本桩侧壁冒浆且压浆量较少，可将该压浆管用清水或用压力水冲洗干净，等到第 2 天原来压入的水泥浆液终凝固化、堵塞冒浆的毛细孔道时再重新压浆。

3. 单桩压浆量不足。压浆时最好采用整个承台群桩一次性压浆，压浆先施工周圈桩形成一个封闭圈，再施工中间，能保证中间桩位的压浆质量，若出现个别桩压浆量达不到设计要求，可视情况加大临近桩的压浆量作为补充。

（三）准备阶段

1. 施工人员对施工地点地质情况、桩位、桩径、桩长、标高等了解清楚。

2. 桩位放样。测量人员将 4 根直径 400mm 的钢管打入强风化层作为定位桩。

3. 将吊装工字钢焊接的钢围堰导向桩与定位桩分层联结固定，确保导向框位置准确。

4. 插打钢护筒。钢护筒壁厚 12mm，根据各墩不同地质情况决定护筒长度，护筒下沉深度穿过覆盖层。

5. 插打钢板桩围堰。采用拉森 - Ⅲ型钢板桩沿导向框排列。用 DZ-60Y 型振动锤振动下沉，直至穿过覆盖层为止。

（四）钻孔阶段

1. 安设钻机，使钻杆中心重合，其水平位移及倾斜度误差按规范要求调整。

2. 用冲击钻钻孔时，应待相邻孔位上已灌注好的混凝土凝固并已达到一定强度时，才能开钻。

3. 钻孔过程采用正循环回转钻进施工技术，在黏土层，适当少投泥土，靠钻进自行造浆，在砂土层则加大泥浆浓度固壁。钻进速度始终和泥浆排出量相适应。

4. 孔内始终保持 $0.2kg/cm^2$ 的静水压力，护筒内水位始终高于水库水位，遇松散地层时，适当增大泥浆相对密度和稠度，尽量减轻冲液对孔壁的影响，同时降低转速和钻压以满足施工质量控制要求。

5. 钻进过程严禁孔内掉进钻头、钻杆及其他异物，经常检查钻头的磨损情况。

6. 钻进过程随时留取渣样，每米不少于 1 组，在离设计标高 1.0~1.5m 范围内，每 30cm 留 1 组，每根桩渣样不少于 3 组。

（五）清孔阶段

1. 清孔是钻孔桩施工中保证成桩质量的重要一环。通过清孔尽可能使沉渣全部清除，使混凝土与基岩接合完好，以提高桩底承载力。

2. 终孔后，将钻头提至距孔底的 0.2~0.3m 处，使之空转，然后将残存在孔底的钻渣吸出；必要时投入适量纯碱以提高泥浆比重和胶结能力，使沉渣排出孔外。

3. 当钢筋笼下沉固定后，再次复检孔深和沉渣厚度等。若沉渣超标，可用导管中附属的风管再次清孔，直至全部符合设计要求和工艺标准。

4. 清孔结束前，将泥浆比重调整到规定范围，以保证水下混凝土的顺利灌注，同时保证成桩质量。

（六）钢筋笼的制作及安装阶段

1. 进场的钢筋必须出具合格证或产品质量检验报告，同时还按现行钢筋检验标准取样试验，不符合质量要求的钢材严禁使用。

2. 在成孔过程中及时组织钢筋笼的加工制作。钢筋笼采用分节制作后搭接焊的方式，接头错开，在同一截面内，接头数不超过钢筋总数的50%，同时声测管固定在笼的内部，均匀分布在圆周的四个点上。

3. 起吊钢筋笼时，吊点准确，保证垂直度，然后对准孔位徐徐下放，吊装过程中，节与节之间进行焊接，必须保证焊接长度和质量，且要控制焊接时间不宜过长。

（七）灌注水下混凝土阶段

1. 灌注前对桩孔质量、回淤沉渣厚度、泥浆指标、桩底标高进行一次全面检查，防止意外事故发生。

2. 灌注水下混凝土的导管逐节拼接，导管直径为25cm，每节长度为2~4m，以便调节高度。拼接后进行压水试验，合格后方可使用。

3. 混凝土的初存量应保证首次填充的混凝土入孔后，使导管埋入混凝土的深度大于1m，在灌注过程中，导管埋深不大于4m。

4. 每灌注一车混凝土后，用测锤测量混凝土面的上升高度，并做好记录，绘制单桩柱状图，根据此数据，换算该桩的桩径各段的扩孔率。

钻孔桩灌注混凝土过程应连续灌注一次完成。

（八）质量检测

在打桩前，平整好施工用场地，确定好中心桩，固定桩机。

七、立柱的施工工艺及工法

（一）准备阶段

完成灌桩施工，并经检测无断桩的状况，方可开始进行立柱浇制施工，在准备吊装焊接钢筋前，清洗干净桩头，确定中心点，平整桩口，做浆砌石垫层，方便模板的支垫。

（二）钢筋模板安装阶段

将桩、钢筋、模板三点的中心交集为一点，以这一点为基准心，吊装模板。保证模板与钢筋的垂直，防止安装过程中的倾斜，安装完成后，打固定拉线。

（三）立柱基础浇制

在浇制前，清理好桩头，并浇水保持湿润状态，浇制时，先铺一层细浆，这样也充分保证桩头与立柱的充分结合，达到二次接头的设计要求。

浇制将至立柱顶层时，在模板外已做好标记处，放入预埋件（支撑承台钢棒），放置时应将预埋件保持水平，立柱与立柱之间预埋件应相平行。浇制完，待72h后，拆除模板，包膜对基础养生。

八、承台的施工工艺及工法

立柱完成基础养护期限，并达到设计强度要求，便可进行承台的施工，承台施工前，要做好承台底部的支撑。

选用材质好的，并经检验合格的Q345大（小）规格工字钢，吊装并加固稳定，做好安全防范措施。

在完成吊装后，便可铺装承台底模及钢筋焊接。

钢筋焊接完成后，安装承台边模。并做好边模板与钢筋的固定，以防在浇制过程中由于混凝土流动重力扩散挤压的原因，产生胀模现象。

当地下桩基础的承载力达到设计强度要求时，立柱与桩基础结合并达到设计所允许的应力和连接力，此时，校验钢棒及工字钢的承载力、挠度、曲折系数。由于承台较大，在支撑上，要做到稳而牢固。这将保证对今后承台的浇制顺利和安全，在承台浇制前，做好必要的安全措施，事先检查钢棒及工字钢的支撑状况及相互之间的连接状况，承台浇制过程中，随时检查其底部工字钢及钢棒的支撑情况，及底部模板接缝处是否有漏浆现象发生。

承台浇制后的养生，由于承台面积较大，需用草席将混凝土表面覆盖，并浇水进行养护。

第三节 现浇混凝土基础施工

一、水泥及混凝土

（一）混凝土的一般性质

1. 混凝土的定义

以胶凝材料、细骨料、粗骨料和水合理的混合后硬化而成的建筑材料。

2. 混凝土的分类

1. 按胶凝材料的不同分为：水泥混凝土、沥青混凝土、塑料混凝土、树脂混凝土等。

2. 按用途的不同分为：结构、防水、耐酸、耐碱、耐低温、耐油混凝土等。

3. 按容重不同分类：见表2-3-1所示。

4. 泡沫（加气）混凝土：用铝粉或其他发泡剂、水、水泥或加极少的磨细砂制成，通常用于保温、隔热。

表 2-3-1　几种混凝土的容重

名称	容重（kg/m³）	骨料
特重混凝土	≥2700	钢屑、重晶石
重混凝土	2100～2600	砂、石
稍轻混凝土	1900～2000	碎硅、矿渣
轻混凝土	1000～1800	陶粒、炉渣
特轻混凝土	＜1000	（泡沫、加气混凝土）

3.水泥混凝土

（1）水泥混凝土，是由粗骨——料石、细骨料——砂、胶结剂——水泥、水以及适量外加剂（如减水剂、早强剂、缓凝剂、防腐剂等）构成。

（2）水泥混凝土的特点

1）优点

①混凝土具有较高的强度，能承受较大的荷载，外力作用下变形小。并可通过改变原材料的配合比，使混凝土具有不同的物理力学性能，满足不同的工程需求；

②具有良好的可塑性；

③所用的砂、石等材料便于就地取材；

④经久耐用，维护量少，正常情况下可用 50 年。

2）缺点

①现场浇制易受气候条件（低温、下雨等）的影响，浇捣后自然养护的时间长；

②干燥后会收缩，呈脆性，抗拉强度低；

③加固修理较困难。

3）混凝土的主要性能指标

①强度

指混凝土的抗拉、抗折、抗剪强度及混凝土与钢筋间的黏结强度、钢筋的抗拉强度等。我们主要考虑混凝土的抗压强度。

②和易性

又称混凝土的"工作性"，指混凝土在运输、浇灌和捣固过程中的合适程度，是混凝土的工艺性能的总称。和易性好的混凝土不易发生离析，便于浇捣成型，不易出现蜂窝、麻面，混凝土的内部均匀、有易密实性和稳定性，强度和耐久性较好。衡量混凝土的和易性，对一般流动性混凝土及低流动性混凝土用"坍落度"表示，对干硬性混凝土则用"工作度"表示。

影响混凝土和易性的因素：水泥的种类和细度、加水量、水泥浆的含量、骨料的影响、砂率的影响、塑性附加剂等。

砂率：混凝土中砂重量与砂石总重量之比。密实的混凝土，应该是砂填满石的空隙，水泥浆包裹住砂石并填满砂的空隙，达到最大的密实度。

混凝土按和易性的不同可分为特干硬性、干硬性、低流动性、流动性、大流动性、流态化等种类，如表 2-3-2 所示。

表 2-3-2　混凝土和易性分类表

序号	和易性类别	参数
1	特干硬性	坍落度为 0，工作度＞180S
2	干硬性	坍落度为 0，工作度 30～180S
3	低流动性	坍落度为 1～3cm，工作度＜30S
4.	流动性	坍落度为 5～8cm
5.	大流动性	坍落度为 10～15cm
6.	流态化	坍落度为＞18cm

③密实性

良好的骨料级配、较低的用水量和较小的水灰比、适量地掺入塑化剂、加气剂等、合适的振捣可以使得混凝土的密实性好。

④抗渗性

取决于混凝土的密实性及混凝土内部的毛细孔道的分布状况。

⑤抗冻性

取决于混凝土的密实性、孔隙形状及分布状况。

⑥混凝土收缩与膨胀

混凝土的收缩，是指混凝土在搅拌好之后，开始"水化作用"，同时大量的水分蒸发掉，混凝土的体积逐渐缩小，此即为混凝土的干缩。

混凝土的膨胀，是指浇制好的混凝土受潮后，未充分反应的硅酸盐晶体继续水化，混凝土体积就会有一定程度的膨胀，甚至于出现胀裂。

⑦混凝土的碳化

指混凝土中的 $Ca(OH)_2$ 与空气中的 CO_2 反应生成 $CaCO_3$ 和 H_2O，且由表及里。混凝土的碳化增大混凝土的抗压强度，但降低了混凝土的碱性，减弱了对钢筋的保护作用，增加混凝土的收缩（水分进一步散失），导致混凝土由表及里产生裂纹，降低混凝土的抗拉、抗折强度。

二、水泥

（一）水泥的成分

干水硬性胶结材料，当其与水或适量的盐类溶液混合后，在常温下经过一定的物理化学变化过程（水化作用），能由浆状或可塑性逐渐凝结进而硬化成为具有一定强度，并将松散物质胶结为整体的硅酸盐类化合物。

（二）水泥的组成及分类

水泥是以硅酸盐熟料、石膏及其他的混合材料磨制成的粉末状的物质。硅酸盐熟料是将石灰质（石灰石、白垩、泥灰质石灰石）和黏土质（黏土、泥灰质黏土）以适当的比例混合后，在 1300℃～1400℃ 的温度下烧至熔融，冷却后即硅酸盐熟料。其主要化学成分是：硅酸三钙（37%～60%）、硅酸二钙（15%～37%）、铝酸三钙（7%～15%）、铁铝酸四钙（10%～18%）等。其他的混合材料一般有：高炉矿渣、火山灰、粉煤灰等。

表 2-3-3　常见水泥的组成成分

名称	简称	组成
硅酸盐水泥	纯熟料水泥、波特兰水泥	以硅酸盐熟料加 4%~5% 石膏磨制而成
普通硅酸盐水泥	普通水泥	以硅酸盐熟料加适量混合材料及石膏磨制而成
矿渣硅酸盐水泥	矿渣水泥	以硅酸盐熟料加不大于水泥重量 20%~70% 的粒化高炉矿渣及适量石膏磨制而成
火山灰质硅酸盐水泥	火山灰质水泥	以硅酸盐熟料加不大于水泥重量 20%~50% 的火山灰质混合料及适量石膏磨制而成
粉煤灰质硅酸盐水泥	粉煤灰质水泥	以硅酸盐熟料加不大于水泥重量 20%~40% 的粉煤灰及适量石膏磨制而成

（三）水泥的水化作用

水泥与水拌和后，水泥颗粒被水所包围，由表及里地与水发生化学变化，逐渐水化和水解生成硅酸盐的水化物和凝胶，同时放出热量（水化热）。这些水化物和凝胶与砂石颗粒表面间有很大的附着力，表现为极强的黏结力；且硅酸盐的水化物和凝胶在适当的温度与湿度环境下，经过一定时间逐渐浓缩凝聚，形成晶体结构，具有很高的强度。

水泥与水拌和后，1~3 小时，凝胶开始形成，称为初凝；5~8 小时后，凝胶形成终止，称为终凝；终凝后水泥的凝胶及其他水化物逐渐结晶，由软塑状变为固体状。称为硬化。初凝前，混凝土具有流动性，可进行运输、浇灌及捣固；初凝到终凝前，流动性消失，凝胶若遇到损伤尚能闭合；终凝后，胶体逐渐结晶，此时遇到损伤不能闭合，混凝土的强度受损。

（四）水泥的主要品质指标

水泥的主要品质指标有：标号、细度、凝结时间、水化热、体积安定性、耐腐蚀性、抗冻性等。

1. 水泥的标号

表示水泥抗折强度和抗压强度的指标。水泥标号应按 1981 年 1 月 1 日起执行的新标准：GB175-77、GB177-77、GB178-77 中规定的水泥的品种和标号来测定。新标准中水泥的种类即前述的五个普通水泥品种；水泥的标号分为：225、275、325、425、525、625 六个。

2. 细度

水泥的颗粒愈细，水化作用愈快，凝结硬化愈快，早期强度愈高，水泥的细度用标准筛（0.080mm 方孔筛）的筛余百分数表示，在新标准中规定水泥的筛余量不大于 12%，属于尘屑。

3. 凝结时间

为了有充分的施工时间和凝结硬化时间又不至于太长，国标要求水泥的凝结时间：初凝时间大于 45 分钟，终凝时间小于 12 小时。目前使用的水泥初凝时间多为 1~3 小时，终凝时间多为 5~8 小时。

4. 水化热

指水泥在水化作用过程中要释放一定的热量，不同种类水泥的水化热是不同的。水化热的存在，一定程度上有助于加快水泥的凝结硬化，因为水泥的硬化需要一定的环境温度，且温度愈高硬化愈快；但是水化热过大，会使得混凝土凝结前后体积变化大，尤其是对大体积混凝土，热量不易散失，内外温差过大引起应力使得混凝土产生裂纹，影响工程质量。

5. 体积安定性

指水泥在硬化过程中各部分体积变化是否均匀的性质。体积安定性是水泥的重要性质，不符合要求的水泥严禁使用。体积安定性用"煮沸法"检验。

6. 耐腐蚀性

水泥的腐蚀指水泥硬化后，在特定的介质中逐渐受到侵蚀，强度减低甚至完全破坏。几种常见水泥的特性如表 2-3-4 所示。

表 2-3-4　五种常用水泥的特性

项目	硅酸盐水泥	普通水泥	矿渣水泥	火山灰质水泥	粉煤灰水泥
密度（g/cm³）	3.0~3.15	3.0~3.15	2.9~3.1	2.8~3.0	2.8~3.0
容重（kg/m³）	1000~1600	1000~1600	1000~1200	1000~1200	1000~1200
硬化	快		慢	慢	慢
早期强度	高	高	低	低	低
水化热	高	高	低	低	低
抗冻性	好	好	较差	较差	较差
耐热性	较差	较差	好	较差	较差
干缩性	×	×	较大	较大	较小
抗水性	×	×	较好	较好	较好
耐腐蚀性	×	×	较好	较好	较好

（五）水泥的选用

主要考虑环境条件和工程特点，另考虑是否受腐蚀、特定的养护条件等因素。不同品种水泥不得混合使用，同品种不同标号、不同出厂时间的水泥不得混合使用。水泥的选用如下表 2-3-5 所示：

表 2-3-5　水泥选用表

	项目	硅酸盐水泥	普通水泥	矿渣水泥	火山灰质水泥	粉煤灰水泥
环境条件	在普通气候环境中的混凝土	×	优先选用	可用	可用	可用
	在干燥环境下的混凝土	×	优先选用	可用	不得选用	不得选用
	在高温环境中，或永远处于水下的混凝土	×	×	优先选用	可用	可用
	在严寒地区处于地下水升降范围内的混凝土（水泥标号大于 325 号）	×	优先选用	可用	不得选用	不得选用
	在严寒地区处于地下水升降范围内的混凝土（水泥标号大于 425 号）	优先选用	不得选用	不得选用	不得选用	不得选用

续 表

项目		硅酸盐水泥	普通水泥	矿渣水泥	火山灰质水泥	粉煤灰水泥
工程特点	厚大体积混凝土	×	×	优先选用	优先选用	优先选用
	要求快硬的混凝土	优先选用	可用	不得选用	不得选用	不得选用
	C40 以上的混凝土	优先选用	可用	可用	不得选用	不得选用
	有抗渗要求的混凝土	×	优先选用	可用	优先选用	可用
	有耐磨性要求的混凝土（水泥标号大于 325 号）	优先选用	优先选用	可用	不得选用	不得选用

（六）水泥的储存

每批水泥必须有质量证明文件，应按品种、强度、出厂期、生产厂等分别堆放，先到先用；堆放地点应干燥、不透风、离地面 30cm；堆放高度不应超过 10 包；储存时间不应超过出厂期三个月。储存时间超过三个月或受潮结块，都需要重新检验其强度后再使用。因为水泥能吸收空气中的水分使强度降低，一般地，存放三个月后强度损失 10%~20%，存放六个月后强度损失 25%~30%，存放一年强度损失 40%，使用时应降低标号使用；如已结块坚硬，应筛去硬块并将小硬颗粒粉碎后检验，并不得用在重要的承重部位，可用于砌筑砂浆或掺入同品种的新水泥中使用（掺入量不大于水泥重量的 20%）。

三、组成混凝土的其他材料

组成水泥混凝土的材料有水泥、砂、石、水、外加剂及钢筋等，水泥前已介绍，下面介绍其他材料。

（一）石

石与砂都在混凝土中充当骨架，所以砂、石统称为骨料，石是粗骨料，砂是细骨料。砂、石是混凝土中的廉价材料，用它们可降低混凝土的成本，并减小水泥在硬化过程中的收缩。一般石占混凝土的总体积的 70%~80%。

1. 石的分类

从石的产地和来源可将石分为卵石、碎石。卵石又可分为：河卵石、山卵石、海卵石，山卵石一般含有较多的黏土、尘屑、有机杂质多，海卵石中常混有贝壳，河卵石较清洁。碎石用人力或机械破碎硬质岩石（花岗岩、辉绿岩、石灰岩、砂岩等）得到的粒径 5~80mm 的碎石。配置高标号混凝土应用碎石。

2. 混凝土用石的技术要求

石的最大粒径不得超过结构截面最小尺寸的 1/4，且不得超过钢筋间最小间距的 3/4，所以混凝土基础中常用的石的粒径为 20~40mm，混凝土底板则视配筋情况适当放宽。

（1）颗粒级配合适

良好的颗粒级配可以使得混凝土的空隙率尽可能地小，改善混凝土的密实性，节约水泥。石的级配应满足下表 2-3-6 的要求：

表 2-3-6　石的级配要求表

级配	公称粒级（mm）	累计筛余，按重量计（%） 筛孔尺寸（圆孔筛）（mm）										
		2.5	5	10	15	20	25	30	40	50	60	80	100
连续级配	5~10	95~100	80~100	0~15	0	×	×	×	×	×	×	×	×
	5~15	95~100	90~100	30~60	0~10	0	×	×	×	×	×	×	×
	5~20	95~100	90~100	40~70	×	0~10	0	×	×	×	×	×	×
	5~30	95~100	90~100	70~90	×	15~45	×	0~5	0	×	×	×	×
	5~40	×	95~100	75~90	×	30~65	×	×	0~5	0	×	×	×
单粒级	10~20	×	95~100	85~100	×	0~15	×	×	×	×	×	×	×
	15~30	×	95~100	×	85~100	×	0~10	×	0	×	×	×	×
	20~40	×	×	95~100	×	80~100	×	×	0~10	×	0	×	×
	30~60	×	×	×	95~100	×	×	75~100	45~75	×	0~10	0	×
	40~80	×	×	×	×	95~100	×	×	70~100	×	30~60	0~10	0

（2）针状及片状颗粒少

颗粒的长度大于该颗粒所属粒级的平均粒径的 2.4 倍者称为针状颗粒，厚度小于平均粒径 0.4 倍者称为片状颗粒。平均粒径指该粒级上下限粒径的平均值。针状和片状颗粒本身易折断，影响混凝土的强度；且拌制混凝土时空隙率较大；颗粒滚动性差，使混凝土的和易性差。具体要求见下表 2-3-7。

（3）含泥量，见表 2-3-7。

（4）强度

要求混凝土中的石必须坚硬、密实，有足够的强度。石中的软弱颗粒的含量应加以限制，软弱颗粒指在静压力（粒径为 5~10mm、10~20mm、20~40mm、40~70mm 时，分别施加 147N、245N、343N、441N 的静压力）作用下破碎的石颗粒，其强度见表 2-3-7 所示。

表 2-3-7　混凝土含泥量和强度表

项目		混凝土强度等级（MPa）				
		≥C30 及有抗冻、抗渗或其他特殊要求		C30~C40		≤C10
		砂	石	砂	石	石
含泥量	颗粒小于 0.08mm 的尘屑、淤泥、黏土的总量	3	1	5	2	酌情放宽
	基本上是非黏土质的石粉	×	1.5	×	3	酌情放宽
硫化物及硫酸盐含量，折成 SO₃		1	1	1	1	1
云母含量		1	×	2	×	×
轻物质（密度＜2g/cm³ 的物质）含量		1	1	1	1	×
盏、片状颗粒含量		×	15	×	25	40
有机质含量（用比色法实验）		颜色不深于标准色				

（5）有害杂质含量少。

（6）坚固性用硫酸钠溶液检测时应满足要求。

（二）砂

与石一起充当混凝土的骨架，称为细骨料。填充石间的空隙，增加混凝土的和易性，节约水泥并减少水泥浆在硬化过程中的收缩。砂是岩石风化或经人工破碎后形成的粒径在0.15～5mm的疏松颗粒状物质，一般都用天然砂。

1. 砂的分类

根据砂的来源的不同将砂分为：天然砂和人工砂。天然砂又可分为：河砂、海砂和山砂。按平均粒径来分类，可分为：粗砂（≥0.5mm）、中砂（0.35～0.5mm）、细砂（0.25～0.35mm）、特细砂（＜0.25mm）。

2. 混凝土用砂的技术要求

（1）良好的颗粒级配

使小颗粒的砂恰好填满中等颗粒的空隙，而中等颗粒的砂又恰好填满大颗粒砂的空隙，以减小整个砂的空隙率。一般地，砂的颗粒级配应处于三个区中任意一区中。除了5.0及0.63mm筛号的筛余百分数不准超过外，其余的最大可超5%。

（2）含泥量要少

泥会影响水泥与砂之间的胶结作用，从而降低混凝土的强度。砂的含泥量应符合要求。

（3）坚固性

要求用硫酸钠溶液法检验时，试验5次循环后，其重量损失应小于10%。

（4）有害物质含量。

（5）氯盐含量

对水上或水位变动地区以及潮湿或露天下使用的钢筋混凝土氯盐含量小于0.1%（与干砂重之比）；对预应力混凝土，禁止使用海砂。

（6）特细砂的使用应按照"特细砂配制及应用规程"（BJG19-65）的有关规定执行。

3. 砂的试验内容及取样方法

砂的试验内容：包括比重、容重、空隙率、颗粒级配、含泥量、坚固性、有害物质含量等。取样时，同一产地200m³为一批，不足200m³的也可为一批。每批砂样应间隔一定距离、于不同深度的五个以上的部位采取，各取20～30kg。砂样取出后，应妥善包装，防止散失，并附有卡片标明试样的编号、产地、规格、重量、要求检验的项目及取样方法等。

（三）水

1. 水的作用

水在混凝土中的主要作用首先是参与水化作用（起水化作用的水占水泥重量的15%～25%）；其次是起润滑作用，改善混凝土的和易性；补充蒸发掉的水分。混凝土中水量应严格按照配合比来确定，不宜随意增减；水过多，多余的水分蒸发掉在混凝土内部留下大量的气孔，混凝土的密实性差；水太少，混凝土的和易性不好，甚至于不能充分的完成水泥的水化作用，影响混凝土的强度。

2. 混凝土用水要求

（1）混凝土用水要求是可饮用的水或天然洁净的水，不允许水中含有影响混凝土正常凝结和硬化的油类、糖类或其他有害物质；pH值不小于4；硫酸盐含量不大于1%（水重）。

（2）取水样应用洁净瓶装3~4kg水样，瓶口应密封；应详细注明日期、地址、用途及编号。水样运输时应避免日晒、震荡、受热、受冻等，瓶内不得留有气泡，从取样到化验时间不得超过三天。

（四）外加剂

又称为混凝土添加剂，是一般在混凝土搅拌前或搅拌中加入的，并能改善混凝土性能的材料。其功能和分类如表 2-3-8 所示。

表 2-3-8　外加剂的分类和功能

外加剂名称	作用
减水剂	在保持混凝土稠度不变的条件下，具有减水增强作用
引气剂	在混凝土搅拌过程中，能引入分布均匀的细微气泡，以减少混凝土拌和物泌水离析、改善和易性、并显著提高混凝土抗冻融耐久性
引气减水剂	兼有引气和减水作用
缓凝剂	能延缓混凝土凝结时间，并对混凝土后期强度发展无不利影响
缓凝减水剂	兼有缓凝和减水作用
早强剂	能提高混凝土的早期强度，并对混凝土后期强度无不利影响
早强减水剂	兼有早强和减水作用
防冻剂	在规定温度下，能显著降低混凝土的冰点，使混凝土的液相不冻结或部分冻结，以保证水泥的水化作用，并能在一定的时间内获得预期强度
膨胀剂	能使混凝土（砂浆）在水化过程中产生一定的体积膨胀，并在有约束条件下产生一定的自应力

外加剂的掺入量为水泥重量的 0.005%~5%，混凝土外加剂的选用参见相关手册。外加剂的应用：为了改善混凝土的和易性，节省水泥，在配合比设计时，应考虑加入减水剂。减水剂对混凝土的水泥有扩散作用，提高混凝土的可塑性，增大坍落度，若保持相同的坍落度，则可减少用水量 10%~15%；由于混凝土的强度取决于水灰比，所以，在保持混凝土的坍落度和强度不变的条件下，加减水剂可节约水泥 10%。实际施工中常用木质素磺酸钙减水剂，用量为水泥重量的 0.25%，若超量使用，会延长混凝土的凝结时间，甚至于不凝固。

表 2-3-9　外加剂的组成表

外加剂名称	材料
普通减水剂	木质磺酸盐类（木钙、木镁、木钠）
	腐殖酸类
	烤胶类
高效减水剂	多环芳香磺酸盐类
	水溶性树脂磺酸盐类

续　表

外加剂名称	材料
早强剂及 早强减水剂	氯盐类（氯化钠、氯化钙）
	硫酸盐类（硫酸钠、硫代硫三钠）
	有机胺类（三乙醇胺、三异丙醇胺）
缓凝剂及 缓凝减水剂	糖类（糖钙）
	木质磺酸盐类
	羟基羧酸及其盐类（枸橼酸、酒石酸钾钠）
	无机盐类（锌盐、硼酸盐、磷酸盐）
引气剂及 引气减水剂	松香树脂类（松香皂）
	烷基苯磺酸盐类
	脂肪醇磺酸盐类
膨胀剂	硫铝酸钙类（明矾石）
	氧化钙类
	氧化镁类
	金属类（铁屑）
	复合类（氧化钙＋硫铝酸钙）

（五）钢筋

钢筋是钢筋混凝土、预应力混凝土结构中主要的承受拉力的材料。

1. 钢筋的分类

（1）按外形、化学成分、级别、牌号、机械性能等几方面来区分。

（2）钢筋按外形来分为：光圆钢筋、变形钢筋。光圆钢筋经加工可轧制刻痕钢丝和扭绞成钢校线；变形钢筋因轧制模具不同有各种形状的螺纹：螺旋形、人字形、有肋月芽形、无肋月芽形、竹节钢筋等。

（3）按化学成分分类：碳素钢钢筋、普通低合金钢钢筋。碳素钢钢筋又可分为：低碳素钢钢筋（含碳量低于 0.25%，如 3# 钢）、中碳素钢钢筋（含碳量为 0.25%~0.70%，如 5# 钢）、高碳素钢钢筋（含碳量为 0.7%~1.4%，如碳素钢丝）。

表 2-3-10　钢筋的组成成分表

序号	组分	作用
1	碳	决定钢筋的强度和硬度但过多变脆和可焊接性差
2	硅	含量小于 1% 时，可提高钢筋的强度和硬度，过多则影响塑性、韧性和可焊接性
3	锰	提高钢筋强度和硬度，但过多则可焊接性差
4	钒	提高钢筋的强度和淬火硬度
5	钛	提高钢筋的强度和韧性
6	磷	是有害物质，在 Ⅰ、Ⅲ、Ⅳ 级钢筋中含量应少于 0.045%；Ⅱ 级钢筋中应少于 0.05%
7	硫	是有害物质，在 Ⅰ、Ⅱ 级钢筋中含量应少于 0.05%；Ⅲ、Ⅳ 钢筋中含量应少于 0.045%

（4）钢筋按机械性能分为五级

1）Ⅰ 级钢筋（24/38，屈服点为 $24 \times 9.81 \times 10^6 Pa$，抗拉强度为 $38 \times 9.81 \times 10^6 Pa$），Ⅱ 级钢筋（34/52），Ⅲ 级钢筋（38/58），Ⅳ 级钢筋（55/85），Ⅴ（135/150）；Ⅰ~Ⅳ级

为热轧钢筋，Ⅴ级为热处理钢筋。

2）钢筋的机械性能主要有：抗拉、冷弯、伸长率、可焊接性等。

3）钢筋代用：在施工中供应的钢筋与设计要求的品种和规格不同时，可以进行代用。

4）钢筋的检验与储存。

①钢筋的检验

混凝土结构所采用的热轧钢筋、热处理钢筋、碳素钢筋、刻痕钢筋和钢绞线等的质量应符合现行国家标准的规定，到施工现场的钢筋应有出厂质量证明书或试验报告单，钢筋表面或每捆（盘）钢筋应有标志，应按炉、罐（批）号及直径分别加以检验，检验的内容：查对标志、外观检查、抽样检查力学性能等。钢筋在加工过程中，如发现脆断、焊接性能不良或力学性能显著不正常等现象，应根据国家标准对该批钢筋进行化学成分检验或其他专项检验。

②钢筋的储存

钢筋在运输和储存时，须严格按不同等级、牌号、直径、长度、分别挂牌整齐地堆放，并注明数量，不得混淆；钢筋应尽量堆入仓库或料棚，也可选择地势较高、土质坚实、较平坦的场地露天堆放，仓库或场地周围应挖排水沟，钢筋下应垫木，离地约20cm，避免钢筋锈蚀；加工好的基础钢筋应按基础型式及钢筋编号挂牌分别堆放，不得混淆；应避免与酸、盐、油等类物品混堆，以免污染或腐蚀钢筋。

（5）钢筋的加工与安装

钢筋加工一般包括：冷拉、冷拔、调直、除锈、画线及剪切、弯钩、绑扎、焊接等。冷拉、冷拔可提高钢筋的屈服强度，节约钢筋。

1）钢筋的调直和除锈

钢筋调直等人工和机械两种，除锈的方法常用钢丝刷、砂盘、酸洗、电动除锈机等。调直和除锈应满足下列要求：钢筋表面应洁净（无油渍、漆污、浮皮、铁锈、水锈等）；钢筋应平直、无局部曲折；用调直机调直后，钢筋截面减少量应小于5%。

2）钢筋的配料

钢筋加工应根据基础施工图中材料表所列规格、型号、简图、长度、重量等编制配料表，进行备料加工。

3）钢筋的画线和剪切

钢筋的画线可用粉笔画印或标尺样板代替画线；钢筋的剪切方法有：锤子打击冲、手动钢筋切断机、钢筋切断机或气焊切断。

4）钢筋的焊接

焊接的方法有：对焊、电弧焊、气焊等，要求满足《钢筋焊接及验收规程》《钢筋焊接接头试验方法》《钢筋气压焊》等规程、规定和国家标准的要求。

5）钢筋的绑扎与安装

①钢筋的绑扎

钢筋绑扎方法较多，有十字花扣、反十字扣、兜扣、缠扣、兜扣加缠、套扣、一面顺扣等。钢筋一般用20#~22#铁丝绑扎。钢筋绑扎点位置应注意：底板——全部的钢筋交叉点上；主柱和梁——箍筋转角与钢筋的交接点均应扎牢、钢筋与箍平直部分的相交点可成梅花式交错扎牢。

②钢筋安装

先检查钢筋网或骨架的质量：钢筋的级别、直径、根数、间距有无错误，整体尺寸是否与模板尺寸相适应。在基坑内安装钢筋通常需要在坑口装设钢梁或方木，用来固定钢筋网或骨架及模板。通常先安装底板钢筋，然后安装底板模板；立柱部分，可先安装立柱钢筋骨架，然后安装立柱模板，也可先安装三面模板，安立柱钢筋，最后安装第四面模板；联合式基础的混凝土梁一般是梁模安装好后，在绑扎安装钢筋，为方便绑扎安装钢筋，可留一面模板先不安装，待钢筋绑扎安装完后再安装。钢筋及模板的安装应注意：尺寸、安装的位置是否正确；混凝土保护层是否符合要求见表2-3-12；检查钢筋绑扎是否牢固、有无松动变底脚螺栓及其他预埋件是否稳固、正确，螺纹部分应涂黄油并包裹模板是否涂刷脱模剂等。

表2-3-11 安装钢筋时允许偏差

序号	项目		允许偏差（mm）
1	主筋	间距	±10
		排距	±5
2	箍筋间距（绑扎骨架）		±20
3	主筋保护层	基础	±10
		柱梁	±5
		板	±3
4	焊接预埋件	中心线位移	25
		平整度	+3、−0

表2-3-12 钢筋混凝土保护层厚度

序号	结构类型		保护层厚度（mm）
1	板	厚度≤100mm	10
		厚度＞100mm	15
2	梁和柱		25
3	基础	有垫层	35
		无垫层	70
4	箍筋和横向钢筋		15
5	分布钢筋（板）		10

四、混凝土的其他特性

（一）混凝土的标号

混凝土标号有：C7.5、C10、C15、C20、C25、C30、C35、C40、C45、C50、C55、C60，输电线路施工中常用的混凝土标号有：基础保护帽C7.5、现浇基础C150、预制混凝土构件C200、钢筋混凝土杆C30~C40。

（二）混凝土的龄期

混凝土的龄期指混凝土强度增长所需时间。实践证明，完成混凝土内的水泥的水化作用，需要几年到几十年的时间。但完成这个过程的基本部分，只需 28 天。28 天后强度增长极慢，且增长的值也很小，无多达的实用价值，在施工中通常测定 3 天、7 天、28 天的混凝土强度，作为撤模、构件安装、组立杆塔的基本依据。

（三）混凝土的养护

1. 养护的目的

保持混凝土内部的温度和湿度，使水泥充分、快速的水化，加速混凝土的硬化；防止混凝土因暴晒、风吹、干燥、寒冷等自然因素的影响，出现不正常的收缩、裂纹、破坏等。

2. 养护的基本方法

养护的基本种类有：标准养护、自然养护、热养护等。

（四）影响混凝土强度的因素

1. 合格的原材料；
2. 严格控制水灰比；
3. 按严格按配合比配料搅拌；
4. 应采用强制式搅拌机，并两次或多次投料；人工搅拌时，应做到"干三湿三"；
5. 浇铸过程中应捣固密实，合理的养护。

五、混凝土配合比的设计

（一）几个概念

1. 水灰比：是单位体积混凝土内所含的水与水泥的重量比。它是决定混凝土强度的主要因素，水灰比愈小，强度愈高，常用的水灰比为 0.4~0.8，现场浇制混凝土常用 0.7。
2. 坍落度：衡量混凝土的和易性的指标，决定单位体积混凝土的用水量。
3. 配合比：混凝土组成材料的重量比为水：水泥：砂：石，以水泥的重量为标准重量。

（二）配合比的设计方法

计算与试验相结合，首先根据混凝土的技术的要求、材料情况及施工条件等计算出理论配合比；再用施工所用材料进行试拌，检验混凝土的和易性和强度，不符合要求时则调整各材料的比例，直到符合要求时为止。

（三）混凝土拌和物的试配与调整

混凝土的理论配合比初步计算出来以后，还需进行试配进行调整，即用施工时所用的原材料拌和少量混凝土进行试验，以证明其和易性、坍落度、密度和强度是否符合要求。经过调整适当增减用水量、水泥用量、砂率和水灰比，以确定施工配合比。试配调整步骤如下：

1. 坍落度的调整。

2. 试配混凝土的强度检验及水灰比调整。

3. 配合比确定。由试验得出的各水灰比值时的混凝土强度，用作图法或计算求出所要求的混凝土强度相对应的水灰比值。

（四）试拌

根据计算出的配合比拌出的混凝土，测定其坍落度并检查粘聚性和保水性，分别加水泥或加石进行调整，次即为配合比调整；再进行强度复核，和易性调整后选定的配合比制成一组试块，在所选定的水泥用量上、下相邻近的取两组不同值（最小水泥用量时改用不同用水量）又获得两个配合比来制成两组试块，共三组试块分别在不同龄期做抗压试验，从中选出强度符合要求、水泥用量省、施工性能好的一组作试验配合比；再考虑砂、石含水量，石含砂量等，得出最终的配合比。

施工现场一般不作配合比设计，但常会遇到配合比的调整。输电线路沿线的砂、石供应点很多，技术特性可能不一致；水泥标号、品种也可能不一致，因此不应只采用一组配合比，而是根据不同材料组合进行配合比设计，当任一种材料改变时都应进行试配，检验混凝土的和易性、坍落度和其他性质。砂、石重量的称量，应尽量精确，最好逐车、斗称量；水泥每袋重 50kg，当其偏差较大（在 6% 左右），应在现场每天抽取 10 袋称量，取其平均值；砂的含水率用酒精燃烧法测定。

六、基坑开挖

杆塔基础坑的开挖方法，一般有人力开挖和爆破开挖等方法，除山区岩石坑以外，绝大部分采用人力开挖方法，这种预先开挖好的基坑，主要用于预制混凝土基础，普通钢筋混凝土和装配式混凝土基础等。基础在基坑内施工好后，将回填土夯实。但是由于扰动的黏性回填土，虽经夯实亦难恢复原状土的结构强度，因而就其抗拔性能而言，这类基础是不够理想的。基础的主要尺寸均由抗拔稳定性能所决定。为了满足上拔稳定性能的要求，就必须加大基础。

（一）基础坑开挖注意事项

1. 基础坑开挖前应先观察现场，摸清实地情况，取得现场第一手资料。

2. 土石方开挖应按照施工图纸及技术交底资料（基础施工手册），核对基础分坑放样尺寸、方位等是否正确，复核无误后，方可按要求进行开挖。

3. 对位于山地杆塔基础附近有房屋及经济林区，应采取相应的施工方法。

4. 土石方开挖一般采用人工开挖。若由沿线农民承包或外来施工队承包，则应加强技术安全指导和组织管理工作，进行必要的安全教育。

5. 杆塔基础的坑深，应以设计图纸的施工基面为基准，一般平地未注施工基面时，施工基面为 0°，施工基面的丈量一律以中心桩的地面算起。各种基础都必须保证基础边坡距离的要求。

基础对边坡距离的要求，根据设计上拔力的不同而不同。对钢筋混凝土电杆基础和拉线基础的要求如下：

（1）单杆和交叉梁的双杆是无上拔力的基础，一般不要求边坡距离。

（2）对有叉梁的双杆，因基础有上拔力，其边坡距离按上拔角计算。

（3）拉线基础的坑深，设计未提出施工基面时，应一拉线基础中心的地面标高为基准。

（4）铁塔基础位于山地、丘陵地斜坡时。

6. 坑口轮廓尺寸在基础分坑时考虑，应根据基础的实际尺寸，加上适当的操作裕度。不用挡土板挖坑时，坑壁应留有适当的坡度；坡度的大小应视土质特性、地下水位和挖掘深度而定，一般可参照表2-3-13预留。

表 2-3-13　各种土质坑口的坡度

土质分类	淤泥、铄土、砂	砂质黏土	黏土、黄土	坚土	石
安全坡度（深：宽）	1：0.75	1：0.5	1：0.3	1：0.15	0
操作裕度（m）	0.3	0.2	0.2	0.2	0.1

7. 开挖基坑应严格按设计规定的深度开挖，不应超挖深度，其深度允许误差为 +100~50mm，坑底应平整。若是混凝土双杆或铁塔四个基坑，应按允许误差最深的一个坑操平。岩石基础坑比应小于设计深度。

8. 杆塔基础坑深应以设计图纸的施工基面为准，偏差超过 +100~300mm 时，按以下规定处理：

（1）铁塔现浇基础坑，其超深部分以铺石灌浆吃力。

（2）混凝土电杆基础、铁塔预制基础、铁塔金属基础等，其坑深与设计坑坑深偏差值在 +100~300mm 时，其超深部分以填土或砂石夯实处理。如坑深超过 +300mm 以上时，其超深部分以铺石灌浆处理。个别杆塔基坑深度虽超过 100mm 以上，但经计算无不良影响时，可不作处理，只作记录。

（3）拉线基础坑，坑深不允许有负偏差。当坑深后对挖线盘的安装位置与方向有影响时，其超深部分应采取填土夯实处理。

（4）凡不能以填土夯实处理的水坑、淤泥坑、流沙坑及石坑等，其超深部分按设计要求处理。如设计无具体要求时，以铺石灌浆处理。

（5）杆塔基础坑深超深部分填土或砂、石处理时，应使用原土回填夯实，每层厚度不宜超过 100mm，夯实后的耐压力不应低于原状土，无法达到时，应采用铺石灌浆处理。

（6）挖坑时如发现土质与设计不符，或发现坑底有天然古洞、墓穴、管道、电线等，应通知设计单位研究处理。

9. 一条线路有多种杆塔基础型式，基础坑口尺寸各不相同。分坑尺寸是根据施工图所示的基础根开（即相邻基础中心距离）基础底座宽度和坑深等数据计算出来的。

（二）一般混凝土的挖掘

1. 人力挖掘时，按坑口放样位置，事先清除坑口附近的浮石等杂物，然后逐层进行。向坑外抛仍土石时，应防止土石回落伤人。对松软或潮湿且容易塌方的普通土，不得采用掏洞法挖掘，以防坑壁坍塌压伤人。

2. 坑底面积不超过 2m² 时，只允许一人挖掘；如果坑底面积超过 2m² 时，可由两人同时挖掘，但不得面对面作业。

3. 挖掘混凝土杆主坑或铁塔基础坑，由于挖好后要停留一段时间才能培土，坑壁应留有适当的安全坡度，坡度的大小与土质特性、地下水位、挖掘深度等因素有关。对拉线基础坑，因挖好后停留时间短，安全坡度可适当减小。

4. 在挖掘基坑过程中，要随时观察土质情况，发现有坍塌可能时，应采取挡土板或放宽坑口措施。上下应用梯子，不得在坑内休息或睡觉。

5. 平地开挖基坑常遇到地下水、地表水的渗入，造成积水浸水，影响施工，因此必须做好地面截水、疏水及坑内抽水工作的准备。

6. 对积水的基坑应在坑口周围修筑排水沟，以防雨水倒流入坑内，造成坑壁坍塌。

7. 在开挖铁塔基坑过程中，如发现土质坚硬不宜坍塌，又不渗水，可利用原状土作基础模板（即土模）。但应满足以下要求：

（1）坑底尺寸必须与基础底层尺寸相一致。

（2）坑底必须有底大口小倒斜度，以保证基础面的埋深。

（3）挖掘时要确保底层的形状及尺寸，严格按尺寸挖掘。对原状土较松的坑壁，要随时检查有无塌方的危险，若下层土质较差，不宜利用原状土作土模时，则改用混凝土预制模板。

（4）基坑挖好后，应将坑壁的松土除净，以防在浇灌混凝土时使泥土掺入混凝土中。

8. 挖土的弃土必须远离坑口，抛土距离根据挖坑深度和土壤类别确定，一般小于1.0m，堆土的坡度应向外，堆土高度不超过1.5m。

9. 大基坑开挖时，宜采用人抬箩运送弃土，遇雨天时开挖，必须采取防滑措施，坑内应做踏步台阶，防止施工人员滑倒。

（三）泥水坑、流水坑的挖掘

1. 泥水坑的挖掘方法，应视底下水位的高低、渗水快慢、渗水量大小而定。对渗水量小的水坑，可采用人工淘水的方法，一边淘水，一边挖掘，挖出的土应远离坑口堆放，以减轻坑壁的坍方。对渗水大的水坑，应采取安全技术措施，使用挡土板时，应经常检查有无变形或断裂现象。采用机械水泵排水时，一边抽水，一边挖掘，坑壁安全坡度要适当放大，挖出的土要远离坑口2m以外堆放。排水时，每挖一层土先将坑内的一角挖一小槽，使水流入小槽，以便排水，排出的水应使之流向远处，以免倒流入坑内。

2. 坑深大于1.5m的泥水坑，一般采用阶梯式大开挖，即四周成阶梯状。挖出的土要堆在距坑口2m以外。应及时排水，以此来减轻坑壁的坍方压力。

3. 当遇到地下水位较高的远淤泥层，施工时应用抽水泵排水，同时在坑壁周围使用黄砂或草袋盛土，挡住淤泥不使下塌。

4. 当挖掘遇到轻度流砂时，可能会出现因地下水流动，而使流砂不断涌出的现象，对此宜采用大开挖的方法，扩大基坑开挖面。如对预制基础或装配式基础，应在施工之前做好一切准备。组织力量采取紧凑的方法进行施工，边排水，边下基础或浇制基础。采取突击连续作业的方法，在短时间没完成，可避免因长时间停留而造成塌方。

5. 对地下水很多或带有严重流砂的大型基坑，应使用挡土板支撑坑壁，采用真空泵抽水降低地下水位的方法进行挖掘。由于真空泵所需的设备和工具比较多，操作比较麻烦，属特殊施工，采用时应事先编写方案和安全措施。

6. 更换土板支撑应先装后拆。拆除挡土板应待基础浇完毕后与回填土同时进行。

（四）岩石坑爆破开挖

在基础卡开挖中，常遇到岩石或坚实土层，此时可采用炸药爆破开挖。

土石方开挖注意事项如下：

1. 岩石经爆破后，使松石受震，土方压缩。应先将山坡地面浮动的土石块保护层（尤其山坡上方）清楚后方准下坑作业，防止保护层坍塌伤人。

2. 在石坑内采用人工清理、撬挖土石方时，应遵守下列规定：

（1）严禁上坡、下坡同时撬挖。

（2）土石滚落下方不得有人，并设专人警戒。

（3）作业人员之间应保持适当距离。

3. 人工开挖基坑时，也应事先清除坑口附近的浮石，向坑外抛扔土石时，应防止土石回落伤人。

七、现浇混凝土施工

现场浇制混凝土基础的方法有两种：钢筋混凝土和素混凝土基础。这两种基础，施工较复杂，工作量也大，但这两种基础适用性大，目前在输电线路工程中普遍采用。这里主要介绍钢筋混凝土基础施工。

（一）施工准备

现场浇制基础的施工一定要在塔位所在整个耐张段复测无误后方能进行。钢筋混凝土现浇基础须连续浇制，一般不宜中途中断，所以施工前必须做好充分的准备工作。

（1）技术资料

1）杆塔明细表；

2）基础型式配置表；

3）基础施工图；

4）基础施工手册。

（2）对施工人员进行技术交底，内容有基础的形式，尺寸；施工方法；安全措施；质量要求等。

（3）有条件时基础施工可采用三个施工段

一个负责开挖，包括负责修路、降基面、校正塔位、石料运输；第二个负责拆模、养护回填、接地装置埋设和砂石运输；第三个负责浇注、现场清理和水泥运输。改变开挖、成型、支模、浇制、养护、回填由一个作业班完成。可把经验丰富的骨干集中到支模、浇注两道关键工序。

（二）材料准备

1. 水泥的品种、标号符合施工设计要求。运到现场的水泥要保管好，放在干燥处，要防止水泥吸潮变硬而使强度降低。

2. 要准备合格的水，水量要充足。

3. 所选择的砂、石料应符合有关要求。

4. 基础使用的钢筋品种、规格、数量要符合施工图要求。凡弯曲变形的钢筋，在施工前要校正，浮锈要去除，表面应清洁。

（三）工器具准备

现浇基础有机械搅拌和人工搅拌两种，根据不同的施工条件准备好工具。

基础的浇制应力求使用机械搅拌和机械振捣，这不仅能加快施工速度，减轻工人劳动强度，而且搅拌的混凝土质量好，振捣密实、均匀，从而提高基础的质量。

采用机械搅拌时要准备：搅拌机、插入式震动器等，桩位附近要有可靠电源。

送电线路由于交通条件差，环境情况复杂，所以许多地方不具备机械搅拌的条件，而需采用人工搅拌。采用人工搅拌时，只要严格按施工工艺操作，也是能满足基础设计要求的。采用人工搅拌、人工捣固时要准备铁板、大方锹、小方锹、长、短钢钎、水桶等。

（四）钢筋加工

钢筋加工主要包括钢筋大弯钩和钢筋绑扎的操作方法、要求以及注意事项。

（五）模板支立

混凝土的成形是用模板按基础设计图纸要求支立。模板既要绑扎混凝土基础的形状，又有承受混凝土的重量，混凝土成型后的质量外貌，主要靠模板支立的质量后工艺来保证。

输电线路基础模板有木模板、竹胶合模板和钢模板等，施工中应尽量采用钢模板。

1. 木模板

制作基础木模板所用的板材厚度一般 20~25mm。与混凝土接触的一面应刨光。模板合缝应严密，不得漏浆，宜采用企口缝。模板的并带一般采用 50×50mm 的方木，并带之间的距离一般为 500~700mm，并带和模板应钉牢固。

按基础尺寸做成的模板，再拼成模盒，模盒的尺寸应符合设计要求，以保证基础的规格。

2. 钢模板

浇筑混凝土模板要求尽量采用组合钢模板，组合钢模板包括平面模板、阴角模板、阳角模板和连接角模。配件的连接件包括 U 形卡、L 形插销、钩头螺栓和紧固螺栓等。

钢模板采用模数设计。宽度模数以 50mm 进级；长度模数以 150mm 进级。模板应有足够刚度、接缝严密、装拆灵活、搬运方便并能重复使用。

在线路施工中应根据基础设计规格，选择好所需钢模板规格，做出模板配置图。

3. 模板的支立程序

以台阶式现浇基础为例，叙述木模板支立程序：

（1）底模的支立

在基坑操平的基础上，在坑底定出底层基础的四角位置，将底层模板拼装成模盒放置坑底，使模盒四内角对准坑底四角并使底模水平。如确定以上代模，挖坑时不挖到坑底，预留深度同底台阶厚度，支模前再按底阶长、宽将坑全部挖好。

（2）二模支立

在底坑定出二层基础四角位置，放置预制混凝土块（预制混凝土块的标号同现浇混凝土标号，其高度同底层基础高度）。将拼装好的二层基础模盒放置混凝土块上。对准并操平。

（3）立柱支立

将两根断面为 150×200mm 搁木平行放置在二层模盒上；将拼装好的立柱模盒放于搁木上，然后对准并操平。

（4）安置钢筋和基础底脚螺栓

支立好模板后，就安置钢筋和基础地脚螺栓。地脚螺栓一般固定在样板上，样板再固定在立柱上，样板是根据基础地脚螺栓根开及螺栓直径，用钢板或方木制成。

地脚螺栓的固定，一般按设计采用的是 18 号铁丝绑扎箍筋和地脚螺栓，但由于细铁丝、箍筋、地脚螺栓都是圆柱状的，摩擦力小，必须用样板固定才能保证四根地脚螺栓按设计的几何尺寸固定。可以用点焊代替绑扎，用一套定型模具将四根地脚螺栓固定好. 检查四根地脚螺栓根开、对角线、相对高差是否符合设计和规程要求，确认无误后把箍筋点焊于地脚螺栓，使四根螺栓形成牢固整体，这样省去了样板，方便了浇注，可以一次浇注抹面基础平面。

500kV 大型基础地脚螺栓一般应等混凝土浇捣到接近地脚螺栓根部时才用三脚架吊入、就位并进行找正和固定。

（5）立柱支撑

立体模板支立后即用 50×50mm 的方木支撑，支撑间距 1m 左右，如果立柱较高，支模时应沿立柱支撑点设长垫板。也有介绍为节省木材不用撑木而是用带双钩那样双头丝杆的顶撑，顶撑可作工具重复使用。也可用 8 号铁丝做板线，用花篮螺丝来调节长度的成功经验。

（6）模板安装注意事项

1）模板组立后应符合规定尺寸，模板应垂直，立柱不倾斜。地脚螺栓的根开尺寸，一定要保证符合设计要求。

2）模板安装后要找正，模盒对角线应与基础辅助对角线相重合。

3）模板支撑要相对进行，支撑点要均匀合理，支撑要牢固，在浇灌混凝土时使模板不走动，不变形。

4）钢筋笼与模板之间应有一定的保护层距离，底板的钢筋应垫起一定的高度。

5）如立柱较长，振捣困难，可在适当位置留出检查孔及捣固孔。

6）模板在浇灌混凝土前，应涂刷一层隔离剂（木模板的隔离剂一般用肥皂水即可。钢模板隔离剂用废机油加柴油混合料，但在组装模板时要防止隔离剂碰到钢筋上），拆除后应立即将模板表面残留的水泥砂浆等清除干净。

7）土质较好的地方，下层基础可不立模，在施工时将基坑底面的开挖，正好符合基础底层的尺寸，以四面的土墙作模板，防止泥土等杂物混入混凝土中。

8）钢模板的支立也有采用悬吊法，即将槽钢和角钢作井字形担放在基坑口模板位置，再将钢模板悬吊于上，由上向下组装。

（六）基础的浇灌

1. 混凝土的搅拌

混凝土浇灌前，按配合比将混凝土材料混合均匀，称为搅拌。输电线路工程混凝土搅拌有人工搅拌和机械搅拌两种方法，但应尽量采用机械搅拌。

人工搅拌：用 $1 \times 2m$ 厚为 $0.5 \sim 1mm$ 的钢板 $4 \sim 5$ 块顺次搭成拌板（拌板下垫好木板、木档），拌料顺序是先把砂子倒在拌板上，再把水泥倒在砂子上。两位工作人员手拿小铁锹，从一端开始相对翻拌，直至拌板上砂、水泥全部翻拌均匀。在这同时，另一工作人员手持"四齿耙"在端部来回翻拌。如此重复翻拌三次，使砂、水泥拌和均匀，然后加上石子，再一边加水一边用前述方法翻拌三次，至混凝土调匀，稠度合适，即可浇灌。

机械搅拌是采用混凝土搅拌机，有电动及柴油机作动力两种。

搅拌机转动正常后才能往里投料，投料顺序各地不一，一般是先放砂，再放水泥、石子，最后加水。搅拌时间要适当，一般 $0.25 \sim 0.4m^3$ 容积的搅拌机搅拌一次时间不小于 $1min$。搅拌时间过短，拌和不好会出夹生料，搅拌时间过长，会产生离析现象。搅拌机使用完毕，或中途时停机时间较长，必须在旋转中用清水冲洗几遍，才能停转，以防剩余混凝土在机内结块。

2. 混凝土的浇灌

浇灌的混凝土要求内实外光，尺寸正确，而浇灌是混凝土成型的关键。

（1）搅拌好的混凝土应立即进行浇灌。浇灌应从一角开始，不能从四周同时浇灌。

（2）混凝土倒入模盒内，其自由倾落高度不应超过 $2m$。超过 $2m$ 应沿溜管、斜槽或串筒中落下，以免混凝土发生离析现象。

（3）混凝土应分层浇灌和捣固。浇灌层厚度不宜超过 $200mm$、应采用捣固机械振捣。采用插入式震动器时应做到直上直下，快插慢拔，插点均匀，上下插动，层层扣搭。

（4）浇灌时要注意模板及支撑是否变形、下沉及移动，防止流浆。

（5）浇灌时应随时注意钢筋笼与四周模板保持一定的距离，严防露筋。

（6）浇灌混凝土，应连续进行，不得中断。如因故中断超过 $2h$，不得再继续浇灌，必须待混凝土的抗压强度达到 $12kg/cm^3$ 后，将连接面打毛，并用水清洗，然后浇一层厚 $10 \sim 15mm$ 与原混凝土同样成分的水泥砂浆，再继续浇灌。

（7）在立柱与台阶接头处，砂浆可能从没有模板的平面漏掉，可用"减半石混凝土"（增加了砂浆比例）及"稍定一些时间"（让混凝土初凝）浇灌的办法处理，以保证连接处的施工质量。

3. 注意事项

（1）浇灌前应复核基础的位置、形式、尺寸、根开、标高等。

（2）浇灌前应复核基础地脚螺栓、钢筋的规格、数量，并排除坑内积水。

（3）检查模板是否稳定，紧密，支撑可靠。木模板应加以湿润，但不允许留有积水。

（4）浇筑基础中地脚螺栓及预埋件应安装牢固。安装前应除去浮锈，并应将螺纹部分加以保护。

（5）主角钢插入式基础的主角钢，应连同铁塔最下段结构组装找正，并加以临时固定，在浇筑中应随时检查其位置。

（6）转角塔和终端塔及导线不均匀排列的直线塔，在基础操平和主角铁操平时，应尽量使受压侧略高于上拔侧，以保证承力塔有一定的预偏值。基础四个基腿面应按预偏值，抹成斜平面．并应在一个整体斜平面内。

（7）混凝土浇制时的质量检查。主要包括：

1）坍落度每班日或每个基础都应检查两次以上。

2）配比材料用量，每班日或每个基础应至少检查两次，其偏差应控制在施工措施规定的范围内。

3）混凝土的强度检查。应以试块为依据进行。

（8）在厚大无筋或稀疏配筋的基础中，允许在浇制混凝土时掺入大块毛石。但对加入的毛石的硬度、加入方法、毛石与模板的距离和加入数量应有所要求。

（9）基础顶面尽量采用一次抹面操平新工艺，避免二次抹面造成两张皮现象，保证基础质量和外形几何尺寸。

（10）不同品种水泥不应在同一基础腿中混合使用，但可在同一基础不同腿中使用，出现此种情况时，应分别制作试块并作记录。

4. 混凝土试块的制作

（1）将混凝土试块的模盒擦拭干净，并在模内涂一层机油；

（2）将拌和好的混凝土分两层装入模盒内，用捣棒螺旋形地从外向内插捣，每层捣固 50 次左右；

（3）振捣完毕后，再用抹刀沿试模盒四壁插捣数下，以消除混凝土与试模盒接触面的气泡，并可避免蜂窝麻面现象，然后用抹刀刮去表面多余的混凝土，将表面抹光，使混凝土稍高于试模盒；

（4）静置 2~4h 待试件收浆后，对试件进行第二次抹面，将试件仔细抹光抹平。

试块做好后放在现浇混凝土基础边上，与混凝土基础同等条件下养护。

5. 现浇基础的养护、拆模

（1）养护

为使现浇混凝土有适宜的硬化条件，并防止其发生不正常的收缩，防止暴晒使混凝土表面产生裂纹，而对混凝土加以覆盖和浇水称为养护，也叫养生。

混凝土的养护应自混凝土浇完后 12h 内开始浇水养护（炎热和干燥有风天气为 3h）。养护时应在基础模板外加遮盖物，浇水次数以能保护混凝土表面湿润为度。日平均气温低于 5℃时不得浇水养护，养护用水应与拌制混凝土用的水相同。

混凝土的浇水养护日期：普通硅酸盐和矿渣硅酸盐水泥拌制的混凝土不得少于 5 昼夜，当使用其他品种水泥或大跨越塔基础，其养护日期应符合现行国家标准《钢筋混凝土工程施工及验收规范》的规定，或经试验确定。

基础拆模经表面检查合格后应立即回填土，并对基础外露部分加遮盖物，按规定期限继续浇水养护，养护时应使遮盖物及基础周围的土始终保护湿润。

山区或用水困难的地方可用养护剂养护．如用偏氯乙烯养护剂和 RT-175 养生液。采用养护剂时，必须在拆模后立即涂刷，涂刷后可不再浇水养护。

（2）拆模

应严格把住基础拆模关，自上而下拆模，保证混凝土表面及棱角不受损坏，并要求强度不低于 2.5MPa。如果用养生液及时喷刷（雨天不能喷刷）。

拆模时间随养护时的环境温度及所用水泥的品种而有不同。一般在常温下（15℃~25℃）硅酸盐水泥和普通水泥为 2~3 天，火山灰及矿渣水泥为 3~6 天. 如气温低到 +10℃时，则要再延长 1~2 天。如果用钢模板浇制的混凝土，拆模时间可稍早些。

第四节　装配式基础施工

一、装配式基础概述

装配式基础，又称预制基础，是工厂预制，现场装配的基础形式。它比现浇混凝土基础节省 30%~50% 的劳动力，缩短工期 1/3~1/2，且基础加工的质量有保证（在工厂加工条件好），施工作业受季节气候影响小，有利于机械化或半机械化作业，降低施工人员的作业强度，是输电线路基础施工的发展方向。

装配式基础按材料的不同分为：金属基础、混凝土预制基础。

二、金属基础

金属基础是一种传统的基础形式，多为钢结构。其重量轻，结构简单，运输施工方便；缺点是耗钢材量大。适用于山地且土质好（风化的岩石、坚质黏土、砂土等），交通运输困难，不受地下水影响的塔位。

（一）金属基础分类

金属基础按其结构分为：钢格排型、压制金属底板型、混凝土加强型等几种。

（1）钢格排型基础，包括底板和立柱两个部分，其底板常用槽钢或角钢通过螺栓连成一体，成格排状；立柱为角钢，又分为单柱、多柱两种，直线塔多用单柱，耐张塔多用多柱甚至为桁架结构。

（2）压制金属底板型，其底板是约 12mm 厚的钢板压制而成，立柱与格排式相似。

（3）混凝土加强型，为了克服普通钢结构预制基础承受水平荷载能力较差的缺陷，底板结构仍为格排式，对金属结构的预制基础浇制混凝土的立柱，使之适用于荷载较大的输电线路。

（二）金属预制基础的安装

金属基础安装较为简单，基坑开挖后，将其操平，再安装基础。格排式金属基础安装，底板下土壤应为原状土，并铺一层密实的碎石，也可采用铺石灌浆；接下来安装底板，可在地面上组装后吊入坑中，也可在坑内组装底板；然后校正底板位置，组装立柱；在底板上铺一层较大的石块，最后回填土壤并适度夯实。压制金属底板安装时，为了防止在金属板下存在松砂，应先在底板下堆一砂墩，再将底板覆盖其上，进行基础的找正操平；再用原地平移基础的方法降低砂层厚度，要求基础就位后砂床最小处厚度大 7.5cm，以便基础下部与土层间无空腔存在，基础承压后底板均匀受力。混凝土加强型的底板安装同前，其立柱外应先安装模板，通常为圆形套筒，在套筒内浇灌混凝土，形成由混凝土加强的立法柱。

三、混凝土预制式基础

混凝土预制基础，用单个或多个部件拼装而成的预制钢筋混凝土基础。这种基础在预制件工厂统一配料、制造，加工条件好，质量能够保证；便于采用新技术、新工艺，减少原材料消耗（如预应力基础）。一般预制基础单件重量大，运输困难，适用于缺砂、石、水等原材料但交通方便地区。

（一）混凝土预制基础分类

混凝土预制基础按其结构分为：单件整体式、多件组合式。

1. 单件整体式

指包括底板立柱预制成为一个整体或只有底板的基础，如混凝土杆的底盘，其重量较大，用人力运输吊装困难，不适用于大型基础，宜采用吊车整体吊装，适用于交通方便的地区。

2. 多件组合式

甚至于底板也是由多个砌块组成，用螺栓或水泥砂浆灌注后连接；立柱有单柱、多柱两种，单柱用钢管或混凝土杆，法兰盘连接；多柱由角钢组合制成，螺栓连接。

（二）混凝土预制基础的安装

1. 布置找正线，使找正线在每个塔腿上方成十字形。

2. 在基础坑上搭设吊架，准备吊装构件入坑。

3. 基础坑操平。基础坑底应多点操平，使坑底基本平整；然后铺上 50mm 的粗砂或细碎石垫层，再多点操平，使全坑底平整，保证基础底板受力均匀。这是装配式基础安装质量的关键。

4. 基础拼装。利用吊架或吊车将基础各部分吊入安装，并用垂球操平找正。

5. 防腐及回填。底板与立柱连接处铁件应以水泥砂浆浇制保护层，外露铁件应热浸镀锌并加刷沥青漆防腐；回填时要求在底板上铺一层大于底板之间空隙的块石后再回填土壤，对石坑可按石与土 3:1～4:1 的比例分层回填夯实，但回填中石块不宜过大，防止卡坏立柱。

四、装配式基础施工的质量要求

1. 材料的防腐。

2. 混凝土要求：立柱顶部与塔脚板连接部分需用砂浆抹面垫平时，其砂浆或细骨料混凝土强度不应低于立柱混凝土强度，厚度不应小于 20mm 并按规定进行养护，现场浇筑基础二次抹面厚度也应符合该要求。

3. 钢筋混凝土枕条、框架底座、薄壳基础及底盘、底座等与柱式框架的安装应符合下列规定：

（1）底座、枕条应安装平正，四周应填土或砂、石夯实；

（2）钢筋混凝土底座、枕条、立柱等在组装时不得敲打和强行组装；

（3）立柱倾斜时宜用热镀锌铁片垫平，每处不得超过两块，总厚度不应超过 5mm。调平后立柱倾斜不应超过立柱高的 1%。主柱设计本身有倾斜者，其立柱倾斜是指与原倾斜值相比。

4.整基基础安装尺寸的允许偏差在填土夯实后应按现浇基础整基基础尺寸施工允许偏差的要求进行检查。

5.混凝土电杆底盘安装，圆槽面应与电杆轴线垂直，找正后应填土夯实至底盘表面，以防止立杆时移动。其安装允许偏差应保证电杆组立允许偏差。

6.卡盘安装前应将其下部回填土夯实，安装位置与方向应符合图纸规定，其深度允许偏差不应超过 ±50mm。

7.拉线盘的埋设方向应符合设计规定。

8.装配式基础预制构件允许偏差

装配式基础中使用的预应力钢筋混凝土和普通钢筋混凝土预制构件加工尺寸允许偏差应符合相关的规定，并应保证构件之间，或构件与铁件、螺栓之间的安装方便。其外观检查应符合下列规定：

（1）预应力钢筋混凝土预制构件不得有纵向及横向裂缝；

（2）普通钢筋混凝土预制构件，放置地面检查时不得有纵向裂缝，横向裂缝宽度不得超过 0.05mm；

（3）表面应平整，不得有明显的缺陷。

第五节　演示基础施工

一、岩石基础概述

（一）岩石基础的概念

岩石基础是将锚筋直接锚固于灌浆的岩石孔内，借助于岩石自身的抗拔、抗剪切能力，岩石与水泥砂浆间、水泥砂浆与锚筋间的黏结力来抵抗杆塔传递下来的荷载，以保证基础结构的稳定性的一种基础形式。它也被称为"原状土"式基础，其强度取决于岩石自身的抗拔、抗剪切强度，岩石与水泥砂浆间、水泥砂浆与锚筋间的黏结强度，钢筋的抗拉、抗剪切强度等。

（二）岩石基础设计的控制条件

上坡稳定。

（三）岩石基础的特点

充分利用岩石的整体性和坚固性，抗压能力强；岩孔较大开挖基坑小得多，节约材料，成本低廉，节约材料；岩孔开凿多用机械，节省劳动力。

二、岩石基础的分类方法

（一）按岩石的坚固分类

按岩石坚固程度分类如表 2-5-1 所示。

表 2-5-1　岩石按坚固程度分类表

岩石类型	代表性岩石
硬质岩石	花岗岩、花岗片岩、玄武砾岩、石灰岩、闪长岩
软质岩石	页岩、黏土岩、绿泥石片岩、云母片岩

凡新鲜岩石的饱和单轴极限抗压强度大于 300kg/cm²（29.4MPa）者，称为硬质岩石；小于 300kg/cm²（29.4MPa）者，称为软质岩石。

（二）按岩石的风化程度分类

按岩石风化程度分类如表 2-5-2 所示。

表 2-5-2　岩石风化程度分类表

风化程度	特征
微风化	岩质新鲜，表面稍有风化痕迹，整体性好，较坚硬
中等风化	结构和层理清晰；岩体被节理、裂隙分割为碎石状（20~50cm），裂隙中有少量的风化填充物，锤击声脆，且不易击碎，手折不断；用镐难以挖掘，岩心钻可钻进
强风化	结构和构造层理不甚清晰，矿物成分已显著变化；岩石被节理裂隙分割成碎石状（2~10cm），碎石可用手折断；用镐可以挖掘，手摇钻不易钻进

三、岩石基础的基本类型

（一）直锚式

用于覆盖层厚度小于 0.3m、微风化硬质岩石。

（二）承台式

适用于覆盖层厚度在 0.8~1.5m、中等风化，硬度稍差的岩石。

（三）嵌固式

又称岩固式，适用于质地较软的强风化岩石，但要求岩石完整性好。

（四）自锚式

适用于微风化、硬质、完整性好的岩石。

（五）拉线式

适用于岩质较硬、中等风化或弱风化岩石，作拉线基础。

各种形式的岩石基础中，除了拉线式外，随着基础承受的荷载的大小，又分为：单孔和多孔基础。

四、岩石基础施工

（一）施工机具简介

施工机具分类：岩石基础施工与其他的现浇混凝土基础不同点是不开挖基坑，只凿岩孔。凿岩孔有人工和机械两种方法，人工凿岩孔用钢钎；机械用岩石钻机。岩石钻机的种类较多，多为各施工单位自行研制，下面做简单介绍。

1. 东北地区曾经试用的"争光 10 型"取样钻机，动力：2.2kW 汽油机，孔径：$\phi 46 \sim 58.5mm$，孔深：10m，特点：可一人背运，钻进时采用杠杆加压，结构简单，操作容易。

2. 东北送变电工程公司在 220kV 兴 - 卧线岩石基础施工中用"TK-25 型"机动凿岩机，孔径：$\phi 40mm$。

3. XJ-100 型钻机参见《500kV 线路施工实践》相关资料。

4. 西南电力设计院和四川省送变电工程公司共同研制的轻型钻机，动力：柴油机，孔深 10m，最大孔径：$\phi 127mm$，搬运时部件可拆卸，最大部件重 95kg。

5. 1989 年，沈阳光华实用技术开发公司研制出我国第一套适合输电线路岩石基础施工的钻机"QZZ-88"型，轻便易装卸，孔径：$\phi 90 \sim 130mm$，钻深：30m。

（二）岩石基础施工

1. 岩石基础施工

首先应根据设计资料逐基核查覆土层厚度及岩石性状，当实际情况与设计不符时，由设计单位提出处理方案；一般来说，岩石基础的经济性较好，但在原设计为岩石基础的情形下，实际塔位的覆土层厚度大于普通大开挖基础的埋深，采用岩石基础已无经济价值，为节省投资可将其改为普通大开挖基础；当然，若原设计为大开挖基础，而实际的覆土层厚度小于埋深处是岩石，也可将其改为岩石基础，以降低工程成本。

2. 岩石基础施工内容

清理施工基面（清理岩石上面的植被及覆土）、钻岩孔、安装锚筋、浇灌混凝土砂浆（配制、搅拌、浇灌）、养护；对承台式基础还有承台浇制（扎筋、支模、浇灌混凝土养护）、回填等。

3. 岩孔开挖或钻孔应满足以下要求

（1）施工过程中应保证岩石构造的整体性不受破坏。

（2）岩孔中的石粉、浮土、孔壁松动的石头及积水应清除干净（用压缩空气或干净的水）。

（3）软质岩石成孔后，应立即安装锚筋或底脚螺栓，并浇灌混凝土，以防孔壁风化；若不能立即浇灌混凝土，应将孔口封闭，防止进入杂物和雨水等。

4. 岩石基础的锚筋或底脚螺栓的安装及混凝土的浇灌应符合下列规定

（1）浇灌前应复查孔位、孔深等；

（2）锚筋或底脚螺栓埋入前应除锈，不允许有明显弯曲；埋入深度不得小于设计值；安装后应有临时固定措施，混凝土砂浆终凝前绝对不得触动；

（3）浇灌混凝土或水泥砂浆时，应分层捣实，并按现场浇灌混凝土的规定进行养护；岩石基础浇灌的通常为细卵石混凝土（如200号混凝土，石径0.5~1cm，中砂，525号水泥，坍落度15~20cm）；

（4）岩孔内浇灌的混凝土或水泥砂浆的数量不得少于设计规定值；

（5）对浇筑的混凝土或水泥砂浆的强度检验，应以相同条件养护的试块为依据；试块每基取一组；

（6）对浇灌的岩石基础，应采取措施减少混凝土或水泥砂浆的收缩量；

（7）岩石基础的施工误差，岩石基础的施工成孔深度不应小于设计值；嵌固式成孔尺寸应大于设计值，且保证设计锥度；钻孔式成孔度孔径，允许偏差为±20mm，整基基础施工允许偏差应与现场浇筑基础混凝土时的要求相同。

第三章　杆塔组立

第一节　概　述

杆塔在这里指钢筋混凝土电杆与铁塔。杆塔在输电线路中起着支持导、地线系统，使导、地线与地面间及导、地线间保持安全距离的作用。

杆塔按其作用及受力分为：直线杆塔和承力杆塔两类。直线杆塔，用于线路中直线段上，支持导线垂直和水平荷载，又分为普通直线杆塔、换位直线杆塔、跨越直线杆塔、直线小转角杆塔等；承力杆塔又可分为耐张杆塔、转角杆塔、终端杆塔、分歧杆塔及耐张换位杆塔5种，主要承受在断线时的受断线拉力。拉线杆塔可承受较大风载荷及断线载荷，这样可以减轻杆塔的结构，节省原材料。

钢筋混凝土电杆常用在220kV及以下输电线路中。特点是坚实耐久、维护工作量少、结构简单、分段组装，可满足各种跨越高度要求；其缺点是易产生裂纹、笨重，给运输、施工带来不便。可分为拔梢杆、等径杆两类。

铁塔从塔材的形式上分为角钢铁塔、钢管塔两类。铁塔坚固、可靠，使用年限长，但钢材消耗大、造价高、施工工艺复杂、维护工作量大，220kV以下线路中，铁塔多用于交通不便和地形复杂的山区，或一般地区的大荷载的终端、耐张、大转角、大跨越等处。

一、铁塔性能、构造

铁塔作为电力线路的主要支持物，在设计时其结构布置要求能满足在各种气象条件下，都能保持导线对地的最小安全距离。铁塔头部的布置应能保证在各种运行状态下，导线与塔身之间满足大气过电压、内部过电压、正常工作电压相配合的间隙要求，同时还要满足带电作业的间距要求，导线与避雷线相对位置应符合防雷保护角的要求。总之，应保证铁塔在各种工作情况下的强度、稳定，并满足必要的尺寸要求。

（一）结构分类．铁塔按结构型式分为如下三类

1. 拉线型铁塔

拉线塔由塔头、主柱和拉线组成。塔头和主柱一般为角钢组成的空间桁架体，有较好的整体稳定性，能承受较大的轴向压力。铁塔的拉线一般用高强度钢绞线做成，能承受很大的拉力，因而使拉线型铁塔能充分利用材料的强度特性而减少钢材耗用量。它占地面积较大。

2. 自立式铁塔

自立式铁塔是指不带拉线的铁塔，有宽基和窄基两种。宽基塔的底宽与塔高的比值：承力型为 1/4~1/5，直线型为 1/6~1/8；窄基塔的宽高比的比值约为 1/12~1/13。

3. 自立式钢管铁塔

自立式钢管铁塔是近年来城市电网中应用较多的一种塔型，断面有环形和多边形两种。它也称钢管电杆。

（二）铁塔结构

铁塔可分为塔头、塔身和塔腿三部分。导线按三角形排列的铁塔，下横担以上部分称为塔头；导线按水平排列的铁塔，颈部以上部分称为塔头。酒杯型和猫头型塔头，由平口到横担又称为塔颈，其两侧称为曲臂。一般位于基础上面的第一段桁架称为塔腿，塔头与塔腿之间的各段桁架称为塔身。铁塔的塔身为截锥形的立体桁架，桁架的横断面多呈正方形或矩形。立体桁架的每一侧面均为平面桁架，每一面平面桁架简称为一个塔片。立体桁架的四根主要杆件称为主材。相邻两主材之间用斜材（或称为腹杆）及水平材（或称为横材）连接，这些斜材、水平材统称为辅助材（或辅铁）。斜材与主材的连接处或斜材与斜材的连接处称为节点。杆件纵向中心线的交点称为节点的中心。相邻两节点间的主材部分称为节间，两节点中心间的距离称为节间长度。

二、杆塔组立工艺概述

杆塔起立方法可分为整体起立和分解组装两类。钢筋混凝土杆主要用整体起立法，铁塔较多采用分解组装法。本章主要对倒落式抱杆整体组立杆塔、直立式抱杆整体组立杆塔、外拉线抱杆分解组塔、内拉线抱杆分解组塔等四种常见的杆塔组立工艺进行详细介绍。

（一）混凝土电杆组立方法

混凝土电杆组立方法主要为整体组立，由于电杆使用趋少，分解组立方法极少采用。整体组立混凝土电杆的方法主要有三种：

1. 倒落式抱杆整体立杆。这是目前送电线路电杆施工中用得最多的一种方法。

2. 直立式抱杆整体组立混凝土电杆。适用于 10~35kV 线路的常见单柱电杆。

3. 机械化整立。即用汽车起重机或履带起重机整体起吊电杆，该法简便迅速，稳固可靠，但受道路、地形限制，适用于 10~110kV 线路的常见单柱电杆。

（二）铁塔组立方法

铁塔组立方法大致上分为两类：一类是整体组立；另一类是分解组立。

1. 整体组立

整体组立铁塔的方法主要有下述几种。

（1）倒落式抱杆整体立塔。该法适用于各种类型铁塔，尤其适用于带拉线的单柱型（拉锚）或双柱型（拉V、拉门）铁塔、重量较轻的窄基铁塔。

（2）座腿式人字抱杆整体立塔。该法仅适用于宽基的自立式铁塔。

（3）机械化整体立塔。即采用大型吊车整体立塔。只要道路畅通，地形开阔平坦，各类重量较轻、高度适中的铁塔均可吊立。

（4）直升机整体立塔。针对特殊地形条件，进行技术经济比较后确定是否采用这种方法。

2. 分解组立

分解组立的方法，主要有下述几种。

（1）外拉线抱杆分解组塔

外拉线即抱杆拉线落在塔身之外，也称为落地拉线。这种组塔方法的抱杆随塔段的组装而提升，其根部固定方式有两种：一种是悬浮式，故称此法为外拉线悬浮抱杆组塔；另一种是固定式，即抱杆根部固定在某一主材上，称为外拉线固定抱杆组塔。

外拉线抱杆组塔方法中，还有一种外拉线落地抱杆组塔，特点是利用一根落地的单抱杆置于塔位中心，吊装的塔片可以组装于任何方向，利用落地抱杆分别将相对的两塔片吊立，然后再进行整体拼装。此法适用于高度在20m以下的直线型铁塔。

（2）内拉线抱杆分解组塔

内拉线即抱杆拉线的下端固定在塔身四根主材上，抱杆根部为悬浮式，靠四条承托绳固定在主材上。内拉线抱杆是在外拉线抱杆的基础上创造的一个新方法。

（3）摇臂抱杆分解组塔

它的特点是在抱杆的上部对称布置四副可以上下升降的悬臂。摇臂抱杆又分两种：一种是落地式摇臂抱杆，即主抱杆坐落在地面，随塔段的升高，主抱杆随之接长；另一种是悬浮式摇臂抱杆，如同内拉线抱杆的悬浮式一样，抱杆根靠四条承托绳固定。

（4）倒装组塔

上述三种分解组塔方法是由塔腿开始顺序向上组装的。倒装组塔的施工次序恰好相反，是由塔头开始逐渐向下接装的。倒装组塔分为全倒装及半倒装两种。全倒装组塔是先利用倒装架作抱杆，将塔头段整立于塔位中心，然后以倒装架作倒装提升支承，其上端固定提升滑车组以提升塔头段，并由上而下地逐段接装塔身各段，最后接装塔腿，直至整个铁塔就位。半倒装组塔是先利用抱杆或起重机组立塔腿段。再以塔腿段代替抱杆，将塔头段整立于塔位中心。然后以塔腿作倒装提升支承，先提升塔头段，并由上而下逐段按顺序接装塔身各段，直至塔腿以上的整个塔身与塔腿段对接合拢就位。

（5）无拉线小抱杆分件吊装组塔

该法是利用一根小抱杆以人力逐渐提升吊塔材，进行高空拼装。适用于塔位地形险峻、无组装塔片的场地，以及运输条件困难、大型机具无法运达的现场。

（6）混合组塔

这种方法也有两种方式：

1）先将铁塔下部用抱杆整体组立，铁塔上部再利用分解组塔法继续组立，这个方法称为整立与分解混合组塔法。

2）起重机与人力混合组塔。铁塔下部用起重机整体或分片、分段吊装完成；铁塔上部再利用分解组塔法组立。

（7）直升机分段组塔

即直升机逐次分段起吊、塔上安装。

三、杆塔组立方法选择的基本原则

（一）在地形条件许可时，应积极推广倒落式人字抱杆整体立杆的方法。

（二）对于杆高为 18m 及以下的单柱电杆，交通便利的地点应推广采用汽车起重机整体起吊电杆。

（三）凡是带拉线的铁塔，包括带拉线轻型单柱塔、拉门塔、拉锚塔、拉 V 塔等均应优先选用倒落式人字抱杆整体立塔。因为带拉线的铁塔在设计终勘定位时，基本上考虑了地形起伏不大的情况或虽起伏较大但塔身较轻的情况，这就为整体立塔创造了条件。

（四）地形平坦、连续使用同类型铁塔较多时也考虑优先选用整体立塔的方法。

（五）自立式铁塔以分解组塔的方法为主。分解组塔的方法较多，推荐使用内拉线或外拉线悬浮抱杆立塔，其他方法视具体情况选用。在 220kV 及以下的山区线路多选用无拉线小抱杆分解组塔。

（六）对于高度为 80m 以上的跨越铁塔应根据塔型结构、地形条件及机具条件等进行组立铁塔方法的比较，选择最优化的立塔方案。

由于杆塔起立的方法较多，各施工单位都有自己成熟的施工经验。选择杆塔组立方法还应考虑以下因素：

1. 适用范围宽，即使用同一套起立施工器具和施工方法，稍加改进，能起立较多类型的杆塔。

2. 安装设备简单，装拆、转移都较为方便。

3. 杆塔组立操作平稳可靠，安全性高。

4. 施工效率高、速度快，施工质量好，安装过程中不易损坏构件。

5. 因地制宜，尽量发挥本单位现有的工器具的能力。

第二节　杆塔组立施工准备

一、杆塔的运输

（一）汽车运输

1. 发送至现场公路边的塔材，一车只装同一基铁塔材料。如果单基塔重较轻必须同车装两基及以上时，应将不同桩号的构件分边或分层堆放，分边或分层应有明显标志，同时，必须派专人跟车送料。

2. 构件装车时，应有顺序的摆放，长一头放置在车厢底板；各联板必须用铁丝或加长螺栓穿成一串并用螺帽拧固，防止丢失。

3. 置于汽车车厢前架上的构件，在构件下方应垫方木，并应将构件、方木、车架三者绑扎牢固，防止磨损构件镀锌层。

4. 凡用钢绳或 8 号铁线绑扎镀锌构件时，其绑扎部位应用麻带缠绕保护。

5. 塔材装卸时，严谨抛掷。

（二）人力运输

1. 检查大运输的材料构件与杆塔明细表对照无误后，方可进行人力运输。

2. 检查构件外观质量，不合格的应逐件登记并退回。

3. 搬运构件，不得图方便把构件在地上拖动。

4. 构件到现场后应按编号分类堆放。

5. 人力运输应由技工负责，送到现场的塔材，必须及时派人看守，防止被盗。

6. 铁塔构件的人力运输，应根据塔位周围的地形能堆放多少塔材且不影响组装及吊装而确定运输数量，如条件不允许，应先运输塔脚部分，再根据吊装进度运输其他塔材。

二、工器具选择与使用

（一）绳索

线路施工中常用的绳索有麻绳（或棕绳）和钢丝绳。麻绳及棕绳主要用于临时拉线、捆绑构件、辅助性的起吊作业及一些手动起重工作。钢丝绳作为主要受力绳索，用于起重、作临时及永久性拉线等。麻绳的绳结和绳扣要求通用简单、安全可靠、结扣方便、解扣容易。钢丝绳的钢丝与钢丝之间发生的接触疲劳应力，对钢丝绳的耐久性有着重要的影响。

（二）起重滑车

滑车可分为定滑车和动滑车两类。定滑车可以改变作用力的方向，作导向滑轮；动滑车可以作平衡滑车，平衡滑车两侧钢绳受力。一定数量的定滑车和动滑车组成滑车组，既可按工作需要改变作用力的方向，又可组成省力滑车组。

起重滑车的效率：滑车存在轴承摩擦阻力与绳索刚性阻力，因此，起重过程中所做的功小于牵引力做的功，效率小于100%；根据单个起重滑车或滑车的效率，可求出钢绳牵引端的力。

（三）起重抱杆

起重抱杆广泛用于杆塔组立，也用于装卸材料设备。

1. 抱杆种类

抱杆有圆木抱杆、钢管抱杆、角钢抱杆和铝合金抱杆等类型。抱杆端部支承方式，对其纵向受压稳定影响很大。

2. 抱杆端部支承方式

理想的杆端支承方式有铰支端、嵌固端、自由端三种。铰支端有转动而无横向移动；嵌固端不允许杆端截面有转动与移动；自由端允许截面自由转动与横向移动而无约束。

4. 抱杆强度计算

细长比 λ 是压杆的折算长度 μl 和压杆截面惯性半径（或称回转半径）r 之比：$\lambda = \mu l / r$。根据细长比的大小，木材 $\lambda \leq 75$、钢材 $60 < \lambda \leq 100$，称中柔度等截面压杆；木材 $\lambda > 75$、钢材 $\lambda > 100$ 时，称大柔度等截面抱杆。

小柔度等截面短压杆，其强度根据材料强度许用应力决定；中、大柔度抱杆，选择使用时不仅要考虑它的强度，还要考虑它会不会因受力而弯曲，也即要有足够的稳定性，才能保持正常工作。

4. 抱杆使用须知

有出厂合格证，并符合行业有关法律、法规及强制性标准和技术规程的要求。抱杆每年做一次荷重试验，加荷重为允许荷重 200%，持续 10min。抱杆使用前检查外观，使用、搬运中严禁抛掷和碰撞，不能超负荷使用。

（四）锚固工具

锚固工具用于固定绞磨、转向滑车、临时拉线、制动杆根等。常用的锚固工具有地锚、桩锚、地钻、船锚及锚链。

1. 地锚

地锚分为圆木深埋地锚和钢板地锚。圆木地锚采用短圆木作锚体，以钢绞线或钢丝绳卷绕绑扎于圆木中部而成。

钢板地锚用 3~5mm 钢板弯成槽形作挡板，将 U 形环焊在中部立筋板的框架上，再在框架两端各焊接三条筋板而成。埋置钢板地锚时，外力作用线一定要垂直钢板平面，否则将使地锚挡板有效工作面积减少，而大大降低地锚容许拉力。

2. 桩锚

桩锚是以角钢、圆钢、钢管或圆木以垂直或斜向（向受力方向倾斜）打入土中，依靠土壤对桩体起嵌固和稳定作用，承受一定拉力。为增加承载力，可采用单桩加埋横木或用多根桩加单根横木连接一起。

3. 钻式地锚

适用于软土地带锚固工具，其端部焊有螺旋形钢板叶片，旋转钻杆时叶片进入土壤一定深度，靠叶片以上倒锥体土块重力承受荷载。常用的地钻有最大拉力为 10kN 和 30kN 两种。前者最大钻入深度 1m，叶片直径 250mm；后者最大钻入深度 1.5m，叶片直径 300mm。

4. 船锚与锚链

船锚有海军锚和霍尔锚两种。海军锚锚干上部有一横杆，与锚臂垂直，投入河底受锚链拉力时，横杆使锚一个爪回转向下插入泥土。这种锚抓力为自重力的 12~15 倍，适用于小船；霍尔锚锚爪可活动、无横杆，抓力仅为自重力的 2~4 倍，但抛锚和起锚方便，适用于大型船舶。

（五）其他起重工具

1. 起重葫芦

起重葫芦是有制动装置的手动省力起重工具，包括手拉葫芦、手摇葫芦及手扳葫芦。手拉葫芦又叫倒链，用手拉链条操作；手摇葫芦靠摇动带有换向爪的棘轮手柄进行操作；手扳葫芦利用两对自锁的夹钳，交替夹紧钢丝绳，使钢丝绳做直线运动。

2. 双钩紧线器和螺旋扣

两个都是输电线路施工收紧或放松的工具。

3. 卡线器（紧线器）

卡线器是将钢丝绳和导线连接的工具，具有越拉越紧的特点，使用时将导线或钢绞线置于钳口内，钢丝绳系于后部 U 形环，受拉力后，由于杠杆作用卡紧。

4. 制动器

由钢管或圆木制成，制动绳在制动器上缠绕圈数按 3~4kN 一圈估算，通常制动绳在制动器上缠绕 3~5 圈。

5. 注意事项

工器具必须具有出厂合格证，使用前仔细检查，定期维护、保养和进行荷载试验。

（六）安全保护用具

安全用具有安全带、腰绳、安全帽、三角板、脚扣等，使用前仔细检查，定期进行试验。

三、杆塔起立前的各项工作

（一）钢筋砼杆的运输及堆放

相关标准规定：预应力钢筋砼杆不得有纵向和横向裂缝；普通钢筋砼杆不得有纵向裂缝，横向裂缝宽度允许在出厂时为 0.05mm，运到杆位时为 0.1mm。所以在运输、堆放、排焊、组立起吊各道工序中，应采取措施减少砼杆产生裂缝。

1. 钢筋砼杆运输

在运输过程中损坏，必须注意以下事项：

1）装载时应使构件的布置对称于车身的中心轴线，这样，车辆行驶时构件不易发生颤动和倾覆。

2）构件的装运应按构件外形、规格、使用桩号、车辆载重量等条件，做到有计划地发送，以提高车辆运输效率。

3）构件装载后必须用各种卡具、绳索、木塞等固定好，并用垫木或草袋等柔软物垫起，以免在运输途中震动损坏。

4）混凝土构件的支撑与垫木位置，应根据计算来确定，以避免构件因其承受设计上未考虑的应力而破坏。

2. 钢筋砼杆堆放

钢筋砼杆自重很大、杆身段长都在 3m 以上，一般均在杆身下垫枕木堆放。枕木的支放点应使杆身自重所产生的弯曲最小，并应在钢筋砼杆允许承受的弯矩值之内。一般杆长小于或等于 12m，采用两点或三点支放；杆长大于 12m 时，采用三点或四点支放。电杆堆放层数：对于拔梢杆梢径大于或等于 150mm、等径杆直径大于或等于 400mm 者，不得超过四层；对梢径小于 150mm 和等径杆直径小于 400mm 者，堆放层数不得超过 6 层。层与层之间应用支垫物隔开，各层支垫点应在同一平面上，各层支垫物位置应在同一垂直线上。

（二）钢筋砼杆的排杆、焊接及地面组装

由于钢筋砼杆一般采用分段制造，在工地杆位现场需将分段电杆连接起来。

1. 排杆要求

1）了解全线杆号、杆型、各基水泥杆数量及编号及各段砼杆的螺栓孔、接地孔等位置和尺寸，明确其装置方向。

2）固定式抱杆立杆，排杆时电杆应靠近坑口，杆身的重心应靠近杆坑中心。

3）根据图纸及施工手册，核对杆段规格数量、尺寸和螺孔位置是否符合要求，检查砼杆质量是否合格。

4）排杆场地平整，按砼杆堆放要求在每段杆身下垫道木。上下钢圈平直完全一致，保持整个杆身平直。排杆时要先排放主杆下段，然后根据主杆平面布置要求，按起吊方案确定杆根与坑位中心的距离。

5）杆身调直后，从两端的上、下、左、右向前目测均成一直线后，双杆对角线应相等，再沿杆拉线校正，也可用测量仪器校正；杆根距坑中心和根开距离应符合规定数值；杆身应平行于线路中心线或转角平分线；整基砼杆的螺栓孔相对位置和方向符合要求。

2. 焊接要求

钢筋砼杆的焊接宜采用电弧焊接，电弧焊接时钢圈受热时间短，面积也小，易于保证质量。焊接后，砼杆钢圈焊接接头应按设计规定进行防锈处理，将钢圈表面铁锈、焊渣及氧化层除净，涂刷一层红丹，然后涂刷防锈油漆。

3. 地面组装要求和注意事项

（1）按图纸复查杆段螺栓孔位置和相互之间距离是否正确，检查横担构件、吊杆、抱箍、螺栓及砼杆全部零件是否齐全，其规格尺寸是否符合设计图纸要求；各构件及零件的焊接和镀锌是否完好。

（2）组装工艺

组装横担：可将横担两端稍微翘起 10~20mm，以便悬挂后保持水平。组装转角杆横担时，应注意长短横担位置。

组装叉梁：先安装好四个叉梁抱箍。将叉梁交叉点垫高，其中心和叉梁抱箍保持水平，再装上、下叉梁。

部分螺栓连接件应松动：地面组装时构件与抱箍连接螺栓不能拧得过紧，调节吊件的形螺栓应处于松弛状态，以防起吊砼杆时损坏构件。

绝缘串组装：一般砼杆顶离开地面时，再将绝缘子串和放线滑车挂在横担上，防止绝缘子碰破。

架线用的金具、拉线、爬梯等应尽量在地面组装，以减少高处作业。

组装完毕后，应系统地检查各部件尺寸及构件连接情况，铁构件有镀锌层脱落，应涂灰铅油，单螺母拧紧后打毛或涂油漆；检查钢筋砼杆杆顶是否封顶良好，杆身眼孔、接头、叉梁等处混凝土如有擦伤、掉皮，应用水泥砂浆补好。

（3）铁构件缺陷的处理规定

杆塔部件组装有困难时应查明原因，严禁强行组装。个别螺孔需扩孔时，扩孔部分不应超过 3mm。当扩孔需超过 3mm 时，应先堵焊再重新打孔，并应进行防锈处理。严禁用气割进行扩孔或烧孔。

运到杆位的个别角钢当弯曲度超过长度的 2‰，一般采用冷矫正法进行矫正，但矫正后不得出现裂纹、锌层脱落。

角钢切角不够或联板边距过大时，可用钢锯锯掉多余部分，但最小边距不得小于1.3倍螺栓孔径距离，而且应采取防锈措施。

（4）组装中螺栓安装的规定

螺栓与构件面垂直，螺栓头平面与构件间不应有空隙；螺母拧紧后，螺杆露出螺母合适长度。

对立体结构，水平方向由内向外，垂直方向由下向上；对平面结构，顺线路方向由送电侧穿入或按统一方向穿入，横线路方向两侧由内向外、中间由左向右（指面向受电侧）或按统一方向，垂直方向者由下向上。

杆塔连接螺栓应逐个紧固，其扭紧力矩 M_{12} 不应小于 4000N·cm、M_{16} 不应小于 8000N·cm、M_{20} 不应小于 10000N·cm、M_{24} 不应小于 25000N·cm。

（三）永久拉线结构、制作及组装

1. 拉线一般采用多股镀锌钢绞线，规格为 GJ-25-240，拉线金具包括从杆塔连接端至地面拉线盘之间的所有零件。

1）拉线杆塔常用的拉线形式有 X 形（用于直线单杆）、V 形（用于直线或耐张双杆）、交叉形（用于直线或耐张双杆）、八字形（用于转角杆）等。

2）拉线的固定方式

拉线上端的固定方式是将楔形线夹直接与拉板或抱箍连接；拉线下端制作线夹后经拉线棒连接到拉线盘上。

3）常用拉线组装图。压接式耐张线夹组装，较多用于大截面钢绞线；线夹与钢绞线的连接可采用液压或爆压，其长度调节用花篮螺丝，线夹式组装适用于较小截面拉线，拉线上端用形环和楔形线夹（或不可调形线夹），拉线下端固定用形线夹。拉线上端的形环套，固定于砼杆上的拉线抱箍。

2. 拉线长度是从拉线点到拉线棒出土点之间的长度。

（四）铁塔的结构

铁塔分为塔腿、塔身、塔头三大部分。常将铁塔分解成若干段，每长度一般不超过8m。铁塔构件连接处称为节点，构件的连接方式有电焊连接和螺栓连接两种。

1. 塔腿构造：塔腿位于铁塔最下部，塔腿上端与塔身连接，下端与基础连接，有时采用高度不同的塔腿。塔腿与基础的连接方式有塔腿插入混凝土基础、塔腿插入土层与金属式预制基础连接式及底脚螺栓式和铰接式。

2. 塔身构造：塔身由主材、斜材、水平材、横膈材和辅助材组成。主材是铁塔受力的主要构件。斜材中单斜材用于塔身较窄、受力较小情况。横膈材能增强塔身的抗扭能力、减少水平横材的支承长度、当塔身分段组装时保证塔身的截面形状不变。

3. 塔头构造：铁塔横担下平面以上或瓶口以上结构统称为塔头，由身部、导线横担、地线支架等组成。

4. 铁塔各受力构件都应交于一点，该点即为节点；连接构造的空隙，当中间有螺栓连接时，中间应垫上与构造空隙等厚的垫圈。主材与主材的连接都采用对接，当受力较大时，在连接主材角钢里侧加上衬板或角钢。主材与斜材、横膈材的连接，按受力大小，采用螺栓直接连接或经节点板连接两种方式。

（五）铁塔识图、对料

1. 铁塔组装图纸包括杆塔总图和杆塔结构图两种。
2. 总图中的单线图标有杆塔各部主要尺寸、分段标号、主材及塔腿斜材规格等。
3. 铁塔结构图图面按比例尺画出实物结构图，完整反映各结构的情况和连接方式。
4. 铁塔组立之前，应先根据铁塔图纸在地面上进行铁塔材料清点，称为对料。

（六）铁塔整体组装

整体组立的铁塔必须整体组装。整体立塔时要求和上一节钢筋砼杆地面组装时要求相同。所有螺栓应在地面紧好，并达到规定力矩。在组立结束后，全部紧固一次，架线后再全面复紧一次。复紧后，应将铁塔顶部到导线以下2m之间及基础顶面以上2m范围内全部单螺母螺栓，逐个加防松措施，即在紧靠螺母外侧螺纹上涂以灰漆或在相对位置上打冲两处，也可采用防松、防窃螺栓。

（七）铁塔的分解组装

铁塔分解组装应按铁塔的分段情况、分解组塔采用的方法及构件的吊装顺序，将全塔结构进行分段分片或分角在地面组装好。在场地允许情况下，通常应将铁塔各部在地面全部组装好后，再进行组塔作业。

四、施工前准备工作

（一）技术准备

杆塔组立工序之前，应准备并熟悉如下技术文件：

1. 杆塔明细表（设计单位提供）。
2. 杆塔施工图（设计单位提供）。
3. 杆塔组立施工工艺措施（简称组立措施）。

工程技术负责人应根据现场调查及杆塔施工图，确定本工程杆塔的组装方法及立杆塔方法。根据已确定的杆塔组立方法，对各种不同杆塔型式进行整立或分解组立的施工计算。在计算的基础上编写《组立措施》。其内容应包括本工程各种电杆型式的排杆、焊接及各种铁塔的组立方法等操作要求，各种杆塔的起吊现场布置，各索具的最大受力值，抱杆失效角，工器具汇总表，质量要求，安全措施等。特殊地形及特高杆塔应编写专门的施工方案及工艺措施。

杆塔组立前，参加立杆塔工序的人员（含技工、临时工及特种工）均应参加技术交底。送电技工应经考试合格方准上岗。每项工程组立的第一基杆塔及新组立方法的第一基杆塔均应组织试点。试点工作应做到：

（1）明确试点目的。检验《组立杆塔工艺》是否符合实际，实施有无困难，是否需要作局部修改。

（2）明确参加人员。除直接参与施工的人员外，施工队队长及技术员，工程处（或项目部）技术负责人必须参加。

（3）试点后应编写试点小结，提出对《组立杆塔工艺》的修正及补充意见。杆塔组立前，必须对基础进行检查验收，合格后方准开始杆塔组立。现浇基础混凝土抗压强度达到设计强度的100%时方准整体组立，达到设计强度的70%时，方准分解组立。

（二）杆塔材料准备

1. 电杆及构件

经过运输的混凝土电杆及构件应在排杆前再做一次全面检查，检查内容有：

（1）杆段配置是否符合图纸要求。

（2）外观质量是否符合验收规范要求。

（3）经工地大小运输后有无磨损或碰伤现象。

（4）杆段上的钢管孔及螺母均应齐全，方位正确，堵孔物应清理干净。

（5）组装铁件及螺栓数量应齐全，外观质量应符合设计图纸及有关技术要求。拉线电杆的拉线必须在材料站配齐。用于拉线的钢绞线应镀锌完好，无金钩、变形、腐蚀等缺陷。焊接、组装、立杆需要的消耗性材料（如焊丝、油漆等）均应符合有关质量要求。

2. 铁塔塔料

组立铁塔前必须对运到现场的塔材清点数量和检验质量。质量不合格者不得使用。缺少主材及连接包钢者严禁组立铁塔。组立铁塔的螺栓、垫圈、脚钉应齐全。螺栓由于强度不同分为4.8级、5.8级及6.8级，不同等级的螺栓应分别堆放。拉线铁塔的拉线必须在铁塔组立前制作好。

（三）工器具准备

组立杆塔需用的工器具有十多种，主要的工器具有：

1. 绳索和索具，包括钢丝绳、大绳等。

2. 滑车，包括单轮、双轮及多轮滑车。

3. 抱杆，分为木质、钢管、角钢组合抱杆等。

4. 锚固工具，包括深埋地锚、桩式地锚等。

5. 牵引动力装置，包括绞磨、绞车、电动卷扬机、拖拉机等。

6. 其他起重工具，如制动器、拉线调节器、紧线器等。

工器具选择主要是由它承受的荷重性质和荷重大小而决定的。同时需要考虑三个系数：受冲击振动影响的动荷系数（又称冲击系数、振动系数等），考虑不平衡分配影响的不平衡系数，受力裕度和疲劳补偿的安全系数。在选择或校验设备及其强度时，应将设备实际受力连乘对应以上系数，作为该元件所承受的综合计算荷重，并要求综合计算荷重数值不大于该起重设备的最大容许荷重。

根据确定的杆塔施工方法，应编制机具配置计划，清查施工队现有的工器具能否满足施工需要。工器具运送现场前必须进行检查、维修，确保合格的工器具进入现场。

第三节 杆塔起立

一、输电线路杆塔整体起立

输电线路杆塔整体起立常采用倒落式抱杆整立，固定式抱杆整立和机械化整立。钢筋砼杆、拉线铁塔和窄基铁塔一般均采用倒落式抱杆整体立塔；固定式抱杆整立，只适用于单杆或轻型的铁塔；机械化整立简便迅速、稳固可靠，但受道路、地形限制，未能普遍推广。

（一）固定式抱杆整立杆塔

固定式抱杆常用于 21m 及以下的砼杆整立。当砼杆高度在 15m 及以下时，一般采用单吊点；15m 以上的砼杆多采用中间吊点固定的三吊点。吊点位置的确定主要考虑吊点或吊绳合力作用点高于杆塔重心高度，杆（塔）身弯距满足允许弯距要求。

固定式抱杆有单抱杆整立和双抱杆整立两种，双抱杆组合成"Π"型或人字抱杆。

1. 单固定式抱杆整立

单抱杆整立杆塔多用于整立重量在 2~3t 的小型杆塔。

整立前，将抱杆预先固定在坑边的固定位置上，在杆塔起吊过程中，抱杆应处于垂直状态或略向坑中心方向作少量倾斜。杆塔地面组装时，应使杆塔的重心处在基础的中心位置。牵引钢绳由绞磨引出后，通过底滑车、牵引滑车组，直接绑扎在杆塔上设定的吊点位置。绑扎点的位置应高出杆塔重心 0.5~1.0 米。当抱杆将杆塔起吊到能将它带入基础坑内或基础的底脚螺栓位置时，将杆塔固定在基础上。

2. 双抱杆整立

双抱杆整立杆塔多用于整立重量在 5~10t 的大中型杆塔。可采用"Π"型双固定抱杆整立或人字抱杆，抱杆跨于杆塔上。杆塔组装时，其重心应置于基础坑的中心位置；两固定抱杆对称排列在基础坑的两侧。整立起吊方法与单固定抱杆相同。

3. 主要优缺点

固定式抱杆整立杆塔施工的优点有操作简便，受力分析简单，施工场地较紧凑。其缺点有：

（1）需要将杆塔吊离地面，因此要求有较高的抱杆；抱杆受力也较大；在起吊前，需预先将抱杆进行固定；

（2）操作人员需在杆塔近旁进行作业。

因此固定抱杆整立，主要适用于钢筋砼单杆或轻型的铁塔。

（二）倒落式抱杆整立杆塔工艺

倒落式抱杆整立杆塔时，人字抱杆随着杆塔的起立而转动，直到人字抱杆失效。由于杆塔自身重量较大，所以起吊过程中既要考虑各种起吊工器具受力强度及其变化，又要考虑被起吊的砼杆在起吊过程中受力情况，防止杆身受力超过允许值而产生裂纹；同时，还要考虑受到冲击和震动的因素。在整体起立钢筋砼杆或杆塔时做出的施工方案设计的内容包括：施工方法及现场布置；抱杆及工器具的选择；施工组织措施、技术措施和安全措施。

1. 整体起立施工的现场布置

采用倒落式人字抱杆整体起立"Π"型双杆的现场布置。

（1）吊绳系统

一般对于15m及以下非预应力杆采用单吊点固定；全长18~24m者，采用两吊点固定；全长超过27m者，采用多吊点固定。对预应力杆在18m及以下采用单吊点固定；全长21~27m采用两吊点固定；全长超过30m者，采用多吊点固定；铁塔的强度及刚度远比砼杆高，自重也轻，故全高在20~50m时均可考虑采用单吊点或双吊点固定，50m以上者考虑采用多吊点。

单吊点固定起吊18m及以上混凝土砼杆，常用杆身加背弓补强，以防吊点附近产生裂纹。两点起吊时上绑点位置应尽量靠近横担，下绑点应尽量靠近叉梁或叉梁补强木和主杆连接处。钢绳与铁塔构件绑点应选在节点上，与砼杆的绑固可在吊点上缠绕数道后用形环连接。

（2）牵引系统

牵引系统由总牵引钢绳和复滑车组及导向滑车组成。复滑车组的动滑轮经总牵引绳和抱杆自动脱落帽相连；导向滑车、牵引复滑车的定滑车，均通过底滑车地锚加以固定，该地锚受力很大，必须稳固牢靠。牵引钢绳与地面夹角应不大于30°，同时应严格保证与抱杆中心线、砼杆中心线在同一直线上，以保证人字抱杆受力均匀。

（3）动力装置

牵引系统常用手摇绞车、人力绞磨、机动绞磨等。牵引动力应尽量布置在线路的中心线或线路转角的两等分线上。当出现角度时，偏出角不应超过90°，防止主牵引地锚受力过大。

（4）人字抱杆的布置

人字抱杆坐落位置必须按施工方案设计的要求布置。

脱落帽套在抱杆帽上，每根抱杆用一根控制拉绳穿过脱落帽耳环或形环，在离抱杆顶部0.5m处绑住抱杆，控制绳另一端经地面地锚或杆塔基础上特制环，用人力控制抱杆失效后的下落速度，防止抱杆失效后直接摔倒至地面。

在农田、沼泽等地面应防止两杆不均匀沉陷或滑动引起的抱杆歪扭、迈步，抱杆根部一般设有抱杆鞋以增大和地面接触面，坚硬土质或冻土还需刨设卧坑，以稳定抱杆。

（5）制动钢绳系统

制动钢绳系统由制动器、复滑车组及地锚等组成。制动钢绳顺砼杆正下方通过，端头在离杆根40~60mm处绕主杆二圈以上后用形环锁住，形环的螺栓头应紧贴砼杆，并使螺母向外，以免制动绳受力后扭坏主杆。制动绳另一端经复滑车组后，穿入制动器栓轴上3~4圈后引出，制动力大的可用人力绞磨调节制动绳。

（6）临时拉线及永久拉线的安装

为了抱杆和砼杆的稳定必须设置临时拉线，并按拉线地锚方向展放。单杆的拉线一端应系在上下横担之间，双杆则选在紧靠导线横担下边。拉线的另一端通过控制器（如制动器、松紧器、手扳葫芦等）固定在地锚上，由专人调节拉线松紧。

永久拉线也应按上节拉线制作要求组装。

（7）临时地锚

地锚规格、材料、埋深、埋设方法和地锚钢绳套的连接方式等，都必须满足施工方案设计要求。

（8）其他准备工作

杆塔按要求进行补强。立塔时排除或清理有碍整立施工的一切障碍物，在交通要道处整立杆塔时要增设监督岗哨，排除坑内积水或落下的土块等。

2. 倒落式抱杆整立钢筋砼双杆的关键工艺

起吊前指挥人员应检查绳套长短是否一致；绑扎点位置是否与施工方案设计相符，绑扣是否牢靠；滑车挂钩及活门是否封好；抱杆根开是否正确，抱杆帽有否别劲，起立抱杆用制动绳是否已经解除，防滑措施是否可靠。

杆头离地 0.8m 左右时，停止牵引，再次检查并做"冲击实验"。

砼杆在抱杆失效前 10° 左右时，应使杆根正确进入底盘槽。如不能进入槽，用撬杠拨动杆根使其入槽起吊过程中要控制牵引绳中心线、制动绳中心线、抱杆中心线、砼杆中心线和基础中心线始终在一垂直平面上。

抱杆立到 50°～65° 时，抱杆开始失效，失效时应停止杆塔起立，随后操作抱杆落地控制绳使抱杆徐徐落地，再继续牵引起立杆塔。

混凝土砼杆立至 60°～70° 时，必须将后侧（反向）临时拉线穿入地锚套内，打一背扣，加以控制，并随砼杆起立，随时调节其松紧，使其符合要求。

混凝土砼杆立至 80° 后停止牵引，利用牵引钢索自重的水平分力使杆塔立至垂直位置，也可由 1～2 名作业人员拉压牵引钢绳，同时松出后面反向临时拉线使杆塔竖直。杆塔立到垂直位置，应立即装好永久拉线。

杆塔立好后，应立即进行调整找正工作，应用经纬仪校正永久拉线，校好后固定永久拉线并回填夯实。杆坑填土夯实时，一般用土壤回填，每 300mm 夯实一次，填土要高出地面 300mm。

起吊工器具拆除工作应在永久拉线固定好后才能进行。工器具拆除应自下而上进行，先拆制动及牵引系统，然后再拆吊绳及两侧临时拉线。

（三）整体起立时安全技术措施

倒杆塔的主要原因在于起立过程中的临时拉线失效；地锚拔出而导致倒杆塔；抱杆系统故障引起倒杆塔；整立后找正、撤换拉线和固定回填过程中倒杆；钢筋砼杆强度不够导致的倒杆。

为保证立塔安全要求认真做好杆塔整立施工方案设计；确定设备受力的极大值；各起吊工器具及结构材料的强度储备等。

另外还要努力提高施工操作工艺水平，建立和健全组立杆塔工作的岗位责任制。

二、外拉线抱杆分解组塔

（一）概述

外拉线抱杆分解组立铁塔施工方法，是利用铁塔分段的特点。先用外拉线抱杆把铁塔最低层一段组装起来，固定在基础上。然后，把外拉线抱杆上升，固定在已经组装好的一段铁塔上，再组装上一段铁塔。这样，使用一副外拉线抱杆，就能把铁塔分段，按照由塔腿至塔头的顺序，分解组立起来。

外拉线抱杆分解组塔的所用抱杆的长度只要满足吊装全铁塔最高的一段的要求，故组立几十米高的铁塔，仅用7~8米、最长也不超过11~13米的抱杆即可。因此，组塔设备轻巧，安装简单迅速。但由于分解组塔，要一吊一吊地在高处进行安装。因此，施工时要格外细心，要由较高技术和熟练的工人，严格遵守有关安全工作规程，进行塔上高处作业。

外拉线抱杆分解组塔从使用抱杆数量上来划分，可分为外拉线单抱杆组塔、外拉线双抱杆组塔和四根抱杆组塔三种；从起吊构件的分段上划分，可分为分段起吊组塔法、分片起吊组塔法和单腿起吊组塔法三种。各种方法现场布置、施工工艺和受力计算基本相同。

（二）现场布置

1. 整体布置

外拉线抱杆分解组塔的现场布置都是以一根抱杆为中心组成一个起吊系统，或用两副抱杆各自系住一个构件的两端部，同时进行起吊安装。

在现场布置的要求如下：

（1）将抱杆置于带脚钉的塔腿上，以利抱杆根部固定；

（2）临时拉线地锚应位于基础对角线的延长线上，其距基础中心的距离应不小于塔高；

（3）放置抱杆的塔腿的临时拉线及地锚应加强；

（4）牵引机具地锚应选在 AB 腿或 BC 腿之间的方位上，其与塔位中心的距离应视塔高而定，一般不应小于 25 米。

2. 抱杆

（1）抱杆的长度

抱杆的长度应按同类型铁塔最高的一段确定，对于酒杯型、猫头型等铁塔，则应按塔颈段高度而定。根据施工实践，抱杆的长度，$L=(1.0\sim1.2)H$，常用抱杆长度为 7~13m。

（2）抱杆的构造

抱杆由头部、身部和根部三部分组成。抱杆的头部系有四根外拉线以稳定整根抱杆，在靠近外拉线绑扎处，系有起吊滑车。抱杆的顶端焊接四块钢板，四根外拉线用型螺栓连接。

抱杆的根部，在组装铁塔腿部时，坐落在地面上；在抱杆提升后，组装上部各段时，都坐落在铁塔的主材上。为了使抱杆坐落牢靠，绑扎方便，木质抱杆的根部加工成特定的形状。将木抱杆根部削去高 70mm、宽 20mm，并在削去部位用扒钉固定一条 3 分短钢绳。钢绳的长度由抱杆根径决定，其原则应使钢绳能在铁塔主材上绑扎两道以上（长度一般不应短于1.5~2.0m），钢绳的两端插套，并带一个型挂钩。另外应在离抱杆根部500~800mm处，固定两个圆形套环，供提升抱杆时使用。

钢管抱杆和角钢组合断面抱杆的根部位置，也要根据不同情况固定一根钢绳，以便绑扎固定抱杆根部用。

（3）外拉线

外拉线起着固定抱杆的作用。由于抱杆在起吊塔材（分段、分片、分脚）过程中，有一定倾角，同时起吊塔材时，为防止塔材与塔身相碰，也需要设置调节大绳，向外拉塔材，故外拉线受力较大。外拉线一端固定于抱杆顶端，另一端通过调节拉线长度装置（如制动器）固定在临时地锚上。因此外拉线一般由拉线、拉线长度调节装置、地锚三部分组成。

1）拉线

拉线所用钢丝绳直径应根据拉线受力大小来选定，直径一般不小于4mm。拉线通常采用四根，成十字形布置，拉线与地面的夹角应在30~50之间。

外拉线布置原则是：要使抱杆在倾斜起吊时有两根拉线同时受力，避免一根拉线单独受力的不利情况。

分段起吊时，抱杆固定在主材的外侧，起吊不同段时抱杆位置只有上下移动。因此，拉线布置时以抱杆顶部在地面投影点为中心，拉线与顺、横线路方向成45°夹角布置；分片、单根起吊时抱杆均固定在一根主材里侧，在起吊不同塔片、主材时，抱杆倾角和方向不一样，分片起吊时可按塔位中心为中心，单根起吊时可按抱杆吊装对角主材时抱杆顶部投影地面的一点为中心，拉线与顺、横线路方向成45°夹角布置，但单根起吊时最好采用两组拉线的布置方式。

2）拉线长度调节装置

随着将铁塔构件逐件地起吊，铁塔一段一段地组装升起，抱杆也随之升高。由于地锚的位置固定不变，外拉线也将随抱杆的升高而增长；另外，当抱杆在一定高度固定后，吊装不同位置的铁塔构件，需要随时改变抱杆的位置和倾斜角度。这就需要用拉线长度调节装置来调节拉线的长度，以适应抱杆不同位置及倾角对拉线长度的要求。通常，当抱杆固定在塔上以后，是禁止用解开拉线的方法来调节拉线长度的。

（4）起吊系统

将牵引钢绳的一端绑扎住被起吊塔材，然后从塔身外部穿过安置在抱杆顶部的起吊滑车，再顺着抱杆依次通过腰滑车和位于塔身底部的转向滑车，最后引至牵引动力。

起吊滑车固定在抱杆顶端，外拉线的下部，起吊滑车应转向灵活，绑固牢靠。

一般情况下，牵引钢绳自起吊滑车顺着抱杆直至转向滑车。但是，当抱杆倾角较大或塔身坡度较大时，在抱杆根部系一个腰滑车，使牵引钢绳顺着抱杆，经腰滑车再顺塔身坡度至转向滑车，这样可以减少抱杆的水平分力（亦即减少外拉线的受力）。腰滑车的受力不大，选用0.5~1吨的起重滑车做腰滑车即可。

转向滑车都系在铁塔基础的外露部位，为了防止受力后把混凝土挤坏，应在绑钢绳套处垫以木板、草袋。对于塔脚落地式铁塔，则应系在主材露出地面处。若受力较大，绑在一根主材上容易使之弯曲，可同时系到两个塔腿的主材上。转向滑车的受力，可按1.41~1.60倍最大起吊重量估算。

外拉线分解组塔起吊重量一般不超过1.5吨，因此，都将牵引钢绳直接连到牵引设备上。

（三）外拉线抱杆分解组塔操作方法

1. 地面对料组装

根据地形考虑吊装的方向和吊装的方便；先吊装的先对料，并放在基础附近；先选主材置于塔基两侧，主材下部指向基础，然后再将连接板、斜材、水平材按图纸组装；连接时，应注意连接螺栓规格和规定方向；各吊随带的水平材、斜材、辅助材要求带全。

2. 抱杆始放及起立

分片、分腿吊装时，应将抱杆立于塔位中心，抱杆可用叉杆起立或小人字抱杆整立。利用牵引设备，通过滑轮组，先后将两侧腿部塔片起吊。

中小型铁塔塔腿可采用人工组立。

分段起吊时，应将抱杆置于塔基外。两侧底部塔片，可用小人字抱杆先后扳立，然后组立好底段，在底段抱杆固定侧上方挂滑车，穿牵引绳，结扎抱杆顶部，收紧牵引钢绳始立抱杆。

3. 提升抱杆

在已组好铁塔上层主材处，安放辅助滑车，牵引钢绳并回抽20m左右，放入辅助滑车，在抱杆下端用背扣方法绑好。在离抱杆根部1.0~1.5m处系一腰绳，松紧适度，放松抱杆顶部临时拉线，启动牵引动力，专人拉住抱杆的尾绳，随抱杆徐徐上升。抱杆升到合适高度，固定好抱杆尾绳、外拉线，打开辅助滑车活门，取出牵引钢绳，解开牵引钢绳在抱杆下端背扣，恢复起吊状态。

4. 塔片的绑扎和补强

塔片绑扎要用形环，钢绳套等专用工具，以易于固定和解脱；绑扎点应在重心以上，以防起吊中塔片翻转；绑扎时要使两根主材同时受力；起吊中某部构件需要补强时，必须按要求绑扎补强木。

5. 抱杆的固定

抱杆一般都坐落在带脚钉主材上，用抱杆根部处钢绳将抱杆和主材绑扎二道以上，用U形环连好；轻轻敲击钢丝绳套，使其受力均衡；找好抱杆倾角后，固定好四侧临时拉线，并在离抱杆根部0.5m处，用腰绳把抱杆和主材捆绑起来。

6. 塔身吊装

起吊时应注意塔片、塔段方位；起吊过程中应控制大绳，使塔片（段）平稳上升，并不碰塔身；随时检查外拉线和腰绳受力情况；起吊高度宜稍高于连接点，先使一侧主材落到合适高度，用尖扳子就位，装上一侧螺栓后，继续松牵引钢绳，使另一侧主材就位，装好螺栓。

7. 塔头安装

各种塔型塔头变化很大，安装时采取不同的顺序。干字塔、上字形塔头，可先吊上横担，然后利用上横担作抱杆吊下横担；酒杯形塔头采用分片吊装，先分前后两片吊装形材，然后吊上曲臂，两侧形结构主材用双钩交叉补强，最后吊装横担、地线支架。

8. 降抱杆

组装完毕后，在横担上或塔头顶上固定一辅助滑车；将牵引钢绳固定在抱杆上部，并放入辅助滑车内；拉紧牵引钢绳，解开抱杆尾绳和腰绳，缓降抱杆，松开四根外拉线。

塔上、塔下作业人员须戴安全帽，注意安全。

三、内拉线抱杆分解组塔

（一）概述

内拉线抱杆分解组塔的优点有：

1. 施工现场紧凑，不受地形、地物限制。使用内拉线抱杆分解组塔，轻易地解决了外拉线抱杆组塔法的外拉线不易或不能布置的困难。

2. 简化组塔工具，提高施工效率。取消了外拉线及地锚，缩短拉线长度，进一步使工器具简单轻便，运输、安装、撤除工具的工作量大为减少。

3. 抱杆提升安全可靠，起吊构件平稳方便。

4. 吊装塔材过程中，抱杆始终处于铁塔的结构中心，铁塔四角主材受力均匀，不会出现受力不均使局部塔材变形；同时，四个塔腿受力均匀，避免了基础的不均匀沉降，对底板较小的基础型式如金属基础尤其有利。

缺点是因内拉线抱杆的稳定性取决于已组装塔段的稳定性，所以不适合吊装酒杯型、猫头型等曲臂长、横担长、侧面尺寸小、稳定性差的铁塔头部，高处作业较多，安全性能稍差。

拉线抱杆组塔法分单吊组装法和双吊组装法。双吊法朝天滑车为双轮朝天滑车，两片塔材两侧同时吊装；采用双吊法时，牵引钢绳穿过平衡滑车，两端经过各自地滑车腰滑车、朝天滑车起吊两侧塔片，平衡滑车用一根总牵引钢绳，引至牵引设备。

（二）现场布置

1. 抱杆的组成

内拉线抱杆宜用无缝钢管或薄壁钢管制成。抱杆上端安装朝天滑车，朝天滑车要能相对抱杆作水平转动，所以朝天滑车与抱杆采用套接的方法，四周装有滚轴。朝天滑车下部焊接四块带孔钢板，用以固定四根上拉线。抱杆下部端头安有地滑车，地滑车上部焊有两块带孔钢板，用以连接下拉线的平衡滑车。双吊法使用的双轮朝天滑车，单吊法使用单轮朝天滑车。

2. 抱杆长度的确定

内拉线抱杆长度也是主要考虑铁塔分段长度。由于内拉线抱杆根部采用悬浮式固定，所以抱杆长度要比外拉线抱杆长一些。一般取铁塔最长分段 1.5~1.75 倍，一般 220~500kV 铁塔内拉线抱杆全长可取 10~13m。

抱杆总长由悬浮高度和起吊有效高度两部分组成。抱杆越高，起吊有效高度越大，安装构件越方便；但这时上拉线与抱杆夹角减小，受力增大，同时悬浮高度相应减小，所以抱杆的自身稳定性也差。抱杆的悬浮部分高度决定抱杆的稳定性，悬浮高度越大，四根下拉线受力相应减少，抱杆稳定性好，一般悬浮部分为抱杆总长度 0.3 倍为宜。

3. 上拉线和下拉线

上拉线由四根钢绳组成，一端固定在抱杆顶部，下端固定到已组铁塔主材节点上。下拉线由两根钢绳穿越各自平衡滑车，四个端头固定在铁塔主材上，平衡滑车有左右布置和前后布置两种情况，分别适用于被吊构件的左右起吊和前后起吊，使抱杆下拉线受力接近均匀。

上、下拉线均需安装调节装置，一般下拉线调节装置为双钩紧线器，上拉线可用花篮螺栓调节。上、下拉线与铁塔主材固定，用钢绳直接绑扎，也可用圆钢式或槽钢式卡具连接。拉线固定处最好悬在有水平材的主材节点处。

4. 腰环

腰环的作用在于提升抱杆时稳定抱杆，它随抱杆断面不同而不同，一般圆形断面均用正方形腰环，腰环与抱杆接触处应套一个钢管，使抱杆升降时由滑动摩擦变为滚动摩擦。

固定腰环一般用绳索系到主材上；抱杆提升完毕，要将腰环绳松去，以免抱杆受力倾斜而将其拉断。

5. 起吊系统腰滑车

腰滑车作用是使牵引钢绳从塔内规定方向引至转向滑车，并使牵引钢绳在抱杆两侧保持平衡，尽量减少由于牵引钢绳在抱杆两侧的夹角不同而产生的水平力。

腰滑车一般设置在抱杆上、下拉线绑扎处的塔材上，腰滑车钢绳套越短越好，以增大牵引钢绳与抱杆的夹角，故腰滑车之滑轮至角钢背的水平距离应不大于300mm。双吊法每根牵引钢绳应有自己的腰滑车，对称布置。

6. 转向滑车

转向滑车一般挂在铁塔的基础上，直接以基础为地锚。若铁塔基础为金属基础，为防止基础变形可采用主角钢与坑壁间加顶撑、塔腿外围打一铁桩加固或基础回填土时埋入一地锚的措施。

双吊法时，应使引向塔外的两牵引绳等长。故地面转向滑车应尽量地使用双轮滑车，其布置应接近塔位中心。

7. 牵引动力

因每吊质量不超过1.5t，因此牵引钢绳不必采用复滑车组。为了不影响构件吊装，当被吊构件在顺线路方向时，牵引动力设置在横线路方向上；而被吊构件在横线路方向时，牵引动力设置在顺线路方向上。动力必须固定在可靠地锚上；牵引动力操作人员，应离铁塔高1.2倍以外。

（三）分解组立的顺序和方法

1. 构件起吊

开始起吊构件时，应拉紧下部的调整大绳，并放松上部调整大绳使构件平稳起立。调整大绳与地面的夹角应小于45°。起吊过程中，调整大绳应使吊构件离开塔身0.5m左右，调整时需缓松缓紧，要防止突然松绳。

2. 构件安装

在每段铁塔正侧面的构件基本组装完后，才能开始提升抱杆；当抱杆提升完毕，开始吊装上面一段构件之前，凡能安装上的辅铁，包括横膈材、拉铁等都必须装上；主材接头螺栓及连接接头附近水平铁的螺栓必须拧紧。

3. 抱杆的竖立、拆除和提升

提升步骤如下：

（1）绑好上、下两层提升抱杆的腰环。上腰环绑得越高越好，下腰环不能绑得过下。

（2）把上拉线绑到下一工作位置，此时上拉线呈松弛状态。

（3）把牵引钢绳回抽适当长度，然后在接头处水平铁附近绑死，让牵引绳依次通过抱杆根部的朝地滑车、塔上腰滑车，引向转向滑车直至牵引动力。此时塔上腰滑车一定要与牵引钢绳绑扎处等高，并在其对应位置。

（4）启动牵引钢绳，把抱杆提升很小一个高度，解开下拉线。

（5）继续牵引钢绳，使抱杆逐步向上提升，直至把原来呈松弛状态的四根上拉线顶紧为止。由于设置了两道腰环，抱杆不会有太大倾斜。

（6）把下拉线拉紧，按所需的倾斜度绑牢。操作时两人配合作业，一人拉紧，一人绑扣，不能绑成松弛状态。

（7）恢复起吊构件的工作状态，做好起吊构件准备。

4. 抱杆工作位置的调整

抱杆提升完毕，腰环已失去作用，为避免起吊时抱杆在腰环处出现鼓肚，甚至折断，所以必须将上、下腰环松开；由于钢绳受力后伸长和抱杆、上拉线自重等原因，抱杆根部要自然下沉100~200mm，如抱杆受力后向起吊反侧倾斜、给安装带来困难。故抱杆起吊完毕，构件吊装以前，必须调整上拉线上花篮螺栓，使抱杆向起吊侧倾斜。

5. 双吊法施工

每段铁塔分成两片构件同时起吊、同时就位、同时安装，所以要求两片构件绑扎位置、方式和所用钢绳套长度均相同；两片构件吊离地面后，应停止起吊，检查牵引设备、构件的绑扎、两片构件离地高度等，经检查未发现异常，再继续起吊；检查时或继续起吊中发现两片构件离地高度不等，应对提升得较高一侧钢绳加以制动，当两构件牵引钢绳离地等高时继续起吊。

第四节 500kV 以上线路杆塔组立施工

一、500kV 以上线路杆塔的结构特点

我国 500kV 线路经济呼称高为 33m，它的杆型主要有下面几种类型。

（一）ϕ 500 等径钢筋预应力混凝土"Π"形双杆

它带横梁，有双层交叉拉线，横担中部为屋架型立体桁架，上端加两根水平拉杆，结构简单、受力好。砼杆分段为 4.5m 和 6m，便于运输和排杆。这种杆型最高可达到呼称高 39.5m，它和同呼称高的拉线形塔相比，每基节省钢材 3.5t。

（二）500kV 以上拉线塔

500kV 以上拉线塔主要有拉线 V 形塔、拉线猫头形塔、内拉线门形塔。

拉线塔节省钢材显著、受力好、自重轻、施工方便，是我国现有 500kV 输电线路中直线塔主要塔型。

拉 V 塔导线水平排列，拉线为八字形外拉线，主柱和基础顶面为球铰结构，以前拉 V 塔，基础顶面为双锅形球铰，很难使两个球面均接触良好，施工调整均感困难，现在不少设计院已改为单锅形球铰结构。

拉猫塔导线三角排列，单柱 Y 形，立柱截面是正方形变截面结构，上大下小，底端和基础为锅形球铰接触。拉线为八字交叉外拉线，这是分坑时值得注意的特点。

内拉门塔，侧向有根开，交叉拉线在立柱之间。除立柱和基础之间是球铰外，它立柱和横担之间为铰接相连，是结构上的薄弱环节。

三种拉线塔，拉猫塔最重、最高，拉门塔次之，拉 V 塔最轻、最低。它们均头重脚轻，重心高。

（三）酒杯形、猫头形直线和直线兼角塔及换位塔

酒杯铁塔导线水平排列，所以横担长而重，导线走廊宽，曲臂要占普通塔高一半左右。它根开大，且横线路方向根开比顺线路方向根开大很多。广泛采用在直线塔和跨越塔中，所以塔高、塔重变化很大。塔身斜材少，而且形成呼称高 30~42m 系列结构，不需要拉线。

猫头塔及换位塔导线三角排列，所以塔较高而横担较短，塔身截面为正方形，但塔身最下段节点横、顺线路方向根开相差悬殊。

直线塔横担是对称的，兼角塔则是不对称的。这三种塔型共同的特点是主、辅材单薄，分段组片时刚度较差。

（四）干字形铁塔

一般用作大转角和耐张塔，由于荷载重，又有角度力，塔重大，塔身正方形截面，根开特别大，横担不对称布置，分段组片时刚度好。

（五）双回路直线塔、双回路转角塔

它导线重，铁塔主材型号大，根开对称，塔片刚度好。两侧导线一般为梯形或鼓形排列，有三层导线横担。而双回路跨越塔大多两层横担，导线三角形排列。

二、500kV 及以上线路杆塔组立施工方法

（一）通天抱杆、悬浮抱杆立塔法

通天抱杆立塔法是各地普遍采用的传统方式，在立高塔或山区立塔时，通天抱杆太重，可采用悬浮抱杆方法，省去下段。分解立塔时，基础必须经过验收，强度已达设计强度 70% 方可进行。

1. 现场布置

（1）通天抱杆

抱杆全长 50m 左右用铝合金或角钢做成 500×500mm 或 600×600mm 方形截面。杆身分节，每节长 4m 左右，节间用内法兰螺栓连接。抱杆顶部四侧有孔，可挂四方拉线，还要能悬挂两只可以游荡的定滑车。抱杆底部要垫平，使四根主材同时受力，最好做成球铰结构。

（2）腰箍

它是起吊和提升过程中保持抱杆长直状态的稳固部件。腰箍用钢管焊成方形，四个边上套滚筒，它和抱杆既要紧靠，又要不妨碍提升。

（3）落地拉线

拉线调整应灵活，能松能紧，可在下端装 0~1 滑车，滑车一侧装链条葫芦，另一侧装松绳器，这样可松可紧。拉线对地夹角要在 45° 以下，吊底部几段时因反侧拉线受力大，要求和地面夹角在 25° 以下。

（4）悬浮抱杆

悬浮抱杆除 20m 起始段外，抱杆提升后不接长，而是用承托绳和双钩紧线器把抱杆固定在已立塔段主节点上，主节点间应有水平材撑紧，承托绳和抱杆夹角不大于 40°。

2. 关键工艺、操作要点

（1）立抱杆

一般先起立 20m，可以用倒落式抱杆立杆法；也可以先立好固定双抱杆，然后通过抱杆顶部朝天滑车，起立 20m 抱杆起始段。

（2）吊下段

下段塔身根开大、塔材重而抱杆低、起吊角太大，应使四方拉线对地夹角在 25° 以内，并将抱杆适当前倾以减少反侧拉线和控制绳的受力。起吊角、前倾角均应限制在 30° 以内。

（3）通天抱杆倒提升抱杆

先打好二道腰箍，上箍在已立塔段平口处，可防止提升中抱杆倾斜。倒提办法是一根提升钢丝绳，穿过平衡滑车，经铁塔对角脚上转向滑车，向上经过腰滑车，再向下挂住待升抱杆的底部两个对角。绞磨牵引平衡滑车前移时提起待升抱杆，在这抱杆下部接上需接长的一段，拖入提升抱杆的下部，放好位置后，放松平衡滑车，螺栓连接两段间内有法兰。每次接长，最多提升二次，每次接入一段，共可接长 8m。

提升抱杆时同步放松拉线是关键，各拉线操作人员要听从统一指挥，装置要松紧自如。

（4）悬浮抱杆托起底滑车提升

悬浮抱杆每次提升时高度不同且不必接长。它是一根提升钢绳的一端挂在腰滑车对侧塔片主节点上，另一端穿过抱杆底部定滑车，向上引到腰滑车，再下引到挂在塔脚上的转向滑车最后到绞磨。当收紧提升钢绳时，底滑车托起抱杆上升，到需要的高度，打好四角承托绳，承托绳与抱杆夹角应不大于 40°。悬浮抱杆平时起吊时腰箍松开，以减少抱杆受弯力。而提升抱杆前应和通天抱杆一样方法，打好二道腰箍。

（5）单侧起吊预偏

这时起吊反侧拉线受力大，所以应先将抱杆头部调节向反侧预偏 20~30cm，这时反侧拉线也可用另一副不用的起吊滑车组代替。起吊离地后应调直抱杆。如果吊上段时起吊角很小，应宁让抱杆头部前倾，不要让起吊时抱杆头反偏。

（6）双侧限额平衡起吊

双侧起吊，重量相同，两侧平衡，但过重的塔片要拆去一部分再平衡起吊。

（7）控制绳的使用

被吊塔片三根控制绳有不让塔片和塔身相碰和帮助塔片就位的作用。被吊塔片上部系一根、下部系二根控制绳，主要的那根要穿入缓冲器，随吊片上升均匀松放。另二根控制绳帮助塔片就位，要等二侧塔片间已连在整体后，才拆除控制绳。

（8）塔片不平时的操作要点

塔片不平时起吊高度稍超过连接点，先低侧就位，低侧就位后，渐松起吊绳，让高侧孔对准就位，这个次序，不能颠倒。

（二）内摇臂和平伸臂抱杆立塔法

通天抱杆外拉线施工要求场地大、地锚多，又因其起吊角不能大而限制了远吊点塔片就位。针对这两大缺点甘肃送变电公司发明了内摇臂立塔法。安徽送变电公司采用改进的平伸臂，实际上就是简化的固定摇臂。

1. 现场布置

（1）抱杆：由五部分组成，即球绞底座、可接长的抱杆本体、连接摇臂的铰接部分、下大上小的四方锥体的抱杆上部以及抱杆顶帽。抱杆截面和每节长度同通天抱杆。

（2）二组主、二组副摇臂：主副摇臂对称布置，一般情况顺、横线路方向排列，在重型塔吊塔腿时顺基础对角线排列。

（3）起伏滑车组和保险绳：主摇臂长 9m，副摇臂长 5m，分别用 50kN3-3 滑车组和 20kN2-1 滑车组控制。吊臂在垂直角 5°~90° 范围内作起伏运动。为防止吊臂脱落，在抱杆帽和臂之间用千斤绳套做保险绳。

（4）主副起吊滑车组：主臂用 80kN3-2 滑车组，副臂用 20kN1-1 滑车组。

（5）腰箍：腰箍等部件和通天抱杆相同，每隔 10~12m 打一道腰箍，最上第一道腰箍应在已组塔体平口处，每次提升抱杆后，摇臂到第一道腰箍之间相距 18~20m。

（6）平伸臂：它对摇臂作了简化处理，二主、二副平伸臂采用轴销和主柱的顶节相连，它和抱杆成 90° 伸出，平伸臂和抱杆顶有外吊挂钢绳固定。吊点位置的调整不是用起伏滑车组而是改变平伸臂上跑车的位置来实现，跑车上方有内挂钢绳平衡吊重。

2. 关键工艺、操作要点（表3-4-1）

内摇臂、平伸臂抱杆分解组立铁塔，不需外拉线和拉线地锚，适合各种施工场地，地锚少也减少了事故点。四副对称吊臂，前后、左右任意一侧塔片均可起吊，适合各种塔型起吊，尤其是横担长、曲臂宽的 500kV 酒杯塔，更显出它的优越性。底部球铰结构，既可减少抱杆受扭，又可方便地调整抱杆方向，重型塔的塔腿往往是组合角钢截面，十分重，这时可将抱杆转动 45°，使吊臂布置在基础对角线上。上部塔材轻了，再转到吊臂顺线路方向，吊装塔片。抱杆通用性大，稍加配件可作其他抱杆或倒装组立提升架。调节起伏滑车组准确到位，避免了用传统的压控制大绳就位而使塔材变形的缺点，提高了安装质量。

但是起吊中须注意不断调直抱杆，使之处于最佳受力状态。抱杆必须尽量垂直起吊，偏角不大于 10°，以使吊臂不受扭破坏。立高塔时抱杆太长、太重，所以也用减小下部截面或使抱杆悬浮方法来减轻或消除抱杆接续段。

表 3-4-1　内摇臂立塔工艺

状态	工艺要求	解释
起吊位置	内摇臂、是创新，一面起吊三面衡；平伸臂、巧简化、吊点改变跑车移	内摇臂抱杆一侧起吊时，另三侧吊臂放平滑车组用钢绳套吊住塔腿收紧，起自身平衡拉线作用，吊点改变可调节起伏滑车。而平伸臂吊点改变是移跑车位置
立抱杆吊下段	倒木杆、起抱杆，通天抱杆吊下段；组三面、留开口，再立抱杆也可以	和通天抱杆工艺相同
调抱杆	调腰箍、直抱杆，千分之二弯曲度；先预偏、后前倾，贰拾厘米不能过；起吊中、勤监视，吊点要直不能扭	起吊过程中要保持抱杆直立。吊点要高、内摇臂最大的弱点就是不能受扭。为此，组装塔材时要尽可能在吊臂垂直下方，偏角一定小于 10°，吊重在 1500kg 以下
吊中段	大根开要补强，先吊前后再侧面；小根开、形吊、口先朝外后转身	吊点选在两侧主材节点处，距塔片下部距离应大于塔材 2/3 高，辅材薄弱根开大时要补强。根开小于 4m，轻于 2t 可组成一面开口起吊
吊上段	宽头塔、两曲臂，左右两侧横向拎；K 接点、固腰箍，横担支架前后连；先塔身、后横担，从上而下是窄头	K 接点处腰箍的固定可用交叉钢绳，窄头塔下面各层横担先不装，先装好塔身后，吊上层横担后利用它依次吊下面各层横担和附件
升拆抱杆	升抱杆、吊底角，倒提先装二道箍；拆抱杆、先除臂，自下而上逐步去	升抱杆方法和通天抱杆时相同。拆抱杆时先吊下两臂，然后用和升抱杆相反顺序逐步拆去抱杆

3. 拉线 V 形塔、拉线猫头形塔的自由整组立塔

500kV 线路中大量直线塔是拉 V、拉猫塔，它们不能使用分解组立，塔重较轻（大多 10t 以下），而且因地形限制而顺线路方向无整立场地时，利用塔脚铰接可任意转动这一特点，采用非顺线路方向整立，即所谓自由整组立塔。

整体立塔时，基础必须经中间验收合格，强度为设计强度 100%，特殊情况时，当立塔操作采取有效防止影响混凝土强度措施时，可在混凝土强度不低于设计强度 70% 时整体立塔。

（1）现场布置（表 3-4-2）

表 3-4-2　拉线 V 形塔自由整立现场布置

状态	工艺要求	解释
力系	五心合一力线重，两侧拉线严控制	牵引绳、制动绳、横担、抱杆、基础五个中心线重合。拉 V 塔整立，分腿作转动，所以侧间横绳应十分注意平衡，奔引绳与地面夹角控制在 20° 左右
牵引	单牵引绳单绞磨，动轮挂重防转动	拉 V 塔比较轻，只要单牵引绳单绞磨就行了，如果较重的塔型也可用双牵引；牵引滑轮组的动滑轮挂上重物，可以防止动滑轮转动而将滑轮组钢绳绞起来
抱杆	抱杆根部防沉滑，木抱杆立钢抱杆	抱杆根部沉降不一或朝后左右滑动，均使两侧受力不一，故抱杆脚要穿鞋或垫平，抱杆根间用一根钢索相连。钢抱杆的起立，可先用比钢抱杆短的木抱杆，倒木抱杆立钢抱杆、木抱杆的叉口可插入动滑轮前 U 形环做脱帽环
制动	塔腿基础半米远，轮组、葫芦单制动	塔脚应离开基础半米远，不能太接近，否则牵引时容易塔腿碰伤基础；制动采用单制动形式。应采用能松能紧的松紧器

状态	工艺要求	解释
塔腿	高低脚用双钩梆，夹角大者落地腿	拉V塔有两腿，地面组装时使两腿保持不等高固定。一般将立柱与线路方向夹角大者作为落地塔脚（低腿），另一根立柱高出落地腿150mm左右（高腿）。高低腿可用连接板连接固定，也可两腿间夹20mm楔形木，用钢丝绳将两腿固定两只双钩收紧
基础	基础垫木防碰伤，能用铰链更安全	拉线塔基础均十分薄弱，水平方向不允许承受外力，故一般均用道木垫平基础后，使用施工铰链。考虑到万一制动绳失控将碰伤基础，铰链另配两块托板，立直后千斤顶托起铁塔，拆铰链，松千斤顶，铁塔就位
吊点	吊点要用连接板，节点操平螺栓紧	吊点不能用钢丝绳直接捆紧，而要从吊点材料出发，设计专用的吊点连接板，直接连接在铁塔吊点位置上，吊绳通过卸扣和吊点铁相连。起吊前各节点要操平，螺栓拧紧，否则会造成塔体变形，无法恢复

（2）关键工艺、操作要点（见表3-4-3）

整组立塔在脱帽前主要要控制好制动绳，调整杆根位置。脱帽后主要调整两根后拉绳，防止牵引过头，后拉绳失效，造成向前倒杆。这两个阶段中，由于是单支点铰接塔，左右横绳一直需控制好，横担中心的偏移不得大于0.5m。

表3-4-3 拉线塔自由整立关键工艺

状态	工艺要求	解释
脱帽前	吊起1m停牵引，观察受力试冲击；继续起吊防偏歪，调杆根时牵引停；根进位过30°，50°时脱抱杆	脱帽前关键是处理好两侧横绳和控制绳。侧拉线要使横担中线左右偏移不大于0.5m。调整控制绳就是控制杆根位置，起始时离基础中心0.5m，慢慢放松，杆塔起立在30°时要到位。调杆根时要停止牵引起吊塔顶离地1m时要停止牵引，对塔体各部和吊索机具进行全面检查，包括人站到杆身工作冲击检查，无异常情况时继续起立。抱杆脱帽角度和起立时抱杆对地角有关，对地角大脱帽慢，一般抱杆对地角60°左右，则杆塔起立50°左右抱杆脱帽
脱帽后	快速牵引防摆扭，带好两根后拉绳；70°后慢牵引，后拉缓松防前倾；80°时牵引停，后松前压直塔身	脱帽时塔体会摆扭，这时牵引要平稳，速度略快，脱帽后要准备好后拉绳，到塔立到70°后，牵引速度一定要放慢，后拉绳，随杆塔起立程度缓缓松出。杆塔到80°时应停止牵引，用稍松后拉强，前压牵引绳办法，使塔身立直。脱帽后，后拉线控制是关键，牵引太快，后拉线失控将引起向前倒塔，即所谓180°倒塔。这阶段两侧横绳仍应控制好，使塔体保持在中心线上
调整塔身	中线点挂转向器，临时拉线打四方，锅底抹脂牵拉线，撬拨柱身正方向；两台仪器横、顺放，装"久"拆"临"完整立	因是自由整立，起立后永久拉线无法到位，故在横担中挂点上装转向器，它可拉四侧临时拉线，固定塔身，然后将基础锅顶涂以黄油。利用事先绑在横担两侧的永久拉线，或用撬棒直接拨动柱身，使塔转到正确位置。放松高腿立柱，使其就位，打好永久拉线。最后拆除转向器和所有临时拉线打永久拉线时，需用两台经纬仪分别置在横顺线路两个方向，用临时拉线调整横担和塔身后，方可打正式拉线。拉V塔和拉猫塔横担均容易发生扭转和倾斜，所以必须用经纬仪进行调整

三、500kV杆塔施工方法综述

（一）杆塔施工方法分类

按组立方式不同分类有整体组立、分解组立和倒装组立三种。

整体组立主要采用倒落式抱杆整立，以抱杆旋转运动带动杆塔旋转起立；分解组立的抱杆随杆塔升高而间断性升高；倒装法的抱杆（倒装架）固定，将已完成组装段塔体整体提升，从塔头向塔腿段依序组装。

（二）各种 500kV 线路组立杆塔方法优缺点及其适用范围

各组立杆塔方法比较（见表 3-4-4）。

表 3-4-4　各种组立杆塔方法比较

立塔方法	优点	缺点	适用范围
倒落式人字抱杆	1. 施工工艺成熟，是传统施工方法 2. 可根据铁塔质量定型分成 10t 级、20t 级、30t 级施工方案 3. 地面组装、质量好、速度快工作面大、劳动强度低 4. 吊装质量好，高处作业少，施工安全 5. 分组装、立塔组，流水作业施工工效高	1. 要求宽敞平整的场地一般只要顺线路方向起立 2. 工器具笨重，随塔高、塔重的增加，工器具、钢丝绳用量大增、工作效率降低	1. 近期拉线直线塔、塔重大都在 10t 以下，塔重居下，塔高居中，均有球铰只能用人字抱杆或单抱杆整组起立铁塔，拉 V 塔和拉猫塔还能用非顺线路方向自由整体立塔 2. 有整立地形的自立、酒杯、猫头、换位、干字塔可按质量分别用 0t 级、20t 级、30t 级工器具整组立塔
内摇臂抱杆分解立塔	1. 适应性广、地锚极少，占用施工场地极少，所以不受地形、地质条件限制 2. 操作灵活、就位方便 3. 工器具单位质量小，便于装卸运输 4. 施工速度快、工效高	1. 高处作业较多 2. 抱杆抗扭性特别差 3. 施工工艺较复杂	适合各种自立铁塔（包括微波塔），尤其适合高山峻岭、沼泽、河网地带，大塔高塔的组立
通天抱杆、外拉内悬浮抱杆分解立塔	1. 方法、工具简单，易于掌握 2. 20~40m 塔只需升一次抱杆，吊装快，8t 以下一天一基，10~16t 塔 1.5~2 天一基 3. 采用外拉内悬浮吊装 30~60m 铁塔效率高、工期快，费用低，机具少	1. 组装高塔，四角拉线需要有较远的地形 2. 超过 60m 悬浮抱杆，提升抱杆困难 3. 宽基塔吊下段时起吊偏角大，对侧拉线控制绳受力大	1. 是现在 500kV 施工中最优先采用的方法 2. 安徽和湖北都把平伸臂加跑车看成冲天抱杆的改进，这样这种施工方法适用范围又有了扩大

第四章　导线与避雷线施工

第一节　绝缘线路架设避雷线的防雷设计

配电线路靠近受电端，分布广且纵横交错、路径总公里数较长，遭受直击雷、感应雷侵袭比较多，由雷害引起的线路跳闸、停电事故为50%左右。近年来，随着城乡配电网建设和改造，配电线路大多数采用绝缘导线，部分地区绝缘化已达到70%；虽然利用绝缘导线可以减少树线矛盾及外物所引起的事故，提高供电安全性，但是线路遭受雷击后，绝缘导线容易断线，断线后抢修、恢复供电比较困难，造成影响和损失较大，在设计阶段需采取措施提高架空配电绝缘线路的耐雷水平。

为防止雷电袭击架空配电绝缘线路所引起的停电事故，有采用架设避雷线、安装氧化锌避雷器、线路过电压保护器、穿刺防弧金具、保护性绝缘横担和防雷支柱绝缘子等不同的防雷措施，各项措施均能在一定程度上防止雷害事故；设计阶段应根据线路负荷性质、运行方式、路径所经地形、地貌的雷害情况，对雷击区进行分析，选取适合于不同区域配电线路的有效措施。本节对架空配电绝缘线路采用避雷线的防雷措施作简单分析。

一、配电线路架设避雷线防雷的特点

避雷线（架空地线）由空中水平接地导线、接地引下线和接地体三部分组成，它是架空线路防直击雷最常用的重要措施，也可以提高线路耐雷水平。

在雷电活动频繁多雷区、易遭受直击雷的地区，架空配电绝缘线路可采用架设避雷线和安装绝缘横担相结合的防雷措施；架空配电线路在跨越河塘、公路等地物的区域，杆塔间档距较大且杆塔较高时，可采用架设避雷线和加强线路绝缘（增加绝缘子片数、改用大爬距绝缘子）的防雷措施；另外，配电线路应在变电所或发电厂的进线段1~2km处架设避雷线。

配电线路自身绝缘水平较低，为减少雷电反击闪络概率，应提高线路的绝缘水平和降低杆塔接地电阻；直线水泥杆导线横担可采用玻璃钢绝缘横担，耐张杆和钢管杆可增加1~2片悬式绝缘子，避雷线引下线尽量与金属横担绝缘引下（避雷器横担除外）。

二、避雷线防雷的功能和优点

当雷直击于导线时，瞬间强大的雷电流会在导线上产生很高的电位，造成线路闪络，绝缘导线断线；采用避雷线主要功能是减少雷直击于导线，将击于避雷线的雷电流通过良好的接地体安全泄入大地。此外还有以下功能：

（一）对导线有耦合作用

输电线路每根导线都处于沿某根或若干根导线传播的行波所建立的电磁场中，因而都会感应出一定的电位，作用在任意两根导线之间绝缘上的电压就等于它们之间的电位差；在避雷线上出现电压行波时，在导线上就要耦合出一个相应的电压，则作用在绝缘子上的电压是它们二者之差，即

$$u_t - u = u_t(1-k)$$

上式计算出的耦合系数 k 通常在 0.2 左右，可见，耦合作用使绝缘子所受到的电压低于塔顶电位 u_t，从而降低了雷击杆塔时塔头绝缘子和空气间隙上的电压。

（二）降低导线上的感应过电压

雷击于线路附近的大地或接地的线路杆塔顶部时，会引起架空导线上与雷云的极性相反的感应过电压（感应雷）。感应过电压包括静电分量和电磁分量，由于主放电通道与导线基本上是相互垂直的，故只考虑其静电分量即可。

根据理论分析和实测结果，导线上方架设接地的避雷线时，导线受它的屏蔽，感应过电压会降低，因为在导线的附近出现了带地电位的避雷线，使导线对地电容增大，而且避雷线使导线上感应出来的束缚电荷减少。

（三）避雷线的分流作用

雷击塔顶后，由于避雷线的分流作用，减少了流入杆塔的雷电流，从而降低塔顶电位。总雷电流 i 分为两部分，$i = i_t + i_g$（kA），即一部分雷电流 i_t 流经杆塔电感和接地电阻，另一部分雷电流 i_g 经避雷线分流入地。用分流系数 β 表示它们之间的关系，即 $\beta = i_t/i$。

杆塔分流系数 β 可按雷击杆塔等值阻抗图进行计算，其值处于 0.86~0.92 的范围内。击于杆塔的雷电流大部分经杆塔泻入大地，避雷线的分流作用约占总电流的 10%。

（四）减少线路维护工作量

配电绝缘线路采用避雷器、防雷绝缘子等防雷设备时，在长期运行过程中，会出现老化、短路等故障，给维护带来一定困难。当架设避雷线时，可以大大减少维护、检修工作量。

三、杆塔接地

配电绝缘线路架设避雷线时，为实现有效防雷，杆塔应逐杆接地，避雷线采用不小于 35mm² 钢绞线引下与杆塔接地装置有效连接；接地装置宜围绕杆塔基础敷设成闭合环形，宜采用水平接地体和垂直接地体相结合的接地型式。接地材料材质应根据土壤的腐蚀及机械强度的需要进行选择，一般采用镀锌钢材或镀铜圆钢。

根据土壤电阻率的不同，每基杆塔接地装置在雷雨季，地面干燥时，不连接避雷线的工频接地电阻值应控制在 1~30Ω 的范围；接地电阻对塔顶电位影响很大，减小接地电阻是提高线路耐雷水平和防止雷电反击的有效措施；对于配电线线路，其自身绝缘水平较低，容易遭受反击，故应努力降低接地电阻。配电绝缘线路架空避雷线的引下线不宜与杆上金属导线横担相连，应绝缘引下接地，以减少雷电反击，造成配电线路闪络或杆上设备损坏。

第二节　线路的接户线安装

本工艺适用于 1kV 以下架空配电线路自电杆引至建筑物外墙第一支持物的线路安装工程。

一、施工准备

（一）材料要求

1.所采用的器材、材料应符合国家现行技术标准的规定，并应有产品质量证明。

2.绝缘导线

（1）不应有扭绞，死弯、断裂及绝缘层破损等缺陷。

（2）最小导线截面不应小于：铜导——4mm²；铝导线——10mm²；额定电压不应低于450V/750V。

3.角钢、圆钢：横担、支架使用的角钢规格不应小于 50×50×5，拉环使用的圆钢规格不应小于 φ12。

4.并沟线夹、钳压管：表面应光洁，无裂纹、毛刺、飞边、砂眼、气泡等缺陷。

5.线夹与导线接触面应符合要求。

6.拉板、曲型垫

（1）表面应光洁，无裂纹、毛刺、飞边、砂眼、气泡等缺陷。

（2）应热镀锌，遇有局部锌皮剥落者，除锈后应涂刷红樟丹及油漆。

（3）应符合国家或部颁的现行技术标准，并有合格证件。

7.螺栓

（1）螺栓表面不应有裂纹、砂眼、锌皮剥落及锈蚀等现象，螺杆及螺母应配合良好。

（2）金具上的各种联结螺栓应有防松装置，采用的防松装置应镀锌良好、弹力合适、厚度符合规定。

8.其他材料：防水弯头、绝缘绑线、橡胶布、黑胶布、水泥、砂子、防锈漆等。

（二）主要机具

1.台钻、台钳、油压线钳、电焊机、手锤、錾子、钢锯、活扳手。

2.盒尺、方尺、钢板尺、灰桶、灰铲、水桶、脚扣、安全带、高凳等。

（三）作业条件

1.架空配电线路及建筑物的电源进户管线安装敷设已完成。

2.建筑工程外施工架已拆除。

二、操作工艺

1.横担、支架制作

根据进线方式确定横担、支架的型式，计算角钢长度后，锯断。画出煨角线及孔位线，钻孔后，按煨角线锯出豁口，夹在台钳上煨制成型。然后，将豁口的对口缝焊牢。采用埋注固定的横担、支架及螺栓、拉环的埋注端应做出燕尾。最后，将横担、支架除锈后刷防锈漆一道、灰油漆两道（埋入砖墙部分只刷防锈漆）。

2. 横担、支架安装

待根担、支架的油漆干燥后，进行埋注、固定。当横担、支架固定处为砖墙时，以随墙体施了预埋为宜。

（1）接户线的进户端固定点对地距离不应低于2.7m，且应满足接线在最大弛度情况下，对路面中心垂直距离不应小于下列规定：

通车街道：6m；

通车困难的街道、胡同：3m。

（2）横担、支架的埋入深度应根据受力情况确定，但不应小于120mm；使用的螺栓不应小于M12；埋注用高强度水泥砂浆。

（3）接户线的杆上横担应安装在最下一层线路的下方。

3. 接户线的架设应符合下列规定

（1）接户线架设后，在最大摆动时，不应有接触树木及其他建筑物现象。

（2）档距内不应有接头。

（3）不应从高压引线间穿过，不应跨越铁路。

（4）两个不同电源引入的接户线不宜同杆架设。

4. 接户线固定端采用绑扎固定时，其绑扎长度应符合表4-2-1所示数值。

表4-2-1 绑扎长度

导线截面（mm²）	绑扎长度（mm）	导线截面（mm²）	绑扎长度（mm）
10 及以下	＞50	25~50	＞120
16 及以下	＞80	70~120	＞200

5. 接户线及其装置的防雷、接地应符合设计要求。

6. 导线连接：首先量好导线的长度，削出线芯，找对相序后，进行导线连接。然后，将接头用橡胶布和黑胶布半幅重叠各包扎一层。最后，整理好"倒人字"型接头，使之排列整齐。

（1）接户线与进入建筑物的导线在第一支持物端应采用"倒人字"型接头，一般连接方法如下：

1）铝导线间可采用铝钳压管压接；

2）铜导线间可采用缠绕后锡焊；

3）铜、铝导线间可将钢导线测锡后在铝线上缠绕。

（2）接户线与电杆上的主导线应使用并沟线夹进行连接；铜、铝导线间应使用铜、铝过渡线夹。

三、质量标准

（一）保证项目

金具的规格、型号、质量必须符合设计要求。导线连接必须紧密、牢固，连接处严禁有断股和损伤。

检验方法：观察检查和检查安装记录。

（二）基本项目

1. 黑色金属金具零件防腐保护完整。

检验方法：观察检查。

2. 横担、支架、绝缘子安装应平整、牢固。

检验方法：观察、手扳检查。

3. 导线与绝缘子固定可靠，导线无断股、扭绞和死弯。

检验方法：观察检查和检查安装记录。

4. 导线间及导线对地间的最小安全距离符合施工规范要求。

检验方法：观察或实测检查。

5. 接地线敷设走向合理，连接紧密、牢固，接地线截面选用正确，需防腐的部分涂漆均匀无遗漏，且涂漆后不污染建筑物。

检验方法：观察检查。

四、成品保护

1. 横担、支架埋注后应避免砸碰。

2. 接户线安装后，应注意不要从高层往下扔东西，以免砸坏导线及绝缘子。

3. 电气安装施工中，应注意避免损坏、污染建筑物。

五、应注意的质量问题

1. 横担、支架不平整，固定不牢固。埋注横担、支架时，找平要认真，水泥砂浆应饱满。

2. 接户线固定点与进户电管的距离过大或过小，位置不对应。进户电线管敷设位置应与横担、支架型式及埋注位置综合考虑。

六、质量记录

1. 绝缘导线、并沟线夹、钳压管、拉板、曲型垫等金具应有产品出厂合格证明。

2. 架空线路的接户线安装工程预检、自检记录。

3. 设计变更洽商记录，竣工图。

第三节　导线和避雷线的振动和防震

随着我国生产力的不断提高，电力行业得以迅速发展，为满足输送电能的需要，近年来，架空输电线路大量兴建。架空输电线路中的导线和避雷线因常年受气候的影响，时常发生振动，严重威胁输电线路的安全运行。

一、导线和避雷线振动的类型和特点

（一）微风振动

微风振动是在风速为 0.6~1.0m/s 的均匀微风垂直吹向导线时，在导线背风面形成稳定的涡流。由于周期性涡流升力分量的作用，使导线发生振动。

（二）次挡距振荡

次挡距振荡是指发生在分列导线相邻两间隔棒之间的挡距中的一种振荡。由于该振动的频率很低，一般称为"振荡"。次挡距振荡在线路中较少出现，通常在风速为 5~15m/s 的风力作用下，由于迎风导线产生的紊流，影响到背风导线而产生气流的扰动，破坏了导线的平衡而形成振荡。它的表现形式，常常是各子导线不同期的摆动、周期性的分开和聚拢，导线在空间的运动期迹呈现椭圆形状。次挡距振荡的振幅与次挡距长度、风速大小和分裂导线的结构形式有关，一般次挡距振荡的振幅相当于导线直径到 0.5m，频率为 1~3Hz，一个次挡距中可出现一个或数个半波。容易产生次挡距振荡的条件如下。

1. 分裂导线的间距与导线直径比值

要求导线间距与导线直径比值在 15~18 之间。若该比值小于 10 时，便可能产生严重的次挡距振荡。我国 500kV 超高压线路，采用的分裂导线为 IGJ-300、JGJ-400 型。JGJ-300 型直径为 25.2mm，子导线间距离应在 378~453.6mm 之间。JGJ-400 型直径为 27.68mm，子导线间距离应在 415.2~459.8mm 之间。加大子导线间距离的优点是减小尾流效应。

2. 线路的地理条件

次挡距振荡与线路的地理条件有关，最严重的次挡距振荡总是发生在开阔地带。

3. 次挡距大小

当次挡距较大时，容易产生次挡距振荡。次挡距振荡是分裂导线一种特定的主要振动，其危害和微风振动相同。可能造成导线、间隔棒、绝缘子和金具等损伤。

二、影响振动的因素

影响振动的因素主要有：风速、风向、挡距、悬点高度、导线应力以及地形、地物等。

（一）风的影响

引起振动的基本因素是均匀稳定的微风。因为一方面导线振动的产生和维持需要一定的能量（克服空气阻力、导线股线间的摩擦力等所需的最小能量），而这些能量需由气流旋涡对导线的冲击能量转化而来。一般产生导线振动的最小风速可取 0.5~0.8m/s，风速再小就不会发生振动。另一方面，维持导线的持续振动，则其振动频率必须相对稳定，也即要求风速应具有一定的均匀性，如果风速不规则地大幅度变化，则导线不可能形成持续的振动，甚至不发生振动。影响风速均匀性的因素有风速的大小、导线悬挂高度、挡距、风向和地貌等。当风速较大时，由于和地面摩擦加剧，使地面以上一定高度范围内的风速均匀性遭到破坏。如果挡距增大，则为保证导线对地距离，导线悬挂点必然增高。离地面越高，风速受地貌的影响越小，均匀性越好。所以必须适当选择引起导线振动的风速范围。

根据在平原开阔地区的观察结果表明，当风向和线路方向成 45°~90° 夹角时，导线产生稳定振动；在 30°~45° 时，振动的稳定性较小；夹角小于 20° 时，则很少出现振动。

（二）导线的直径和挡距的影响

振动波的波长和导线直径有关；另一方面在振动过程中，挡距入中振动波的半波数 n 为整数，挡距越大、导线直径越小，挡中形成完整半波数的机会越多，也就是导线产生共振的机会越多，导线振动程度也越严重。实际观测证实：挡距小于 100m 时，很少见到振动；挡距在 120m 以上时，导线振动就多了一些，在跨越河流、山谷等高杆塔大挡距的地方，可以观测到较强烈的振动。

综上所述，一般开阔地区易产生平稳、均匀的气流，因而，凡输电线路通过平原、沼地、漫岗、横跨河流和平坦的风道，认为是易振区；且线路走向和全年主导风向垂直或夹角大于 45° 时，有较强的振动。

（三）应力对振动的影响

导线的应力是影响导线振动烈度的关键因素，且对导线振动的频带宽度有直接影响。静态应力越大，振动的频带宽度越宽，越容易产生振动。另一方面，导线长期受振动的脉动力，相当于一个动态应力叠加在导线的静态应力上，而导线的最大允许应力是一定的。可见，静态应力越大，振动越厉害，动态应力越大，对线路的危害越严重。而且，随着静态应力的增大，导线本身对振动的阻尼作用显著降低，更加重了振动的烈度，更易使导线材料疲劳，引起断股断线事故。

为此，在线路设计考虑防震问题时，选择一个导线长期运行过程中运行时间最多，最有代表性的气象条件，即年平均气温气象条件，并规定这个气象条件下导线实际应力不得超过某一规定值，即年平均运行应力。

三、防震

（一）消除导线振动对线路的危害

1. 提高设备的耐振性能

因为导线振动对线路危害主要是引起线夹出口处导线断股断线，所以提高耐振性能的措施主要有：在线夹处导线加装护线条或打背线，以增加线夹出口附近导线的刚性，减少弯曲应力及挤压应力和磨损，同时也能对导线振动起一定阻导作用。钢铝绞线常用的护线条型式有锥形护线条和预绞丝护线条。打背线是用一段与导线材料相同的线材同导线一起安装于线夹中，并在其两端与导线扎在一起。

2. 改善线夹的耐振性能

如要求线夹转动灵活，从而线夹随着导线的上下振动能灵活转动，减小导线在线夹出口处的弯曲应力。

3. 降低导线的静态应力

在技术经济条件许可的条件下，尽可能降低导线的静态应力。

（二）阻尼线的安装

阻尼线是一种消振性能很好的防震装置，它采用一段挠性较好的钢丝绳或与导线同型号的绞线，平行地敷设在导线下面，并在适当的位置用 U 形夹子或绑扎方法与导线固定，沿导线在线夹两侧形成递减型垂直花边波浪线，尼线的防震原理一方面相当于多个联合防震锤，使一部分振动能量被架空导线本身和阻尼线股之间的摩擦所消耗；另一方面，在阻尼线花边的连接点处，使振动传来的能量产生分流，振动波在折射（并有少量反射）过程中能量被消耗，并有部分通过花边传到了线夹另一侧，因此，传递到线夹出口处的振动能量很小。

第五章　架空配电线路施工

第一节　架空配电线基础知识

一、导线和避雷线

架空线路的导线、避雷线架设在野外，常年在露天情况下运行，不仅经常承受自身张力作用，还受各种气象条件的影响，有时还会受大气中各种化学气体和杂质的侵蚀。因此，导线和避雷线除了要求有良好的导电性能外，还要求有较高的机械强度。对导线的具体要求，一是导电率高；二是耐热性好；三是机械强度好；四是具有良好的耐振、耐磨、耐化学腐蚀性能；五是质量轻，价格低，性能稳定。

（一）架空导线的分类

1. 裸导线

（1）铜导线

铜导线具有优良的导电性能 [$\gamma=53\text{m}/(\Omega\cdot\text{mm}^2)$] 和较高的机械强度（$\sigma=382\text{N}/\text{mm}^2$），耐腐蚀性强，铜的密度为 $9.8\text{g}/\text{cm}^3$，是一种理想的导线材料。但由于铜在工业上用途极其广泛，资源少而价格高，因此，铜线一般只用于电流密度较大或化学腐蚀较严重地区的配电线路。

（2）铝导线

铝导线的导电性能和机械强度不及铜导线，铝和铜比较，铝的导电系数 [$\gamma=32\text{m}/(\Omega\cdot\text{mm}^2)$] 比铜小 1.6 倍。铝的机械强度（$\sigma=157\text{N}/\text{mm}^2$）也比较小，抗化学腐蚀能力也比较差。但铝的质量小，铝的密度为 $2.7\text{g}/\text{mm}^3$，并且铝的储量高而价格低，因此，铝也是一种比较理想的导线材料。铝的性质决定了铝线一般用于档距较小的架空配电线路，但在沿海地区或化工厂附近不宜采用铝线。

（3）钢芯铝绞线

为了充分利用铝和钢两种材料的优点以补其不足，而把它们结合起来制成钢芯铝绞线。钢芯铝绞线具有较高的机械强度，它所承受的机械应力是由钢芯线和铝芯共同承担的，并且交流的集肤效应可以使钢芯线中通过的电流几乎为零，电流基本上是由铝线传导的。因此，钢芯铝绞线的导电和机械性能均比较良好，适用于大档距架空电力线路。

钢芯铝绞线一般分为普通型 LGJ、轻型 LGJQ 和加强型 LGJJ 钢芯铝绞线三种。

普通钢芯铝绞线，铝钢截面比 $S_L:S_G=5.3:6.1$；

轻型钢芯铝绞线，铝钢截面比 $S_L:S_G=7.6:8.3$；

加强型钢芯铝绞线，铝钢截面比 $S_L:S_G=4:4.5$；

（4）防腐型钢芯铝绞线（LGJF）

防腐型钢芯铝绞线（LGJF），其结构形式及机械性能、电气性能与普通钢芯铝绞线相同，它可分为轻防腐型（仅在钢芯上涂防腐剂）、中防腐型（仅在钢芯及内层铝线上涂防腐剂）和重防腐型（在钢芯和内外层铝线均涂防腐剂）三种。这种导线用于沿海及有腐蚀性气体的地区。

（5）钢芯稀土铝绞线（LGJX）

钢芯稀土铝绞线（LGJX）是 20 世纪 80 年代初期广州有色金属研究院和广东台山电缆厂共同研制的节能新产品，其产品规格与 GB1179—1983 的相同，其特点是在工业纯铝中加入少量稀土金属，在一定工艺条件下制成铝导线，并经上海电缆研究所和电力工业部电力建设研究所等单位检验，其导电性能和机械性能均达到国际电工委员会 IEC 标准。

（6）钢芯铝合金绞线（HLGJ）

钢芯铝合金绞线 HLGJ，是先以铝、镁、硅合金拉制成的圆单线，再将这种多股的单线绕着内层钢芯绞制而成。抗拉强度比普通钢芯铝绞线高 40% 左右，它的导电率及质量接近铝线，适用于线路大跨越地方。

（7）铝包钢绞线

铝包钢绞线 GLJ，以单股钢线为芯，外面包以铝层，做成单股或多股绞线。铝层厚度及钢芯直径可根据工程实际需要与厂家协商制造，价格偏高，导电率较差，适合用于线路的大跨越及架空地段高频通信使用。

（8）镀锌钢绞线

镀锌钢绞线的导电性能很差 [$\gamma=7.52m/(\Omega \cdot mm^2)$]，但钢绞线的机械强度高（单股钢绞线 $\sigma=362N/mm^2$，多股钢绞线 $\sigma=588\sim686N/mm^2$）由于钢绞线的导电性能很差，不宜用作电力线路导线，它主要用于架空电力线路的避雷线、接地引下线和拉线，以及用作绝缘导线、通信线等的承力索。

2. 绝缘导线

（1）绝缘导线优点

绝缘导线适用于城市人口密集地区，线路走廊狭窄，架设裸导线线路与建筑物的间距不能满足安全要求的地区，以及风景绿化区、林带区和污秽严重的地区等。

架空配电线路采用绝缘导线替代裸导线所具有的优点：

1）可解决架空配电线路的走廊问题。

2）可大幅度降低因外力影响而引发的事故，提高供电可靠性。

3）可方便施工，减少维修工作量等。

（2）绝缘导线的绝缘材料

目前户外绝缘导线所采用的绝缘材料，一般为黑色耐气候型的聚氯乙烯、聚乙烯、高密度聚乙烯、交联聚乙烯等。这些绝缘材料一般具有较好的电气性能、抗老化及耐磨性能等，暴露在户外的材料添加有 1% 左右的炭黑，以防日光老化。

早期户外低压绝缘导线较多采用铜芯或铝芯橡皮线（俗称皮线，型号为 BX 及

BLX），在橡皮绝缘层外缠绕玻璃丝，再包敷沥青，一般用在低压线路、低压接户线、柱上变压器台引线等。其优点是较柔软，便于在立瓶上折弯固定等；缺点是防止日光老化的沥青不耐磨，沥青脱落后玻璃丝、橡皮迅速老化开裂，耐热性能差等，该类型绝缘导线正在逐渐被淘汰。

这些材料的特点是：

1）聚氯乙烯（PVC）绝缘材料

它具有较好的电气、机械性能，对酸、碱有机化学成分性能比较稳定，耐潮湿、阻燃、成本低且易加工等特点。但 PVC 同其他绝缘材料相比而言，PVC 绝缘材料的介质损失及相对介电系数比较大，绝缘电阻低，耐热性比较差。PVC 的长期允许工作温度不应大于 70℃。因此，PVC 绝缘材料一般只适用于低压绝缘导线或集束型绝缘导线的外护套。

2）聚乙烯（PE）绝缘材料

它具有优异的电气性能，相对介电系数及介质损失角正切值在较大的频率范围内几乎不变。化学稳定性良好，在室温下耐溶剂性好，对非氧性酸、碱的作用性能非常稳定，耐潮湿、耐寒性也比较好。但 PE 绝缘材料软化温度比较低，它的长期允许工作温度不应超过 70℃。另外，PE 绝缘材料耐环境应力开裂、耐油性和耐气候性比较差，且不阻燃。

3）高密度聚乙烯（HDPE）绝缘材料

它除长期允许工作温度不应超过 70℃和不阻燃之外，其他主要电气、机械性能与交联聚乙烯材料接近。

4）交联聚乙烯（XLPE）绝缘材料

它是采用交联的方法将交联聚乙烯的线性分子结构转化为网状结构而形成的。它的电气性能与聚乙烯接近，耐热性好，其长期允许工作温度为 90℃，抗过载能力强，并且XLPE 绝缘材料可避免环境应力开裂，机械物理性能比 PVC、PE 绝缘材料要好。

（3）绝缘导线的分类

绝缘导线按电压等级可分为中压绝缘导线、低压绝缘导线；按架设方式可分为分相架设、集束架设。绝缘导线类型有中、低压单芯绝缘导线、低压集束型绝缘导线、中压集束型半导体屏蔽绝缘导线、中压集束型金属屏蔽绝缘导线等。

1）单芯中压、低压绝缘导线

中低压架空绝缘线路一般采用单芯绝缘导线、分相式架设方式，它的架设方法与裸导线的架设方法基本相同。由于中压线路相对低压线路遭受雷击的概率较高，中压绝缘导线还需要考虑采取防止雷击断线的措施。

低压绝缘导线的结构为直接在线芯上挤包绝缘层；中压绝缘导线的结构是在线芯上挤包一层半导体屏蔽层，在半导体屏蔽层外挤包绝缘层，生产工艺为两层共挤，同时完成。

绝缘导线的线芯一般采用经紧压的圆形硬铝（LY8 或 LY9 型）、硬铜（TY 型）或铝合金导线（LHA 或 LHB 型）。线芯紧压的目的是为了降低绝缘导线制造过程中所产生的应力，防止水渗入绝缘导线内滞留，特别是对铜芯绝缘导线，易引起腐蚀应力断线。根据国家试验站的试验结果，在室内灯光的照射下，相同导体截面的绝缘导线的载流量高于裸导线，这是由于绝缘层有利于散热的结果，其原因是：

①绝缘导线的散热面积大；

②黑色绝缘层增加了热辐射，发热体颜色越黑热辐射系数就越大；

③绝缘层的热阻系数较小。

考虑到便于统一规划设计，以及考虑到试验室与实际的差别，夏日短时段暴晒的因素，推荐选用绝缘导线截面可视同裸导线或需增大一级截面。

10kV 绝缘导线的绝缘层分普通绝缘层（厚 3.4mm）、薄绝缘层（厚 2.5mm）两种。有关标准中规定薄绝缘型结构不设内半导体屏蔽层，但为了降低电场强度，防止过电压或外物碰触绝缘线时产生局部放电，即使采取 2.5mm 厚薄绝缘层时，仍以增加内半导体屏蔽层为宜。采取 2.5mm 薄绝缘层的优点为在分相架设时，即满足一定的绝缘水平，又可减轻导线荷载，在同样安全系数下减小导线弧垂，降低造价。

对于非承力绝缘导线，如柱上变压器引线及利用承力索承力敷设的绝缘导线等，可以采用软铜线做线芯，这类导线的线芯可以不进行紧压。作为变台引线的中压绝缘导线，宜采用 2.5mm 厚的绝缘层，以便于折弯安装固定。

2）低压集束型绝缘导线

低压集束型绝缘导线（LV-ABC 型）可分为承力束承载、中性线承载和整体自承载三种方式。整体自承载的低压集束型绝缘导线的线芯，应采用紧压的硬铝、硬铜或铝合金导线做线芯。采用承力束或中性线承载的低压集束型绝缘导线，相线可以采用未经紧压的软铜芯做线芯。

3）中压集束型绝缘导线

中压集束型绝缘导线（HV-ABC 型），可分为集束型半导体屏蔽、金属屏蔽绝缘导线两种类型。

①中压集束型半导体屏蔽绝缘导线，可分为承力束承载和自承载两种类型。

②中压集束型金属屏蔽绝缘导线，一般带承力束。

（二）架空导线的型号

1. 裸导线型号

架空电力线路用裸导线是一种最常用的导线，它的型号是用制造导线的材料、导线的结构和截面积三部分表示的。其中导线的材料和结构用汉语拼音字母表示，即："T"表示铜线、"L"表示铝、"G"表示钢线、"J"表示多股绞线或加强型、"Q"表示轻型、"H"表示合金、"F"表示防腐。例如"TJ"表示铜绞线、"LJ"表示铝绞线、"GJ"表示钢绞线、"LHJ"表示铝合金绞线、"LGJ"表示钢芯铝绞线、"LGJJ"表示加强型钢芯铝绞线、"LGJQ"表示加强型钢芯铝绞线。导线的截面用数字表示，它的单位为 mm²。例如"LJ-240"表示标称截面为 240mm² 的铝绞线。

2. 绝缘导线型号

绝缘导线的材料和结构特征代号为："JK"表示架空系列（铜导体省略）；"TR"表示软铜导体；"L"表示铝导体；"HL"表示铝合金导体；"V"表示聚氯乙烯绝缘；"Y"表示聚乙烯绝缘；"GY"表示高密度聚乙烯；"YJ"表示交联聚乙烯；"/B"表示本色绝缘；"/Q"表示轻型薄绝缘结构（普通绝缘结构省略）；承力束为钢绞线时用"（A）"表示。例如：铝芯、交联聚乙烯绝缘（本色）、额定电压 10kV、4 芯，其中 3 芯为导体，标称截面为 120mm²，承力束为 50mm² 钢绞线的绝缘导线，可表示为 JKLYJ/B-10、3×120+50（A）；铝芯交联聚乙烯架空绝缘导线，轻型薄绝缘结构，额定电压 10kV、单芯标称截面 120mm²，表示为 JKLYJ/Q-10、1×120。

（三）导线的排列、换位及分裂导线

1. 导线在杆塔上排列

架空电力线路分为单回路、双回路并架或多回路并架线路。由于线路回路数的不同，导线在杆塔上的排列方式也是多种多样的。一般单回路电力线路，导线排列方式有三角形、上字形、水平排列三种方式。双回路并架或多回路并架的输电线路，导线排列方式有伞形、倒伞形、干字形、六角形（又称鼓形）四种方式。

2. 导线排列方式的选择

选择导线的排列方式时，主要看其对线路运行的可靠性，对施工安装、维护检修是否方便，能否简化杆塔结构，减小杆塔头部尺寸。运行经验表明，三角形排列的可靠性较水平排列差，特别是在重冰区、多雷区和电晕严重地区，这是因为下层导线在因故向上跃起时，易发生相间闪络和上下层导线碰线故障，且水平排列的杆塔高度较低，可减少雷击的机会。但水平排列的杆塔结构上比三角形排列者复杂，使杆塔投资增大。

因此，一般说来输电线路，对于重冰区、多雷区的单回线路，导线应采用水平排列。对于其余地区可结合线路的具体情况采用水平或三角形排列。从经济观点出发，电压在 220kV 以下、导线截面不特别大的单回线路，宜采用三角形排列。对双回线路的杆塔，倒伞形排列的优点是便于施工和检修，但它的缺点是防雷差，故目前多采用六角形排列。

3. 导线的换位

导线的各种排列方式（包括等边三角形），均不能保证三相导线的线间距离或导线对地距离相等，因此，三相导线的电感、电容及三相阻抗均不相等，这会造成三相电流的不平衡，这种不平衡，对发电机、电动机和电力系统的运行以及对输电线路附近的弱电线路均会带来一系列的不良影响。为了避免这些影响，各相导线应在空间轮流地改换位置，以平衡三相阻抗。

4. 分裂导线

输电线路为了减小电晕以降低损耗和对无线电、电视等的干扰提高线路的输送能力，高压和超高压输电线路的导线，应采用扩径导线、空芯导线或分裂导线。因扩径导线和空芯导线制造和安装不便，故输电线路多采用分裂导线。分裂导线每相分裂的根数一般为2~8 根，近几年投运的 800kV 直流特高压输电线路采用了 6×720 分裂导线，1000kV 的特高压输电线路采用了 8×500 分裂导线，国外有考虑采用多至 12 根的分裂导线。

分裂导线由数根导线组成一相，每一根导线称为次导线，两根次导线间的距离称为次线间距离，一个档距中，一般每隔 30~80m 装一个间隔棒，使次导线间保持次线间距离，两相邻间隔棒间的水平距离称为次档距。

（四）架空避雷线

1. 对架空避雷线的要求

各级电压的输电线路，架设架空地线的要求有如下规定：

（1）500~750kV 输电线路应沿全线架设双地线。

（2）220~330kV 输电线路应沿全线架设地线，年平均雷暴日数不超过 15 的地区或运行经验证明雷电活动轻微的地区，可架设单地线，山区宜架设双地线。

（3）110kV 输电线路宜沿全线架设地线，在年平均雷暴日数不超过 15 或运行经验证明雷电活动轻微的地区，可不架设地线。

（4）66kV 线路，年平均雷暴日数为 30 日以上的地区，宜沿全线架设架空地线。

（5）35kV 线路及不沿全线架设架空地线的线路，宜在变电站或发电厂的进线段架设 1~2km 架空地线，以防护导线及变电站或发电厂的设备免遭直接雷击。

2. 架空避雷线分类

架空避雷线（也称架空地线）是保护电力线路遭受雷击的设施之一，它是架设在电力线路杆塔顶部，利用铁塔的塔身及混凝土电杆内的钢筋或电杆专用爬梯、接地引下线等引下与接地装置（地网）连接。架空避雷线可分为一般架空避雷线、绝缘架空避雷线、屏蔽架空避雷线和复合光纤架空避雷线四种。

（1）一般架空避雷线

一般架空避雷线主要材料是镀锌钢绞线。为使避雷线有足够的机械强度，其截面的选择是根据导线截面来决定的，可按部颁《110~500kV 架空送电线路设计规程》（DL/T5029—1999）规定，架空避雷线的型号一般配合导线截面进行选择，其配合见表 5-1-1。

表 5-1-1　避雷线采用镀锌钢绞线时与导线的配合

导线型号		LGJ-185/30 及以下	LGJ-185/45-LGJ-400/50	LGJ-400/65 及以上
钢绞线最小标称截面（mm²）	无冰区	35	50	80
	覆冰区	50	80	100

（2）绝缘架空避雷线

绝缘架空避雷线与一般架空避雷线一样，所不同的就是它利用一只悬式绝缘子将避雷线与杆塔绝缘隔开，并通过防雷间隙再接地。这样，它起到了一般避雷线同样的防雷保护作用，同时可利用它作高频通信和便于测量杆塔的接地电阻及降低线路的附加电能损失等。

（3）屏蔽架空避雷线

屏蔽架空避雷线是防止本电力线路所发生的电磁感应对附近通信线路的影响。它的主要材料是屏蔽系数≤0.65 的优良的导电线材。目前，一般多采用 LGJ-95/55 型钢芯铝绞线。因屏蔽架空避雷线耗费有色金属和投资造价比钢绞线高，所以只在架空电力线路对重要通信线影响超过规定标准时才考虑架设屏蔽避雷线。它可与一般避雷线分段配合进行架设。

（4）复合光纤架空避雷线

复合光纤架空避雷线是一种引进的先进技术，它既起到架空避雷线的防雷保护和屏蔽作用（外层铝合金绞线），又起到抗电磁干扰的通信作用（芯线的光导纤维）。因此，在电网中使用复合光纤架空避雷线，可大大改善电网中的通信传感系统，但造价较高，目前只能视其必要性选用复合光纤架空避雷线的架设形式可分为以下两种。

1）是在已架设好的架空送电线路的某根避雷线上按一定的节径比缠绕 WWOP 型光纤电缆。原架空避雷线仍起防雷保护作用，又起支承光纤电缆作用（因 WWOP 型光纤电缆很轻，所以原架空避雷线是完全可以支撑的）。因光纤是一种电气绝缘性能很好的理想信息传递媒体，有耐腐蚀、耐高压等特性，所以它缠绕在架空避雷线上有一定的耐雷水平，能和原架空避雷线共存。

2）是在新架设的架空电力线路上，架设一根 OPGW 型复合光纤架空电缆作为一根避雷线。另一根仍架设一般的避雷线。

二、杆塔

（一）杆塔分类

1. 杆塔按材料分类

杆塔按使用的材料可分为，钢筋混凝土杆、钢管杆、铁塔。

（1）钢筋混凝土杆

钢筋混凝土杆的混凝土和钢筋黏结牢固严如一体，且二者具有几乎相等的温度膨胀系数，不会因膨胀不等产生温度应力而破坏，混凝土又是钢筋的防锈保护层。所以，钢筋混凝土是制造电杆的好材料。

钢筋混凝土杆的优点是：

1）经久耐用，一般可用 30～60 年之久；

2）维护简单，运行费用低；

3）较铁塔节约钢材 40%～60%；

4）比铁塔造价低，施工期短。

其缺点主要是笨重，运输困难，因此对较高的水泥杆，均采用分段制造，现场进行组装，这样可将每段电杆质量限制在 500～1000kg 以下。

混凝土的受拉强度较受压强度低得多，当电杆杆柱受力弯曲时，杆柱截面一侧受压另一侧受拉，虽然拉力主要由钢筋承受，但混凝土与钢筋一起伸长，这时混凝土的外层即受一拉应力而产生裂缝。裂缝较宽时就会使钢筋锈蚀，缩短寿命。防止产生裂缝的最好方法，就是在电杆浇铸时将钢筋施行预拉；使混凝土在承载前就受到一个预压应力。这样，当电杆承载时，受拉区的混凝土所受的拉应力与此预压应力部分抵消而不致产生裂缝。这种电杆叫作预应力钢筋混凝土电杆。

预应力钢筋混凝土杆能充针发挥高强度钢材的作用，比普通钢筋混凝土杆可节约钢材 40% 左右；同时水泥用量也减少，电杆的质量也减轻了。由于它的抗裂性能好，所以延长了电杆的使用寿命。目前生产的钢筋混凝土电杆（或预应力、部分预应力钢筋混凝土电杆），有等径环形截面和拔梢环形截面两种。

拔梢电杆的锥度为 1/75，杆段规格系列较多，常见有规格有：$\phi 150 \times 8000$mm、$\phi 150 \times 10000$mm、$\phi 150 \times 12000$mm、$\phi 190 \times 10000$mm、$\phi 190 \times 12000$mm、$\phi 190 \times 15000$mm、$\phi 190 \times 18000$mm 等。等径电杆规格有 $\phi 300$、$\phi 400$、$\phi 500$、$\phi 550$mm，杆段有 3.0、4.5、

6.0、9.0m 四种。

（2）钢管电杆

随着城市建设的快速发展，目前全国各地钢管电杆的应用越来越普遍。钢管电杆简称钢杆，它不仅集有钢筋混凝土电杆及铁塔的优点，同时还有它们无法比拟的优点。钢杆的主要优点体现在其生产周期短、占地面积小、施工简便、能承受较大的应力、杆型漂亮美观等诸多方面，特别适用于城市景观道路、狭窄道路和其他无法安装板线的地方。但相对而言，钢杆造价高、制造工艺复杂、质量大，因此在选用时必须对它们进行技术经济比较。

（3）铁塔

铁塔是用型钢组装而成的立体桁架，它可以根据工程需要做成各种不同高度和不同形式的铁塔。目前，送电线路采用的多为钢管塔；角钢塔和混凝土烟囱式塔。铁塔机械强度大，使用年限长，运输和维护较方便，但消耗钢材量大，价格较高。目前，在 330~500kV 线路上，几乎全线采用铁塔，而在 35~220kV 线路中，只有部分杆塔采用铁塔。在变电所进出线或线路通道狭窄地段，一般多采用双回窄基铁塔。

2. 按用途和功能分类

按其在送电线路中的用途和功能，可分为直线、转角、耐张、终端、换位、跨越和分支七种类别的杆塔。

（1）直线杆塔

直线杆塔是线路中悬挂导线和架空避雷线的支承结构，其作用是支撑导线、避雷线的重力以及作用于它们上面的风力，而在施工和正常运行时不承受导线的张力。导线和避雷线在直线杆塔处不开断，且被定位于杆塔横担上（通过绝缘部件），是线路中使用数量最多的一种杆塔型式。

（2）耐张杆塔

耐张杆塔又称承力杆塔，用于锚固线路的导线和避雷线。它除了要承受与直线杆塔相同的荷载外，还要求能承受各种情况下可能出现的最大纵向张力。两耐张杆塔之间的距离称耐张段，35~220kV 线路耐张段的长度一般为 3~5km，而超高压线路考虑便于张力放线的条件，一般可达 10~20km。正常运行时，耐张杆塔承受的荷重可以认为和直线杆塔相同或稍重一些，但在线路发生断线事故时，应能承受顺线路（纵向）方向导线和避雷线的不平衡张力，以限制事故的范围。

（3）转角杆塔

用于线路转角处，使线路改变走向形成转角的杆塔。正常情况下，它除承受与耐张杆塔相同的荷载和张力外，还要承受内角平分线方向导线、避雷线全部拉力的合力，并能起耐张杆塔的作用。转角杆塔的转角有 30°、60°、90° 之分，但不宜超过 90°。对于转角小于 5° 以内的转角杆塔，则可采用直线型转角杆塔。

（4）终端杆塔

终端杆塔定位于变电所或升（降）压变电所的门型构架前，用于线路的首末端，是线路的起始或终止杆塔。它的一侧为正常张力，而另一侧是松弛张力，因此承受的不平衡张力很大。终端杆塔还允许兼作线路转角杆塔使用。

（5）换位杆塔

换位杆塔是用来改变线路上三相导线相互位置的杆塔。导线换位的作用是减少三相导线阻抗参数的不平衡。导线在换位杆塔上不开断进行换位的，称直线杆塔换位；导线开断进行换位的，则为耐张或转角杆塔换位。

（6）跨越杆塔

跨越杆塔是用来支承导线和避雷线跨越江河湖泊、铁路、公路等处的杆塔。它组立于上述地点的两侧，以满足交通和航运要求。导线、避雷线不直接张拉于杆塔上时，称为直线跨越杆塔，反之，则称为耐张或转角跨越杆塔。为满足交叉跨越安全距离的要求，减水杆塔承载力，节省材料和降低工程造价，一般应尽量采用直线跨越扦塔。跨越杆塔多为高杆塔，我国在珠江和南京长江边建造的钢结构跨越塔和烟囱式钢筋混凝土跨越塔，其总高度分别为 235.7m 和 257m。

（7）分支杆塔

分支杆塔又称 T 型杆塔或 T 接杆塔，它用在线路的分支处，以便接出分支线。分支杆塔在配电线路上使用较多，送电线路上使用较少。分支塔又分直线分支杆塔、耐张分支杆塔和转角分支杆塔，其受力情况比较复杂。

（二）杆塔型号及型式

1. 杆塔用途分类代号含义

Z—直线杆塔；ZJ—直线转角杆塔；N—耐张杆塔；J—转角杆塔；D—终端杆塔；F—分支杆塔；K—跨越杆塔；H—换位杆塔。

2. 杆塔外型或导线布置型式代号含义

S—上字型；C—叉骨型；M—猫头型；V—V 字型；J—三角型；G—干字型；Y—羊角型；B—酒杯型；SZ—正伞型；SD—倒伞型；T—田字型；W—王字型；A—A 字型；Me—门型；Gu—鼓型。

3. 杆塔外形结构

（1）拉线铁塔

拉线铁塔，用字母符号"X"表示。

拉线塔有塔头、主柱和拉线组成，塔头和主柱为角钢组成的空间桁架体，有较好的整体稳定性，能承受较大的轴向压力。

拉线塔又分为单柱拉线塔、拉门型塔、拉 V 型塔、拉猫型塔等。

（2）自立铁塔

自立铁塔，用字母符号"T"表示。

由于电压等级、回路数的不同，自立塔可分为导线呈三角形排列的叉骨型、猫头型、上字型、干字型及导线呈水平排列的酒杯型、门型等两大类。

三、绝缘子

（一）绝缘子的作用

电力架空线路的导线，是用绝缘子固定的，而绝缘子固定在金具上，金具连接固定在杆塔上的。用于导线与杆塔的绝缘靠绝缘子，绝缘子在运行中不但要承受工作电压的作用，还要受到过电压的作用，同时还要承受机械力的作用及气温变化和周围环境的影响。所以绝缘子必须有良好的绝缘性能和一定的机械强度。

（二）对绝缘子的要求

绝缘子一般是由瓷制成，因为瓷能够满足绝缘子的绝缘强度和机械强度的要求。绝缘子也可用钢化玻璃制成，这种玻璃具有很好的电气绝缘性能及耐热和化学稳定性，这种玻璃绝缘子比瓷质绝缘子的尺寸小、重量轻、价格便宜。复合绝缘子是一种新产品，特点：重量轻，减少维护工作量。

为了使导线固定在绝缘子上，绝缘子具有金属配件，即牢固地固定在瓷件上的铸钢。瓷件和铸钢，大多数是用水泥胶合剂胶在一起，瓷件的表面涂有一层釉，以提高绝缘子的绝缘性能。铸钢和瓷件胶合处胶合剂的外表面涂以防潮剂。

通常，绝缘子的表面被做成波纹形的。这是因为，一是可以增加绝缘子的泄漏距离（又称爬电距离），同时每个波纹又能起到阻断电弧的作用；二是当下雨时，从绝缘子上流下的污水不会直接从绝缘子上部流到下部，避免形成污水柱造成短路事故，起到阻断污水水流的作用；三是当空气中的污秽物质落到绝缘子上时由于绝缘子波纹的凹凸不平，污秽物质将不能均匀地附在绝缘子上，在一定程度上提高了绝缘子的抗朽能力。总之，将绝缘子做成波纹形的目的是为了提高绝缘子的电气绝缘性能。

（三）绝缘子种类及用途

绝缘子按材料分：瓷绝缘子、钢化玻璃绝缘子、复合绝缘子。

根据额定电压，可将线路绝缘子分为高压绝缘子（用于电压为 1000V 以上的输配电线路）和低压绝缘子两种。根据不同的用途，线路绝缘子可分为以下几种。

1. 针式绝缘子

针式绝缘子一般用于配电线路的直线杆及小转角杆上。常用型号低压有 P-6、P-10 型，高压有 P-15、P-20 型等。

2. 蝶式绝缘子

蝶式绝缘子也叫茶台。这是由一个空心瓷件构成，并采用两块拉板和一根穿心螺栓组合起来供用户使用，通常用作配电线路上的转角、分段、终端及承受拉力的电杆上。常见型号低压有 ED-1（2、3、4）型和 EX-1（2、3、4）型。中压有 E-1、E-6（10）型。

3. 拉线绝缘子

用于拉线上，目的是防止拉线带电可能造成人身触电事故而采取的绝缘措施。常见型号有 J-20、J-45、J-90 等。具体参数见表 5-1-2。

表 5-1-2 拉线绝缘子规格

型号	试验电压（kV）	机电破坏负荷（kg）	主要尺寸（mm）							质量（kg）
			L	B	b1	B2	d1	d2	R	
J-20	10	19.6	72	43	30	30	-	-	8	0.2
J-45	15	44.1	90	58	45	45	14	14	10	1.1
J-90	25	88.3	172	89	60	60	25	25	14	2.0

4. 悬式绝缘子

悬式绝缘子按其帽与铁脚的链接方法，可分为槽型和球头型两种。

主要型号有新老两种系列，老系列产品有：X-3、X4.5、X-7、X-4.5C 等；新系列产品有：XP-40、XP-70、XP-100、XP-120、XP-160、XP-210、XP-240 等。

对于有严重污秽地区，常采用防污悬式绝缘子。防污绝缘子与普通绝缘子的区别是防污绝缘子有较大的泄漏路径，其裙边的尺寸、形状和布置考虑了该绝缘子在运行中便于自然清扫和人工清扫。常见防污绝缘子有以下几种形式：

（1）双伞型

双伞型绝缘子的特点是伞形光滑，积污量少，便于人工清扫，因而在电力系统得到普遍推广应用。

（2）钟罩型

钟罩式绝缘子是伞棱深度比普通型大得多的耐污型绝缘子，以达到增大爬距，提高抗污闪能力的目的。这种形式在国外是占主导地位的耐污型绝缘子，其特点是便于机械成型，但伞槽间距离小，易于积污，且不便于人工清扫。

（3）流线型

流线型绝缘子由于其表面光滑，不易积污，因而比普通型或其他耐污型绝缘子有一定的优势。但由于爬距较小，且缺少能阻抑电弧发展延伸的伞棱结构，因而其抗污闪性能的提高也是有限的。除不易积污外，也有便于人工清扫的优点。有些地区为防治冰溜及鸟粪污闪，在横担下第一片用伞盘较大的流线型绝缘子可收到一定的效果。

（4）大爬距（或大盘径）绝缘子

大爬距绝缘子，其伞棱，大小和普通型相近，但比钟罩式要小些。设计良好的大爬距绝缘子的抗污闪性能也可与其他耐污型绝缘子的性能相近。但并不是任意设计的形式都具有优良的性能，经实践证明，有的设计是成功的，有些设计并未达到预期的效果。

5. 棒式绝缘子和瓷横担

棒式绝缘子的形状，它是一整体，可以代替悬式绝缘子串。由于棒式绝缘子上的积污易被雨水冲走，故不易发生闪络。这种绝缘子还具有节约钢材、重量轻、长度短等优点。但棒式绝缘子制造工艺较复杂，成本较高，且运行中易于断裂，因此还未被大量采用。

瓷横担是棒式绝缘子的另一种型式，适用于高压输配电线路，它代替了针式、悬式绝缘子，且省去了横担。

瓷横担具有的优点是：绝缘水平高，事故率低，运行安全可靠；由于代替了部分横担，因此能大量地节约木材和钢材；结构简单，安装方便。

目前应用于 10~110kV 输配电线路上，瓷横担的型号说明，如 DC35-3，其中 DC 表示瓷横担；35 表示额定电压（kV）；3 表示产品序号。

由于瓷横担是一种具有普通伞裙且无棱槽结构的绝缘子，当水平安装时，雨水水球被裙边阻隔不易成串，从而降低了湿放电电压值。因此根据横担的受力特点，10kV 线路角钢支架一般向上翘 10°，35kV 及 110kV 线路，水平角钢支架一般向上翘 5°。

运行中的各种绝缘子，均不应出现裂纹、损伤、表面过分脏污和闪络烧伤等情况。

6. 复合绝缘子

（1）复合绝缘子结构及特点

复合绝缘子是棒形悬式复合绝缘子的简称。它由伞裙、芯棒和端部金具等组成，110kV 以上线路用复合绝缘子还配有均压环。伞盘由硅橡胶为基体的高分子聚合物制成，具有良好的憎水性，抗污能力强。芯棒采用环氧玻璃纤维制成，具有很高的抗拉强度和良好的减振性、抗蠕变性以及抗疲劳断裂性。

复合绝缘子选用高强度玻璃钢芯棒和耐气候变化性优异的硅橡胶材料，分别满足其使用的机械和电气性能的要求。这种结构的绝缘子将材料的性能发挥到极致，因而它具有如下特点：

1）体积小、质量轻，安装运输方便；

2）机械强度高；

3）抗污闪能力强；

4）无零值，可靠性高；

5）抗冲击破坏能力强。

（2）复合绝缘子基本结构

复合绝缘子是用高机械强度的玻璃钢棒作为中间芯棒，以担负绝缘子的机械负荷，棒外装上用有机合成材料制成，具有良好电气性能的绝缘子伞裙，两端配有金具（俗称钢帽、钢脚）。

1）芯棒材料

复合绝缘子的机械负荷是通过金具芯棒来承担的，因此，必须满足的条件有：

①足够的机械强度；

②作为绝缘子的内绝缘还须有良好的电气性能；

③满足制作中耐高温的要求；

④耐酸的侵蚀；

⑤足够的使用寿命。

2）伞裙与护套材料

伞裙与护套是复合绝缘子的外绝缘，并起保护芯棒的作用。故伞裙与护套是复合绝缘子的关键部件之一，其性能的优劣将直接影响复合绝缘子的寿命。因此，除要求它具有良好的介电性能外，还需要满足：优良的适应气候的特性；优异的憎水性；抗漏电起痕性；耐臭氧老化；耐电弧性。

3）端部金具连接结构

复合绝缘子的机械性能不仅与芯棒强度有关，而且在很大程度上取决于芯棒与金具的连接强度，因为金具内芯棒的应力较金具外芯棒的应力要复杂得多，故复合绝缘子发生机械故障时的机械负荷通常总是低于芯棒的机械破坏强度。为此，国内外针对端部金具结构做了广泛的研究，提出了多种端部金具结构形式，但从原理上归结起来只有黏结、压接、楔接、机械连接四种基本结构型式。

四、线路金具

线路金具是用于将电力线路杆塔、导线、避雷线和绝缘子连接起来，或对导线、避雷线、绝缘子等起保护作用的金属零件。

线路金具一般都是由铸钢或可锻铸铁制成。由于线路金具长期在大气条件下运行，除需要承受导线、避雷线和绝缘子等自身的荷载外，还需要承受覆冰和风的荷载，因此，要求线路金具应具有足够的机械强度。对连接导电体的部分金具，还应具有良好的电气性能。

（一）金具用途和分类

金具按金具结构性能、安装方法和使用范围划分，大致可分以下五类。

1. 悬垂线夹

悬垂线夹在线路正常运行情况下，主要承受导线的垂直荷载和水平风荷载组成的总荷载。因此，悬垂线夹应在导线产生最大荷载时，其机械强度应满足安全系数（K=2.5）的要求。

（1）U形螺丝式悬垂线夹

U形螺丝式悬垂线夹是利用两个U形螺丝压紧压板，使导线固定在线夹的船体中，线夹船体由两块挂板吊挂，线夹转动轴和导线在同一轴线上，回转灵活。握力较大，适用于安装中小截面铝绞线及钢芯铝绞线。安装时，应在导线外层包缠1×10mm的铝包带1~2层。

线夹的型号有XGU-1、XGU-2、XGU-3、XGU-4共四种。悬垂线夹与导线截面配合见表5-1-3。

表 5-1-3　悬垂线夹与导线配合表

线夹型号 导线型号	XGU-1	XGU-2	XGU-3	XGU-4
LGJ（mm²）	16~25	35~70	95~150	185~240
LJ（mm²）	16~25	35~70	95~150	—
TJ（mm²）	16~25	35~70	95~150	—

用于避雷线的悬垂线夹，它的型号为XGB-1或XGB-2。

表 5-1-4　悬垂线夹与避雷线配合表

悬垂线夹型号	XGB-1	XGB-2
钢绞线型号（mm²）	GJ25~35	GJ50~70

（2）加U形挂板悬垂线夹

加装U形挂板的悬垂线夹线槽直径较大，改变了悬挂方向，适用安装大截面钢芯铝绞线或包缠有预绞式护线条的钢芯铝绞线。线夹的型号有XGU-5B（适用LGJ-300、LGJ-400、LGJQ-300、LGJQ-400、LGJ-240包缠预绞丝）、XGU-6B（适用LGJQ-300~LGJQ-400包缠预绞丝）两种。

（3）加碗头挂板悬垂线夹

在直线杆塔悬垂线夹上，加装 XP-70 型（X-4.5 型）绝缘子配套用的 WS-7 碗头挂板，不但可以缩短绝缘子串长度，而且减少挂板弯矩。

加装碗头挂板悬垂线夹，适用于安装大截面的钢芯铝绞线及包缠预绞丝护线条的钢芯铝绞线。线夹的型号有 XGU-5A（适用导线 LGJ-300~LGJ-400、LGJQ-300~LGJQ-400）、XGU-6A（适用 LGJQ-300~LGJQ-400 导线包缠预绞丝）两种。

（4）铝合金悬垂线夹

线夹船体及压板以铝合金铸造而成，无挂板，悬挂点位于导线轴线上方。这种线夹强度高、重量轻、磁损小，适用安装中小截面的铝绞线及钢芯铝绞线。

线夹的型号有 XGH-3（适用于导线 LGJ-95~LGJ150）、XGH-4（适用于 LGJ-185~LGJ240）、XGH-5（适用于 LGJ-300~LGJ400）三种。

（5）垂直排列双悬垂线夹

220kV 线路采用二分裂导线呈垂直排列布置时，由相适应的两个普通线夹的船体吊挂在一副整体钢制挂板上构成。这种悬挂的垂直排列双线夹可以单独在挂板上转动，受到风荷载时，线夹与绝缘子一起摆动。线夹的型号有 XCS-5（适用导线 LGJ-185~LGJ240 包缠预绞丝）、XGS-6（适用导线 LGJ-300~LGJ-400 包缠预绞丝）两种。

2. 耐张线夹

耐张线夹是用来将导线或避雷线固定在特种承力杆塔的耐张绝缘子串上，起锚固作用，亦用来固定拉线杆塔的拉线。

耐张线夹按结构和安装条件的不同，大致可分为两类。

第一类：耐张线夹要承受导线或避雷线（拉线）的全部拉力，线夹握力不应小于被安装导线或避雷线计算拉断力的 90%，但不作为导电体。这类线夹，导线安装后还可以拆下，另行使用。线夹型式包括螺栓型耐张线夹、压缩性耐张线夹和楔型耐张线夹等。

第二类：耐张线夹除承受导线或避雷线的全部拉力外，又作为导电体。因此线夹一旦安装后，就不能再进行拆卸。

（1）螺栓型耐张线夹

螺栓型耐张线夹，是借助 U 形螺丝的垂直压力与线夹的波浪形线槽所产生的摩擦效应来固定导线。

1）冲压式螺栓型耐张线夹

以钢板冲压制造的倒装耐张线夹，其 U 形螺丝向上安装，适用于安装小截面的铝绞线及钢芯铝绞线。

线夹型号有 ND-201、ND-202、ND-203、ND-204 四种。

2）倒装式螺栓型耐张线夹

倒装式螺栓型耐张线夹，充分利用了线夹曲度部分产生的摩擦力，从而减轻了 U 形螺丝的承载应力，提高了线夹的握力，减少了螺丝数量。线夹本体和压板由可锻铸铁制造，适用于安装中小截面铝绞线和钢芯绞线。安装时在外围缠绕 1×10mm 铝包带。线夹型号有 NLD-1、NLD-2、NDL-3、NLD4 四种。倒装式螺栓型耐张线夹耐张线夹与导线配合见表 5-1-5。

表 5-1-5　耐张线夹与导线配合表

线夹型号 导线型号	NLD-1	NLD-2	NLD-3	NLD-4
LGJ（mm²）	16~35	50~70	95~150	185~240
LJ（mm²）	16~50	70~95	120~185	—
TJ（mm²）	16~50	70~95	120~185	—

这种线夹的受力侧没有 U 形螺丝固定，所有的 U 型螺丝装在跳线侧。这种线夹不能反装，否则会降低线夹机械强度，甚至造成断裂事故。

3）铝合金螺栓型耐张线夹

以铝合金代替可锻铸铁制造的倒装式螺栓型耐张线夹，线夹重量大为减轻，握力增大，适用于安装中小截面的铝绞线及钢芯铝绞线。线夹型号有 NLL-2（适用于导线 LGJ-70~LGJ-95）、NLL-3（适用于导线 LGJ-l20~LGJ-150）两种。

（2）楔型耐张线夹

楔型耐张线夹利用楔的臂力作用，使钢绞线锁紧在线夹内。楔型耐张线夹本体和楔子为可锻铸铁制造，钢绞线弯曲成与楔子一样的形状安装在线夹中。当钢绞线受力后，楔子与钢绞线同时沿线夹筒壁向线夹出口滑移，愈拉愈紧，逐渐呈缩紧状态。

楔型耐张线夹是用来安装钢绞线，紧固避雷线及作拉线杆塔的上端拉线。

楔型耐张线夹安装和拆除均较方便，线夹在安装好钢绞线后，线夹出口端头用 8 号镀锌铁线绑扎 10 圈，或采用钢线卡子，卡在钢线端头固定。

线夹的型号有 NX-1、NX-2、NX-3、NX-4 共四种。固定避雷线的耐张线夹主要是楔型线夹，它的型号为 NX，线夹与避雷线的配合见表 5-1-6。

表 5-1-6　耐张线夹与避雷线配合表

耐张线夹型号	NX-1	NX-2	NX-3	NX-4
钢绞线型号（mm²）	GJ-25~35	GJ-50~70	GJ-100~120	GJ-150

（3）压缩型耐张线夹

用螺栓型耐张线夹安装大截面钢芯铝绞线（LGJ-185 及以上），线夹的握力达不到规定的要求，可采用压缩型耐张线夹。

压缩型耐张线夹是由铝管与钢锚组成，钢锚用来接续和锚固钢芯铝绞线的钢芯，然后套上铝管本体，以压力使金属产生塑性变形，从而使线夹与导线结合为一整体。按通常采用的结构形式，钢锚承受导线全部拉力，故它的机械强度是与导线计算拉断力相配合的。

压缩型耐张线夹的安装可采用液压或爆压。压缩后它不仅承受导线全部拉力，而且作为导电体，不论采用液压或爆压进行线夹的安装，都必须严格遵守有关操作规程。

1）常规钢芯铝绞线用压缩型耐张线夹

现行标准的压缩型耐张线夹，其铝管是采用拉制铝管，跳线引流端子板是由铝管压扁而成。

压缩型耐张线夹型号用字母 NY 表示。线夹型号有 NY-150Q~NY-240Q、NY-l20J~NY-l50J、NY-300Q~NY-600Q、NY-185~NY-400、NY-185J~NY400J 等。

2）避雷线用压缩型耐张线夹

避雷线用压缩型耐张线夹，供安装 GJ-35~GJ-150 的钢绞线，作为特种承力杆塔避雷线的终端固定或拉线的终端固定。

压缩型耐张线夹由一根钢管和在其一端焊上的作为拉环的 U 形圆钢组成。如钢绞线作为避雷线，安装时钢绞线穿入钢管内在 U 型环侧露出一定长度，将钢管压缩后固定在杆塔上。线夹型号有 NY-35G~NY-150G 共 7 种。

3. 连接金具

连接金具主要用于耐张线夹、悬式绝缘子（槽型和球窝型）、横担等之间的连接。与槽型悬式绝缘子配套的连接金具可由 U 型挂环、平行挂板等组合；与球窝型悬式绝缘子配套的连接金具可由直角挂板、球头挂环、碗头挂板等组合。金具的破坏载荷均不应小于该金具型号的标称载荷值，7 型不小于 70kN；10 型不小于 100kN；12 型不小于 120kN 等。所有黑色金属制造的连接金具及紧固件均应热镀锌，其机械强度安全系数一般不小于 2.5。

（1）U 型挂环

U 型挂环是用圆钢锻制而成，U 型挂环的用途较广，可单独使用，也可两个串装使用，它用于绝缘子串或避雷线金具之间相互连接组合，金具同杆塔连接等，其主要技术参数见表 5-1-7。一般采用 Q235A 钢材锻造而成。U 型挂环型号有 U-7~U-50 共 8 种。

表 5-1-7　U 型挂环主要技术参数表

型号	主要尺寸（mm）				质量（kg）
	C	d	D	H	
U-7	20	16	16	80	0.44
U-10	22	18	18	85	0.54
U-12	24	22	20	90	0.95
U-16	26	24	22	95	1.47

加长 U 型挂环的型号为 UL 型主要用于与楔型线夹配套。其型号有 UL-7~UL-20 共 4 种，其主要技术参数见表 5-1-8。

表 5-1-8　UL 型挂环主要技术参数表

型号	主要尺寸（mm）					质量（kg）
	C	d	D	H	r	
UL-7	20	16	16	120	15	0.44
UL-10	22	18	18	140	15	0.54
UL-12	24	22	20	140	18	0.95
UL-16	26	24	22	140	19	1.47

（2）平行挂板

平行挂板用于连接槽型悬式绝缘子以及单板与单板、单板与双板的连接，仅能改变组件的长度，而不能改变连接方向。平行挂板一般采用中厚度钢板以冲压和剪割工艺制成。

单板平行挂板（PD 型）。多用于与槽型绝缘子配套组装。其主要技术参数见表 5-1-9。

双板平行挂板（P 型），用于与槽型悬式绝缘子组装以及与其他金具连接，其主要技术参数见表 5-1-10。

三腿平行挂板（PS型），用于槽型悬式绝缘子与耐张线夹的连接，双板与单板的过渡连接等。

表 5-1-9　PD型平行挂板主要技术参数表

型号	主要尺寸（mm）			质量（kg）
	b	Φ	H	
PD-7	16	18	70	0.45
PD-10	16	20	80	0.67
PD-12	16	24	100	0.94

表 5-1-10　P型平行挂板主要技术参数表

型号	主要尺寸（mm）				质量（kg）
	b	c	d	H	
PD-7	6	18	16	70	0.6
PD-10	8	20	18	80	0.85
PD-12	10	24	22	90	1.52
PD-16	12	26	24	100	2.42

（3）直角挂板

直角挂板的连接方向互成直角，可以改变金具与金具连接组合方向。变换灵活，适应性强。直角挂板一般采用中厚度钢板经冲压弯曲而成，直角挂板可分为三腿直角挂板（ZS型）和四腿直角挂板（Z型挂板）。Z直角挂板的常用型号有Z-7、Z-10、Z-12、Z-16等多种，其主要技术参数见表5-1-11。

表 5-1-11　Z型直角挂板主要技术参数表

型号	主要尺寸（mm）			质量（kg）
	C	d	H	
Z-7	18	16	80	0.64
Z-10	20	18	80	0.83
Z-12	24	22	100	1.32
Z-16	26	24	100	2.48

（4）球头挂环

球头挂环的钢脚侧用来与球窝型悬式绝缘子上端钢帽的窝连接，球头挂环侧根据使用条件分为圆环接触和螺栓平面接触两种，与横担连接，球头挂环分Q型、QP型和QH型。其常用型号有Q-7一种和QP-7~QP-30共6种。其主要技术参数见表5-1-12。

表 5-1-12　Q、QP、QH型球头挂环主要技术参数表

型号	主要尺寸（mm）							质量（kg）
	B	b	d	D	Φ	H	h	
Q-7	16	-	17	333	22	50	-	0.30
QP-7	16	-	17	333	18	50	-	0.27
QP-10	16	-	17	333	20	50	-	0.32
QP-12	16	-	17	333	24	50	-	0.40
QP-16	20	-	21	410	26	60	-	0.50
QH-7	16	24	17	333	-	100	57	0.48

（5）碗头挂板

碗头侧用来连接球窝型悬式绝缘子下端的钢脚（又称球头），挂板侧一般用来连接耐张线夹等。单联碗头挂板一般适用于连接螺栓型耐张线夹，单碗头挂板分长短两种，A 表示短型、B 表示长型。为避免耐张线夹的跳线与绝缘子瓷裙相碰，可选用长尺寸的 B 型；双联碗头挂板一般适用于连接开口楔形耐张线夹。碗头挂板的型号：单碗头挂板有 W-7A、W-7B、W-12 共 3 种，双碗头挂板有 WS-7~WS-30 共 6 种，其主要技术参数见表 5-1-13 和表 5-1-14。

表 5-1-13　单联碗头挂板（W 型）主要技术参数表

型号	主要尺寸（mm）					质量（kg）
	b	B	A	H	Φ	
W-7A	16	192	345	70	20	0.82
W-7B	16	192	345	115	20	1.01

表 5-1-14　双联碗头挂板（WS 型）主要技术参数表

型号	主要尺寸（mm）					质量（kg）
	C	B	A	H	d	
WS-7	18	192	345	70	16	0.97
WS-10	20	192	345	85	18	1.20
WS-12	24	192	345	85	22	1.92
WS-16	26	230	425	95	24	2.64

（6）联板

联板用于双绝缘子串，三绝缘子串的并联组装，绝缘子串与双根导线的组装及双根拉线组装等。根据使用条件，联板可分为以下三种。

1）L 型联板

L 型联板用于双联或三联耐张绝缘子串与单导线组装，单串绝缘子与双根分裂导线组装。L 型联板型号有 L-1040、L-1240、L-1640、L-2040、L-2540、L-3040 共 6 种。

三联版型号有 L-2060、L-3060 两种。

2）LS 联板

LS 联板系双联耐张绝缘子串与双根导线组装，用于变电所的联板和双联缘子串与双悬垂线夹组装之用。联板的型号有 LS-1212、LS-1221、LS-1225、LS-1229、LS-1233、LS-1237、LS-1255 多种。

3）LV 型联板

LV 型联板用于双拉线组装及单联绝缘子串紧固双母线。其型号有 LV-0712、LV-1020、LV-l214、LV-2015、LV-3018 共 5 种。

4）牵引板

牵引板串联于耐张绝缘子串与横担固定端的其他联结金具组装中，以供在紧线时牵引耐张绝缘子串使用。牵引板的型号有 QY-7、QY-10、QY-l2、QY-l6、QY-20、QY-30 共 6 种。

调整板的型号有 DB-7、DB-10、DB-12、DB-16、DB-20、DB-30 共 6 种。

4. 接续金具

导线接续金具按承力可分为全张力接续金具和非全张力接续金具两类。按施工方法又可分为钳压、液压、螺栓接续及预绞式螺旋接续金具等。按接续方法还可分为铰接、对接、搭接、插接、螺接等。

（1）全张力接续金具

1）铝绞线用钳压接续管（椭圆形、搭接）主要技术参数见表 5-1-15。接续管以热挤压加工而成，其截面为薄壁椭圆形，将导线端头在管内搭接，以液压钳或机械钳进行钳压。

表 5-1-15　铝绞线用钳压接续管主要技术参数表

型号	适用导线		主要尺寸（mm）				握力（不小于，kN）
	型号	外径（mm）	b	H	c	L	
JT-16L	LJ-16	5.10	1.7	12.0	6.0	110	2.7
JT-25L	LJ-25	6.45	1.7	14.4	7.2	120	4.1
JT-35L	LJ-35	7.50	1.7	17.0	8.5	140	5.5
JT-50L	LJ-50	9.00	1.7	20.0	10.0	190	7.5
JT-70L	LJ-70	10.80	1.7	23.7	11.7	210	10.4
JT-95L	LJ-95	12.48	1.7	26.8	13.4	280	13.7
JT-120L	LJ-120	14.25	2.0	30.0	15.0	300	18.4
JT-150L	LJ-150	15.75	2.0	34.0	17.0	320	22.0
JT-185L	LJ-185	17.50	2.0	38.0	19.0	340	27.0

2）钢芯铝绞线用钳压接续管（椭圆形、搭接），其主要技术参数见表 5-1-16。

钢芯铝绞线用的接续管内附有衬垫，钳压时从接续管的中端按要求交替顺序钳压完成。

表 5-1-16　钢芯铝绞线用钳压接续管主要技术参数表

型号	适用导线		主要尺寸（mm）						
	型号	外径（mm）	a	b	H	c	R	L	ι
JT-16/3	LGJ-16	5.55	5.0	1.7	14.0	6.0	-	210	220
JT-25/	LGJ-25	6.96	6.5	1.7	16.6	7.8	-	270	280
JT-35/6	LGJ-35	8.16	8.0	2.1	18.6	8.8	12.0	340	350
JT-50/8	LGJ-50	9.60	9.5	2.3	22.0	10.5	13.0	420	430
JT-70/10	LGJ-70	11.40	11.5	2.6	26.0	12.5	14.0.	500	510
JT-95/15	LGJ-95	13.61	14.0	2.6	31.0	15.0	15.0	690	700
JT-120/20	LGJ-120	15.07	15.5	3.1	35.0	17.0	15.0	910	920
JT-150/25	LGJ-150	17.10	17.5	3.1	39.0	19.0	17.5	940	950
JT-185/25	LGJ-185	18.90	19.5	3.4	43.0	21.0	18.0	1040	1060
JT-240/30	LGJ-240	21.60	22.0	3.9	48.0	23.0	20.0	540	550

3）钢芯铝绞线液压对接接续管（含钢芯对接），接续管由钢管和铝管组成。其主要技术参数见表 5-1-17。

表 5-1-17　钢芯铝绞线用液压对接接续管主要技术参数表

型号	适用导线		主要尺寸（mm）							质量（kg）
	型号	导线外径（mm）	Φ2	d	ι	Φ1	D	L	F	
JJY-95/15	LGJ-95	13.7	6.0	12	140	15.0	26	380	26	0.45
JJY-120/20	LGJ-120	15.2	6.6	12	160	16.5	26	430	26	0.47
JJY-150/25	LGJ-150	17.0	7.2	14	180	18.5	32	460	32	0.85
JJY-185/25	LGJ-185	19.0	8.1	16	200	20.5	34	530	34	1.06
JJY-240/30	LGJ-240	21.6	9.0	18	220	23.0	38	550	38	1.40

4）预绞式接续条，用于导线损伤剪断重接，安装迅速、简便，一般接续条上粘有金属砂。预绞式接续条有适用于铝绞线的预绞式接续条和适用于钢芯铝绞线的预绞式接续条两种。

5）钢线卡子，其主要技术参数见表 5-1-18。采用可锻铸铁制造，并热镀锌，主要用于钢丝绳索的接续和架空线路拉线的接续。由于钢绞线刚性较强、钢线卡子握力有限，不易有效形成凹槽增加摩擦阻力，故极不稳定，通常只能用于临时拉线的紧固。

表 5-1-18　钢线卡子主要技术参数表

型号	适用钢绞线		主要尺寸（mm）				质量（kg）
	型号	外径（mm）	c	d	L	R	
JK-1	GJ-25	6.6	22	10	54	5	0.18
	GJ-35	7.8					
JK-2	GJ-50	9.0	28	10	72	6	0.30
	GJ-70	11.0					

（2）非全张力接续金具

1）接续弹射 C 形楔线夹，也称安普线夹，其主要技术参数见表 5-1-19。该线夹使用击发弹药冲击力将楔块弹射楔紧导线，楔块上锁销卡住 C 形线夹。弹射过程中摩擦掉氧化膜，便接触面密实。C 形线夹的弹簧可使导线与楔块间产生恒定的压力，保证电气接触良好。一般采用铝合金制造，可用于主线为铝绞线、分支线为铜绞线的接续。

该类型线夹可预制引流环作为中压架空绝缘线与设备连接用，除引流环裸露外，线夹其他部分可用绝缘自粘带包封。型号有 JED-1~JED-5 几种。其中 J- 接续、E- 楔型、D- 弹射。

表 5-1-19　接续弹射 C 形楔线夹主要技术参数

型号	适用绞线直径		主要尺寸（mm）			
	主线	支线	L	L1	B	H
JED-1	10.5~11.5	6.4~7.4	42	50	66	26
JED-2	15.0~16.0	6.4~7.4	42	50	66	26
JED-3	10.5~11.5	10.5~11.5	42	50	66	26
JED-4	15.0~16.0	10.5~11.5	42	50	66	26
JED-5	15.0~16.0	15.0~16.0	50	56	68	28

2）接续液压 H 形线夹，其主要技术参数见表 5-1-20。一般采用铝热挤压型材制造，用作永久性接续等径或不等径的铝绞线，亦可用于主线为铝绞线、分支线为铜绞线的接续，

接触面预先进行金属过渡处理。安装时使用液压机及专用配套模具，压缩成椭圆形。型号有等径 JH-1、JH-2、JH-3，不等经 JH-21、JH-31、JH-32 几种。其中 J- 接续、H-H 型线夹。

表 5-1-20　接续液压 H 形线夹主要技术参数表

型号	接线方式	适用导线直径范围（mm）	主要尺寸（mm）		
			a	b	L
JH-1	等径	6.45～7.50	29	18	45
JH-2	等径	9.00～10.80	38	23	45
JH-3	等径	12.90～14.50	38	23	70
JH-21	异径	9.00～10.80/6.45～7.50	30	23	45
JH-31	异径	12.90～14.50/6.45～7.50	38	23	45
JH-32	异径	12.90～14.50/9.00～10.80	38	23	70

3）铝异径并沟线夹用于铝绞线、钢芯铝绞线用，铝异径并沟线夹型号有 LBY-1、JBY-2。其中 J- 接续；B- 并沟；Y- 异径。其主要技术参数见表 5-1-21。适用于中小截面的铝绞线、钢芯铝绞线在不承受全张力的位置上的连接，可接续等径或异径导线。线夹压板、垫块均采用热挤压型材制成，紧固螺栓、弹簧垫圈等应热镀锌。根据材料的性能，铝压板应有足够的厚度，以保证压板的刚性。压板应单独配置螺栓。

表 5-1-21　铝异径并沟线夹主要技术参数表

型号	适用绞线截面（mm²）	主要尺寸（mm）		
		L	h	B
JBY-1	16～120	46	44	66
JBY-2	50～240	60	45	70

4）铜铝过渡异径并沟线夹，铜铝过渡异径并沟线型号有 LBYG-1、JBYG-2。其中 J- 接续；B- 并沟；Y- 异径；G- 铜铝过渡。其主要技术参数见表 5-1-22。铜铝过渡采用摩擦焊接或闪光焊接。

表 5-1-22　铜铝过渡异径并沟线夹主要技术参数表

型号	适用绞线截面（mm²）	主要尺寸（mm）		
		L	h	B
JBYG-1	16～120	45	48	66
JBYG-2	50～240	45	60	70

5）穿刺线夹，适用于绝缘导线的支接和链接。穿刺线夹型号系列很多，常见的穿刺线夹有低压 JJCB 型穿刺线夹和中压 JJCB10 型线夹。型号含义 J- 接续；J- 绝缘；C- 穿刺线夹；B- 并沟。主要技术参数见表 5-1-23、表 5-1-24。安装时把调整平直的导线放入线夹的正确位置后先用手拧紧，后用绝缘套筒扳手均匀拧紧力矩螺母。一般配置扭力螺母，设计扭断螺母则紧固到位。安装人员应经专项技术培训。

表 5-1-23　JJCB 型穿刺线夹主要参数

型号	适用导线（mm）		标称电流（A）	螺栓数量（个）
	主线	支线		
JJCB-240/240	95～240	95～240	476	2
JJCB-240/185	95～240	70～185	399	2
JJCB-185/95	70～185	16～95	257	2
JJCB-120/120	35～120	35～120	299	2
JJCB-70/50	25～70	6～50	162	1

表 5-1-24　JJCB10 型穿刺线夹主要参数

型号	适用导线（mm）		标称电流（A）	螺栓数量（个）
	主线	支线		
JJCB10-240/240	95～240	95～240	476	2
JJCB10-240/150	95～240	50～150	342	2
JJCB10-185/50	90～185	16～50	162	2
JJCB10-95/700	25～95	16～70	207	2

5. 防护金具

防护金具也称保护金具主要有保护架空电力线路的放电线夹、防震锤、阻尼线、护线条，保护子导线间距的间隔棒，绝缘了串的电气保护金具均压屏蔽环，以及重锤等。

（1）放电线夹

放电线夹应用于中压绝缘线防雷击断线放电线夹。线夹为铝制，在直线杆安装，把绝缘子两侧绝缘导线的绝缘层各剥除 500mm 左右，将该线夹安装在两端。当雷击过电压放电时，使电弧烧灼线夹，而避免烧断、烧伤导线。

（2）防震锤

防震锤用于抑制架空输电线路上的微风振动，保护线夹出口处的架空线不疲劳破坏。常用的防震锤的结构有：FD 型用于导线，FG 型用于钢绞线，FF 型用于 500kV 导线，FR 型为多频防震锤。

FD 型导线防震锤安装与导线配合见表 5-1-25。FG 型防震锤安装与避雷线配合见表 5-1-26。

表 5-1-25　防震锤与导线配合表

防震锤型号	FD-1	FD-2	FD-3	FD-4
导线型号（mm²）	LGJ35～50	LGJ70～95	LGJ120～150	LGJ185～240

表 5-1-26　防震锤与避雷线配合表

防震锤型号	FG-35	FG-50
钢绞线型号（mm²）	35	50

（3）护线条

预绞丝护线条可用于大跨越线路导线抗震。利用具有弹性的高强度铝合金丝制成预绞丝，每组几根，紧缠在导线外层，装入悬挂点的线夹中。以增加导线的刚度，减少在线夹出口处导线的附加弯曲应力；亦可对断股或划伤的导线进行修补。

（4）间隔棒

间隔棒用于维持分裂导线的间距，防止子导线之间的鞭击，抑制次档距振荡，抑制微风振动。间隔棒有刚性和阻尼式两大类。阻尼式间隔棒其活动关节中嵌有胶垫，胶垫的阻尼特性能起消振作用。我国输电线路趋向于使用阻尼式间隔棒。

（5）均压屏蔽金具

均压屏蔽金具是输电线路中的电气保护金具，用来控制绝缘子和其他金具上的电晕和闪络的发生。常用的有均压环和屏蔽环等。均压环控制导线侧一片绝缘子上的闪络，屏蔽环防止线夹和连接金具上的电晕。虚线部分所示为均压屏蔽环，起均压和屏蔽两种作用。

（6）重锤

重锤由重锤片、重锤座和挂板组成。重锤片采用生铁铸造，每片 15kg 每个重锤座可以安装三个重锤片。重锤悬挂于悬垂线夹之下，用于增大垂向荷载，减小悬垂串的偏摆，防止悬垂串上扬。

6. 拉线金具

拉线金具包括从杆塔顶端至地面拉线基础的出土环之间的所有零件（拉线除外），主要用于拉线的紧固、调节和连接，保证拉线杆塔的安全运行。拉线楔型线夹与拉线截面配合见表 5-1-27。UT 线夹与拉线截面配合见表 5-1-28。

表 5-1-27　拉线楔型线夹与拉线截面配合表

型号	NX-1	NX-2
拉线截面（mm²）	GJ（25~35）	GJ（25~35）

表 5-1-28　UT 线夹与拉线截面配合表

型号	NUT-1	NUT-2
拉线截面（mm²）	GJ（25~35）	GJ（25~35）

（二）金具性能要求及检查

1. 金具性能要求

（1）承受电气负荷的金具，接触两端之间的电阻不应大于等长导线电阻值的 1.1 倍；接触处的温升，不应大于导线的温升；其载流量应不小于导线的载流量。

（2）承受全张力的线夹的握力应不小于导线计算拉断力的 65%。

（3）连接金具的螺栓最小直径不小于 M12，线夹本体强度应不小于导线计算拉断力的 1.2 倍。

（4）绝缘导线所采用的绝缘罩、绝缘粘胶带等材料，应具有耐气候、耐日光老化的性能。

（5）以螺栓紧固的各种线夹，其螺栓的长度除确保紧固所需长度以外，应有一定余度，以便在不分离部件的条件下即可安装。

（6）铸造铝合金应采用金属型重力铸造或压力铸造。

（7）黑色金属制造的金具及配件应采用热镀锌处理。

（8）冷拉加工的铝管应进行退火处理，其抗拉强度不低于 80N/mm²，硬度不宜超过

HB25，硬度超过时应进行退火处理。铝管表面应洁净光滑。无裂缝等缺陷，铝管不允许采用铸造成型，钢材抗拉强度应不低于 375N/mm²，含碳量不大于 0.15%，布氏硬度不大于 HB137，钢管应热镀锌防腐，对接钢管应无锌层。

（9）铜端子表面应搪锡处理。

2. 金具现场检查要求

（1）金具表面应无气孔、渣眼、砂眼、裂纹等缺陷，耐张线夹、接续线夹的引流板表面应光洁、平整，无凹坑缺陷，接触面应紧密。

（2）线夹、压板、线槽和喇叭口不应有毛刺、锌刺等，各种线夹或接续管的导线出口，应有一定圆角或喇叭口。

（3）金具的焊缝应牢固无裂纹、气孔、夹渣，咬边深度不应大于 1.0mm 以保证金具的机械强度；铜铝过渡焊接处在弯曲 180° 时，焊缝不应断裂。

（4）金具表面的镀锌层不得剥落、漏镀和锈蚀，以保证金具使用寿命。

（5）各活动部位应灵活，无卡阻现象。

（6）压缩型金具应作压接起讫点位置的标志。

（7）作为导电体的金具，应在电气接触表面上涂以电力脂，需用塑料袋密封包装。

（8）电力金具应有清晰的永久性标志，含型号、厂标及适用导线截面或导线外径等。预绞丝等无法压印标志的金具可用塑料标签胶纸标贴。

五、绝缘子及金具的组合

（一）配电线路绝缘子及金具组合

1. 针式绝缘子及茶台固定
在直线杆上，导线缠绕铝包带固定在针式绝缘子或茶台上。

2. 直线绝缘子串固定
架空配电线路直线绝缘子串的绝缘子与金具的组装方式为：
球头挂环＋悬式绝缘子＋联碗头挂板＋悬垂线夹。

3. 终端及耐张固定
（1）在低压配电线路上，一般用茶台拉板和茶台螺丝将茶台绝缘子固定在耐张横担上。

（2）在高压配电线路上，采用两只绝缘子组成一串用于耐张处。有时也用高压茶台绝缘子与悬式绝缘子组合使用

（3）耐张绝缘子串的绝缘子与金具的组装方式主要有以下几种：

①U 型挂环＋悬式槽型绝缘子＋平行挂板＋耐张线夹（NLD 型，或其他型号的具有节能功效的耐张线夹）。

②直角挂板（Z-7 型）＋球头挂环（Q-7 型）＋悬式绝缘子（XP-4 型）＋碗头挂板（W-7 型）＋耐张线夹（NLD 型，或其他型号的具有节能功效的耐张线夹）。

③U 型挂环（U-7 型）＋悬式绝缘子（XP-4C 型）＋加大曲板 PS 型并行挂板 +E 蝴蝶型绝缘子，导线直接安装于 E 型蝴蝶绝缘子上。

（二）送电线路绝缘子及金具组合

送电线路的导线、有单导线和分裂导线，不同导线型式选用绝缘子串的组合方式也不同。导线、避雷线架设于直线杆塔或耐张（转角）杆塔的受力情况不同，故要求绝缘子串采用相应的金具组合方式。这里仅以220kV线路常用绝缘子串的组合为例，介绍金具组合。绝缘子串组合设计，除少量采用非定型金具外，一般均采用（85）国家标准电力金具。

1. 单串悬垂绝缘子串组合

绝缘子串的组合安装和所用的金具见表5-1-29。该悬垂绝缘子串适用于220kV，导线型号为LGJ-300/40、LGJ-400/50，轻污区。

表 5-1-29　悬垂绝缘子、金具组合表

序号	名称	型号	每组数量
1	挂板	Z-10	1
2	球头挂环	QP-7	1
3	绝缘子	XP-70	13（14、15）
4	悬垂线夹	XGU-5A	1
5	铝包带	1×10	0.1（kg）

2. 单串双线夹悬垂绝缘子串组合

线路上的直线杆塔，当其相邻杆塔悬挂点高差很大时，此时直线杆塔上导线悬垂角已超过线夹的允许范围，而绝缘子串经计算其垂直荷重又不超过绝缘子的允许载荷时，可采用单串双线夹悬垂绝缘子串，不必设计特殊悬垂角的线夹。其组装形式见表5-1-30。该悬垂绝缘子串适用于220kV，导线型号为2×LGJ-185/30、2×LGJ-240/40，轻污区。

表 5-1-30　悬垂绝缘子、金具组合表

序号	名称	型号	每组数量
1	挂板	Z-10	1
2	球头挂环	QP-7	1
3	绝缘子	XP-70	13
4	碗头挂板	WS-7	1
5	联板	L-1040	1
6	挂板	ZS-7	2
7	悬垂线夹	XGU-4	2

3. 双串绝缘子双线夹悬垂绝缘子串组合

线路跨越山谷、河流或重冰区时，导线的综合载荷很大，已超过单串悬垂绝缘子串所允许的荷重范围，在这种情况下采用双串悬垂绝缘子串组合。

适用于220kV线路，导线型号为LGJ-300/40、LGJ-400/50，轻污区的双串悬垂绝缘子串，见表5-1-31。

表 5-1-31　悬垂绝缘子、金具组合表

序号	名称	型号	每组数量
1	挂板	Z-12	1
2	U 形挂环	U-12	1
3	联板	L-1240	1
4	挂板	Z-7	2
5	球头挂环	QP-7	2
6	绝缘子	XP-70	2 × 13
7	碗头挂板	WS-7	2
8	联板	LS-1255	1
9	挂板	ZS-7	2
10	悬垂线夹	XGU-6B	2
11	预绞丝	FYH-300/10 或 FYH-400/50	1 组

4. 二分裂导线垂直排列的单串悬垂绝缘子串组合

二分裂导线垂直排列的单串悬垂绝缘子串组合见表 5-1-32。

表 5-1-32　悬垂绝缘子、金具组合表

序号	名称	型号	每组数量
1	挂板	Z-10	1
2	球头挂环	QP-7	1
3	绝缘子	XP-70	13
4	碗头挂板	WS-7	1
5	联板	L-1040	1
6	挂板	ZS-7	2
7	悬垂线夹	XCS-5	1

5. 单联耐张或转角绝缘子串组合

单联耐张或转角绝缘子串的组合安装及所用金具见表 5-1-33。这种耐张绝缘子串适用于电压为 220kV，导线截面为 LGJ-240/40、LGJ-300/50mm²。

表 5-1-33　单联耐张绝缘子、金具组合表

序号	名称	型号	每组数量
1	U 形挂环	U-10	3
2	球头挂环	QP-7	1
3	绝缘子	XP-100	14
4	碗头挂板	W-7A	1
5	耐张线夹	NY-240/40、NY-300/50	1

6. 双串耐张绝缘子串

双串耐张绝缘子串用于荷载超出单串耐张绝缘子串承担荷载或交叉跨越地段。常用的耐张绝缘子串与杆塔的固定方式分为一点固定和两点固定。一点固定方式见表 5-1-34。这种耐张绝缘子串适用于电压为 220kV，导线截面为 LGJ-300/40mm²。

一点固定可用于耐张杆塔，亦可用于转角杆塔。当用于转角杆塔时，它能随线路转角而转换悬挂角度，施工方便，但金具用量较多。两点固定金具用量少，当断一串绝缘子串时，仍可继续运行。但当它用于转角杆塔时，转角外侧的绝缘子串须加延长的金具，架线

牵引时比较麻烦。采用这种组装形式，杆塔横担固定点之间距离应随转角度数不同进行布置，从而使杆塔横担悬挂点复杂化，不能通用。

表 5-1-34　单联耐张绝缘子、金具组合表

序号	名称	型号	每组数量
1	U 型挂环	U-10	3
2	挂环	pH-10	1
3	联板	L-1040	2
4	挂板	Z-7	2
5	球头挂环	QP-7	2
6	绝缘子	XP-70	2 × 14
7	碗头挂板	WS-7	2
8	耐张线夹	NY-300/40	1

7. V 形绝缘子串

V 形绝缘子串可以解决摇摆角过大的问题并可减小塔头尺寸，一般酒杯型、门型、猫头型杆塔等的中线采用 V 形绝缘子串。

V 形绝缘子串与杆塔连接的悬挂点应保证当断线时顺线路方向转动灵活。为避免在导线最大风偏时，产生绝缘子串受压的不利条件，V 形绝缘子串夹角一般取 120° 为宜。V 形绝缘子串的缺点是所用的绝缘子数量多 1 倍，检修不方便。

8. 避雷线悬垂金具组合

避雷线在直线杆塔上的悬挂和在耐张杆塔上的固定，分别以悬垂组合及耐张组合完成。

避雷线的一般组合仅以连接金具和线夹组成，组合应保证悬挂点顺线路和垂直线路方向转动灵活，悬垂组合的长度愈短愈好。避雷线用悬垂金具组合安装及所用金具，见表5-1-35 所示。这种金具组合适用于 GJ-50、GJ-70 型避雷线。

表 5-1-35　避雷线悬垂金具组合表

序号	名称	型号	每组数量
1	U 型螺丝	U-1880	1
2	挂环	ZH-7	1
3	悬垂线夹	XGU-2	1

9. 避雷线用耐张或转角金具组合

避雷线用耐张或转角金具组合安装及所用金具见表 5-1-36。这种金具组合适用于 GJ-50、GJ-70、GJ-100 型避雷线。

表 5-1-36　避雷线耐张金具组合表

序号	名称	型号	每组数量
1	U 型挂环	U-7、U-10、U-12	1
2	挂环	NY-50G、NY-70G、NY-100G	1

六、拉线和基础

在电力线路架设中，终端杆塔、转角杆塔及分支杆塔由于受导线的直接拉力使电杆有歪倒的趋势。此外为了防止电杆被风刮倒及土质松软地区的稳定。对电杆采取加固措施，

便涉及了拉线。拉线的用途主要是用来平衡电杆所承受的不平衡拉力。

（一）配电线路常用的几种拉线

根据拉线的用途和作用的不同，一般有以下几种。

1. 普通拉线

普通拉线用在线路的终端、转角、分歧杆等处，电杆受单向拉力，为使电杆受力平衡，不致倾倒，要在电杆受力方向的反面打拉线；拉线的作用是起平衡拉力的作用（或平衡固定性不平衡荷载）。电杆与拉线的夹角一般为45°，受地形限制时，不应小于30°。

2. 人字拉线

人字拉线也叫两侧拉线。拉线装设在垂直线路方向上，作用是加强电杆防风倾倒的能力。常用在海边、市郊及平地风大的地区。

3. 十字拉线

十字拉线也叫四方拉线。在横线路方向电杆两侧和顺线路方向电杆的两侧都装设拉线，作用是用以增强耐张单杆和土质松软地区电杆的稳定性。

4. 水平拉线

水平拉线也叫过道拉线。由于电杆距离道路太近，不能就地安装拉线或跨越其他设备时，则采用水平拉线。即在道路另一侧立一根拉线杆，在此杆工作一条水平过道拉线和一条普通拉线，过道拉线应保持一定高度，以免妨碍行人和过往车辆。

5. 共用拉线

共用拉线也叫共同拉线。在直线线路的电杆上产生不平衡拉力时，田地形限制不能安装拉线时，可采用共用拉线；即将拉线固定在相邻电杆上，用以平衡拉力。

6. V 形拉线

这种拉线分为垂直 V 形和水平 V 形两种，主要用在电杆较高，横担较多，架设导线条数较多时，在拉力合力点上下两处各安装一条拉线，其下部则为一条拉线棒。

7. 弓型拉线

弓型拉线也叫自身拉线。为防止电杆弯曲，因地形限制不能安装拉线时可采用弓型拉线，此时电杆的地中横木要适当加强。

（二）送电线路常用的几种拉线

送电线路单杆拉线比较直观。双杆拉线类型主要有交叉拉线（X 型、V 型）和八字拉线两大类。

（三）基础

杆塔埋入地下部分统称为基础。基础的作用是保证杆塔稳定，不因杆塔的垂直荷载、水平荷载、事故断线张力和外力作用而上拔、下沉或倾倒。架空电力线路的杆塔基础一般分为电杆基础和铁塔基础两大类。

1. 电杆基础

钢筋混凝土电杆基础一般采用三盘，即底盘、卡盘和拉线盘在现场组装。三盘可采用钢筋混凝土预制件、天然石料制造等。为便于架空配电线路基础选用和估计用料，三盘规格如表 5-1-37、表 5-1-38、表 5-1-39 所示。

表 5-1-37 底盘规格

规格 1×b×h1 m×m×m	底盘质量 （kg）	底盘体积 （m³）	主筋数量 A3 （根数 ×φd，mm）	钢筋质量 （kg）	极限耐压力 （kN）
0.6×0.6×0.18	155	0.062	12×φ6	2.0	215.7
0.8×0.8×0.18	280	0.113	12×φ8	5.6（4.0）	294.2
1.0×1.0×0.21	395	0.158	20×φ10	13.8（9.8）	392.3
1.2×1.2×0.21	625	0.249	24×φ10	19.8（14.6）	470.7
1.4×1.4×0.21	825	0.320	28×φ10	25.8（18.6）	490.3
1.6×1.6×0.21	1090	0.436	28×φ10	29.8（23）	510.0

表 5-1-38 卡盘规格

规格 1×b×h1 m×m×m	卡盘质量 （kg）	卡盘体积 （m³）	主筋数量 A3 （根数 ×φd，mm）	钢筋质量 （kg）
0.8×0.3×0.2	140	0.055	8×φ6	3.8
1.2×0.3×0.2	175	0.070	8×φ12	10.6
1.4×0.3×0.2	205	0.082	8×φ14	16.2
1.6×0.3×0.2	250	0.100	8×φ14	18.2
1.8×0.3×0.2	290	0.116	8×φ14	20.4

表 5-1-39 拉线底盘规格

规格 1×b×h1 m×m×m	底盘质量 （kg）	底盘体积 （m³）	主筋数量 A3 （根数 ×φd，mm）	钢筋质量 （kg）	拉环质量 × 直径 （kg×φd，mm）	极限耐压力 （kN）
0.3×0.6×0.2	80	0.032	4×φ6	6.0	4.5×φ24	107.9
0.4×0.8×0.2	135	0.054	6×φ8	7.1	4.5×φ24	112.6
0.5×1.0×0.2	210	0.084	6×φ10	11.1	7.4×φ28	152.0
0.6×1.2×0.2	300	0.118	8×φ10	13.9	7.4×φ28	166.7
0.7×1.4×0.2	410	0.165	8×φ12	21.0	10.3×φ32	205.9
0.8×1.6×0.2	540	0.216	8×φ14	27.7	10.3×φ32	254.2

　　用于钢杆、钢壁混凝土杆的电杆基础多为钢管桩基础、套筒基础、现场浇注混凝土或钢筋混凝土基础等，这些基础一般没有固定的形状和尺寸，必须根据设计确定。

2. 铁塔基础

　　铁塔基础一般根据铁塔类型、地形、地质和施工条件的实际情况确定。常用的铁塔基础有以下几种类型：

　　（1）混凝土或钢筋混凝土基础

　　这种基础在施工季节暖和，沙、石、水来源方便的情况下可以考虑采用。

　　（2）预制钢筋混凝土基础

　　这种基础适用于沙、石、水的来源距塔位较远，或者因在冬季施工、不宜在现场浇注混凝土基础时采用，但预制件的单件质量应适合现场运输条件。

（3）金属基础

这种基础适用于高山地区交通运输困难的塔位。

（4）灌注桩式基础

它分为等径灌注桩和扩底短桩两种基础。当塔位处于河滩时，考虑到河床冲刷或漂浮物对铁塔的影响，常采用等径灌注桩深埋基础。扩底短桩基础适用于黏性土或其他坚实土壤的塔位。由于这类基础埋置在近原状的土壤中，因此，它变形较小，抗拔能力强，并且采用它可以节约土石方工程量，改善劳动条件。

（5）岩石基础

这种基础应用于山区岩石裸露或覆盖层薄且岩石的整体性比较好的塔位。方法是把地脚螺栓或钢筋直接锚固在岩石内，利用岩石的整体性和坚固性取代混凝土基础。

七、接地装置

（一）接地装置

接地装置含接地体和接地引线，架空配电线路人工接地体可采用垂直埋入的圆钢、钢管或角铁，垂直接地体一般采用开挖一定深度后，再行打入土中。根据土壤电阻率或设备工作接地及保护接地共用等可增加垂直接地体数量，用扁钢、圆钢水平进行连接。

钢接地体、接地引线的最小规格见表 5-1-40 所示。低压电力设备接地引线的最小截面见表 5-1-41 所示。钢制接地体、钢制接地引线均应热镀锌处理，为提高抗腐蚀性能，亦可采用铜包钢接地体。

表 5-1-40　钢接地体、接地线最小规格

类别		地上		地下
		屋内	屋外	
圆钢直径（mm）		5	6	8
扁钢截面积（mm²）		24	48	48
扁钢厚度（mm）		3	4	4
角钢厚度（mm）		2	2.5	4
钢管壁厚度（mm）	作为接地体	2.5	2.5	3.5
	作为接地线	1.6	1.6	1.6

表 5-1-41　低压电力设备接地线最小截面积

种类	铜线截面积（mm²）	铝线截面积（mm²）
明设裸导线	4.0	6.0
绝缘导线	1.5	2.5
电缆的接地芯和相线包在同一保护外壳内的多芯导线的接地芯线	1.0	1.5

（二）接地装置常用尺寸

垂直接地体，长度一般为 1.5~3.0m，其截面积一般是按相应长度打入地中时，所需的机械强度来选择的。圆钢直径为 10~20mm，钢管直径为 20~50mm，角钢为

$20 \times 20 \times 3 \sim 50 \times 50 \times 5$（mm）。

1. 水平接地体

接地体的长度和根数，按接地电阻值的要求决定。其截面积大小，主要考虑在相当长时间内不至于腐蚀断开。材质应优先采用圆钢，一般采用圆钢直径为 $8 \sim 10$mm，扁钢截面为 $25 \times 4 \sim 40 \times 4$mm²。南方湿热地区，应选择较大截面，而北方干寒地区，则可选择较小的截面。对于盐碱地等侵蚀性土壤，应适当加大接地体的截面，或采取防腐蚀的措施。

2. 接地引下线

所采用圆钢的直径一般不小于 8mm，扁钢截面不小于 12×4mm²，镀锌钢绞线截面不小于 25mm²。位于地面（或水面）与空气交界处的接地引下线，最易腐蚀断开，应采用热镀锌的钢材或热敷锡层，或涂以沥青等防腐剂。

第二节　10kV 以下架空线路工程施工

架空线路是用电杆将导线悬空架设、直接向用户供电的电力配电线路。它是常见的一种配电线路外线施工形式。

一、10kV 以下架空线路的组成

架空线路一般按电压等级分，1kV 及以下的为低压架空线路，1kV 以上的为高压架空线路。高压架空线路杆顶导线的排列为三角形，低压导线排列为水平排列，一般可根据杆顶结构中导线排列的形式判断高压或低压线路。

架空线路结构主要由基础、电杆、导线、横担、拉线等部分组成。

架空线路具有设备材料简单，造价低；容易发现故障，维修方便等优点；也有易受到外界环境的影响，如温度、风力、雨雪、覆冰等机械损伤，从而导致供电可靠性差，维护工作量大的缺陷。此外，架空线路需要占用地表面积，影响城市的市容美观。

目前工厂、建筑工地、由公用变压器供电的居民小区、偏远农村的低压输电线路很多仍采用电力架空线路。

（一）架空线路的基础

架空线路的基础是对电杆地下部分的总称，它由底盘、卡盘和拉线盘组成，一般为钢筋混凝土制件或天然石材。其作用是防止电杆因承受垂直荷重、水平荷重及事故荷重等所产生的上拔、下压，甚至倾倒的作用。底盘防止电杆因承受垂直载重而下陷。卡盘是用 U 形抱箍固定在电杆上埋于地下，其上口距地面不应小于 500mm，允许偏差为 ±50mm，一般是在电杆立起之后，四周分层回填土夯实。卡盘安装在线路上，应与线路平行，并应在线路电杆两侧交替埋设，承力杆上的卡盘应安装在承力侧。卡盘主要防止电杆上拔和倾倒。拉线盘主要是平衡电杆所受的导线不平衡的拉力，也是防止电杆倾倒的。铁塔的基础一般用混凝土现场浇注。

（二）电杆

电杆是架空配电线路的重要组成部分，是用来安装横担、绝缘子和架设导线的。杆高有 9m、11m、13m、15m。电杆按电压分为高压电杆和低压电杆。按材质分有木杆、钢筋混凝土杆、金属塔杆。由于木材供应紧张，且易腐烂，只在部分地区应用；金属杆基础现浇注水泥，造价高，容易腐蚀，只用在 35kV 以上长距离，大跨距，大跨线的线路上；钢筋混凝土杆应用较普遍。可以节约大量木材和钢材，坚实耐久，使用年限长，一般可使用50 年左右，且维护工作量少，运行费用低。

电杆杆型是由电压等级、档距、地形、导线、气候条件决定的。同类杆型由于地形的限制，其结构也不相同。电杆在线路中的位置不同，他的作用和受力情况就不同，杆顶结构形势也就不同。一般按其在配电线路中的位置和作用，将电杆分为直线杆 Z、耐张杆 N、转角杆 J、终端杆 D、分支杆 F、跨越杆 K、换位杆、轻承力杆等。

直线杆 Z，又被称为中间杆，位于线路的直线段上，仅作支持横担和导线用；只承受导线自重和风压，不承受顺线路方向的导线的拉力，机械强度要求不高，杆顶结构简单，造价低。架空配电线路中，大多数为直线杆，一般约占全部电杆数的 80%。一般不设拉线，线路很长时，设置与线路方向垂直人字形拉线、防风拉线或四方拉线。

耐张杆 N，位于线路直线段上的数根直线杆之间，或位于有特殊要求的地方（架空线路需要分段架设处）。在断线事故和架空线紧线时，能承受一侧导线拉力。耐张杆在线路正常运行时，所承受荷载与直线杆相同；在断线事故情况下，能承受两侧导线的合力而不至倾倒，防止断线事故时，机械强度不高的直线杆歪道，减小事故范围。从而起到将线路分段和控制倒杆事故范围的作用，同时，给在施工中分段进行紧线带来很多方便。在线路直线段上每 1~2 千米加一个耐张力杆，机械强度要求较高，杆顶结构较直线杆复杂些，一般为双横担，造价较高。

转角杆 J，位于线路需要改变方向的地方，它的结构应根据转角的大小而定，转角杆所承受的荷重，除和其他电杆所承受的荷重相同之外，还承受两侧导线拉力的合力，正常情况下受力不平衡，因此，要在拉线不平衡的反方向一面装设拉力线。转角杆要求机械强度要高，杆顶结构复杂，一般为双横担，造价要高。

终端杆 D，位于线路的起点和终点的电杆。由于终端杆只在一侧有导线（接户线只有很短一段或用电缆连接），所以在正常情况下，电杆要一侧承受线路方向全部导线的拉力，另一侧由拉线的拉力平衡。其杆顶结构和耐张杆相似，只是拉线有所不同，一般采用双杆、双横担，或采用三杆、一杆一相，有时采用铁塔。一般来说，最末端电线杆距建筑物的距离应小于 25m，低压档距一般为 30m 或 50m。

分支杆 F，位于分支线与干线相连处，有直线分支杆和转角分支杆。在主干线路方向上多为直线杆和耐张杆，尽量避免在转角杆上分支。在分支线路上，相当于终端杆，能够承受分支线路的全部拉力，机械强度要求较高，杆顶结构较复杂，造价高。

跨越杆 K，用作跨越公路、铁路、河流、架空管道、电力线路、通信线路等的电杆。施工时，必须满足规范规定的交叉跨越要求。

配电线路与公路、铁路、河流、架空管道、索道交叉的最小垂直距离如表 5-2-1。

表 5-2-1　配电线路的安全距离（单位：m）

电路电压（kV）	铁路	公路	通航河流（注）	架空管道	索道
1~10	7.5	7.0	1.5	3.0	2.0
1 以下	7.5	6.0	1.0	1.5	1.5

注：通航河流的距离是指与最高航行水位的最高船桅顶的距离。

接户杆指线路的终端杆，电源引入、引出的杆塔。任一杆都可作为接户或进户杆。

（三）横担

架空线路的横担较为简单，它是装在电杆的上端，用来安装绝缘子，固定开关设备及避雷器等，应具有一定的长度及机械强度。横担按材质分木横担、铁横担、陶瓷横担。其中，铁横担由镀锌角钢制成，坚固耐用，使用广泛。陶瓷横担具有较高的绝缘能力。木横担已不使用。

1~10kV 架空线路的导线应采用三角排列、水平排列、垂直排列。1kV 以下配电线路的导线宜采用水平排列。城镇的 1~10kV 线路和 1kV 以下架空线路宜同杆架设，且应是同一电源并应有明显的标志。高低压线路同杆架设时，一般高压在上低压在下，有路灯照明回路同杆架设时，照明回路在最下层。

同一地区 1kV 以下配电线路的导线在电杆上的排列应统一。零线应靠近电杆或靠近建筑物侧。同一回路的零线，不应高于相线。

当不同电压等级的线路同杆架设时，应遵循以下原则：

1~10kV 架空线路与 35kV 线路同杆架设时，两线路导线间的垂直距离不应小于 2.0m；1~10kV 架空线路与 66kV 线路同杆架设时，两线路导线间的垂直距离不宜小于 3.5m；1~10kV 架空线路采用绝缘导线时，垂直距离不应小于 3.0m；1~10kV 架空线路架设在同一横担上的导线，其截面差不宜大于三级。同电压等级同杆架设的双回线路或 1~10kV、1kV 以下同杆架设的线路、横担间的垂直距离不应小于表 5-2-2 所列数值。

表 5-2-2　同杆架设线路横担之间的最小垂直距离单位：m

杆型 电压类型	直线杆	分支和转角杆
10kV 与 10kV	0.80	0.45/0.60（注）
10kV 与 1kV 以下	1.20	1.00
1kV 以下与 1kV 以下	0.60	0.30

注：转角或分支线如为单回线，则分支线横担距主干线横担为 0.6m；如为双回线，则分支线横担和上排主干线横担为 0.45m，距下排主干线横担为 0.6m。

同电压等级同杆架设的双回绝缘线路或 1kV~10kV、1kV 以下同杆架设的绝缘线路、横担间的垂直距离不应小于表 5-2-3 所列数值。

表 5-2-3　同杆架设绝缘线路横担之间的最小垂直距离：m

杆型 电压类型	直线杆	分支和转角杆
10.kV 与 10kV	0.5	0.5
10.kV 与 1kV 以下	1.0	-
1.kV 以下与 1kV 以下	0.3	0.3

横担组装遵循施工方便的原则，一般都在地面上将电杆顶部的横担、金具等全部组装完毕，然后整体立杆。横担的安装位置，对于直线杆应安装在受电侧。对于转角杆、分支杆、终端杆以及受导线张力不平衡的地方，应安装在张力反方向侧。多层横担应装在同一侧，横担应装的水平并与线路方向垂直。

直线杆上的横担应该架设在电杆靠负荷的一侧。导线在横担上的排列应符合如下规定：当面向负载时，从左侧起为 L1（A）、N、L2（B）、L3（C）；和保护零线在同一横担上架设时导线相序排列的顺序是：面向负荷从左侧起为 L1（A）、N、L2（B）、L3（C）、PE；动力线、照明线在两个横担上分别架设时，上层横担，面向负荷从左侧起为 A、B、C；下层单相照明横担：面向负荷，从左侧起为 A（或 B、C）、N、PE；在两个横担上架设时，最下层横担面向负荷，最右边的导线为保护零线 PE。

（四）绝缘子

绝缘子，俗称瓷瓶。用来固定导线，并使导线与导线间，导线与横担，导线与电杆间保持绝缘，同时也承受导线的垂直荷重和水平荷重。因此，要求绝缘子必须具有良好的绝缘性能和足够的机械强度。绝缘子有高压（6kV、10kV、35kV）和低压（1kV）之分。架空配电线路中常用绝缘子有：针式绝缘子、蝶式绝缘子、悬式绝缘子、拉紧绝缘子。各厂家的产品不同，绝缘子型号表示方法也有所不同。

针式绝缘子，主要用在直线杆上，型号如下：例如 P-10T，指的是高压针式绝缘子，额定电压 10kV，铁横担直角。

蝶式绝缘子，主要用在耐张杆上。包括高压蝶式绝缘子和低压蝶式绝缘子。其中，高压绝缘子用 E 表示，低压蝶式绝缘子用 ED 表示。

盘式瓷绝缘子是最早用在线路上的绝缘子，已有一百多年的历史。它具有良好的绝缘性能、抗气候变化的性能、耐热性和组装灵活等优点，被广泛用于各种电压等级的线路。盘式瓷绝缘子是属于可击穿型的，它是采用水泥将物理、化学性能各异的瓷件与金属件胶装而构成的，在长期经受电场、机械负荷和大自然的阳光、风、雨、雪、雾等的作用，会逐步劣化，对电网的安全运行带来威胁。

产品代号序数中的前二位数字为产品种类代号，15- 拉紧绝缘子；第三、四数字为产品形式代号 10- 蛋形；20- 四角形；30- 八角形；第五、六位数字为产品的顺序号，从 01 开始按照自然数的顺序排列。

绝缘子的安装和制造必须严格按照有关规定。其中，绝缘子铁帽、绝缘件、钢脚三者应在同一轴线上，不应有明显的歪斜，并建立"标样"进行对照检查。对于优等品钢脚不应有明显的松动，瓷绝缘子应能耐受工频火花电压试验而不击穿或损坏。试验时间为连续

5min。绝缘子还应能耐受 3 次温度循环试验而不损坏。试验温差为 70℃。

（五）金具

金具（铁件），在敷设架空线路中，横担的组装、绝缘子的安装、导线架设及电杆拉线的制作等都需要一些金属附件，这些金属附件统称为线路金具。在一些定额中，一般把绝缘子和金具综合在横担安装中。

（六）拉线

拉线架在空线路中是用来平衡电杆各方向的拉力，防止电杆弯曲或倾倒。因此，在承力杆上（终端杆、转角杆、耐张杆），均须安装拉线。常用拉线有：普通拉线、水平拉线、V（Y）形拉线、弓型拉线等。其中拉线材料多为钢绞线，截面积规格一般为 35mm²、70mm²、120mm²。

普通拉线多用在终端杆、转角杆、分支杆及耐张杆等处，起平衡拉力的作用。

人字拉线，又被称为抗风拉线或四方拉线。由两根普通拉线组成，垂直线路方向装设在直线杆的两侧，增强抗风能力。

水平拉线，又叫高桩拉线、过道拉线。当电杆距离道路或障碍物太近，不能就地安装拉线或拉线需跨越障碍物时，采用水平拉线。即在道路的另一侧立一根拉线杆和一条普通拉线。

V（Y）形拉线，分为垂直 V 形和水平 V 形或 Y 形拉线。垂直 V 或 Y 形拉线主要用在电杆较高，横担较多，架设线根数较多的电杆上。在拉力的合力点上下两处各安装一条拉线，其下部则合为一条。在 H 形杆上则安装成水平 V 形。

弓形拉线，又被称为自身拉线。为防止电杆弯曲，但因地形限制不能安装普通拉线时，则可采用弓形拉线。

（七）金具

金具（铁件），在敷设架空线路中，横担的组装、绝缘子的安装、导线架设及电杆拉线的制作等都需要一些金属附件，这些金属附件统称为线路金具。

（八）架空线路常用导线材料

架空线路中的导线，主要作用是传导电流，还要承受正常的拉力和气候影响，因此，要求导线应有一定的机械强度和耐腐蚀性能。架空配电线路导线主要使用绝缘线和裸线两类，在市区或者居民区进户端应采用绝缘线，以保证安全。常用裸线种类是裸铝绞线 LJ、裸铜绞线 TJ、钢芯铝绞线 LGJ 等，常用的架空绝缘线有橡胶绝缘玻璃丝绕包铜芯线 BBX、橡胶绝缘玻璃丝绕包铝芯线 BBLX，架空导线在结构上可分三类：单股导线、多股导线、复合材料多股绞线。对进户线的要求：导线总长度不超过 25m；导线距墙不小于 0.15m；导线横向间距不小于 0.25m；入户点距地大于 2.7m，在院内时应不小于 3.0m。低压进户线截面应不小于表 5-2-4 的规定：

进户线采用橡皮绝缘玻璃丝绕包的铜绞线，截面是 16mm²，K 表示架空线路。

表 5-2-4　低压进户线的最小截面

敷设方式	档距（m）	最小截面（mm²）	
		绝缘铝线	绝缘铜线
自电杆上引下	＜10	4	2.5
	10~25	6	4
沿墙敷设	≤6	4	2.5

架空线的高度要满足安全规范的要求：导线对地面必须保证安全距离，不得低于表 5-2-5 所示：

表 5-2-5　导线对地面的安全距离（m）

情况	跨铁路、公路	交通要道、居民区	人行道、非居民区	乡村小道
安全距离	7.5	6	5	4

架空线路与甲类火灾危险的生产厂房、甲类物品库房和易燃易爆材料堆放场地以及可燃或易燃气储罐的防火间距应不小于电杆高度的 1.5 倍。

架空导线型号由汉语拼音字母和数字两部分组成，字母在前，数字在后。数字表示导线的根数和标称截面。导线的表示方法见表 5-2-6。

表 5-2-6　导线的型号表示方法

导线种类	代表符号	导线类型举例	型号含义
单股铝线	L	L-10	标称截面 10mm² 的单股铝线
多股铝绞线	LJ	LG-16	标称截面 16mm² 的多股铝线
铜芯铝绞线	LGJ	LGJ-35/6	铝线部分标称截面 35mm² 的，铜芯部分标称截面 6mm² 的钢芯铝绞线
单股铜线	T	T-6	标称截面 6mm² 的单股铜线
多股铜绞线	TJ	TJ-50	标称截面 50mm² 的多股铜绞线
钢绞线	GJ	GJ-25	标称截面 25mm² 的钢绞线

架空线路一般采用裸导线。裸导线按结构分，有单股线和多股绞线。工厂供电系统中一般采用多股绞线。绞线又有铜绞线、铝绞线和钢芯铝绞线。裸铜绞线，用字母 TJ 表示，具有较高的导线性能和足够的机械性能，抵抗气候影响及空气中各种化学杂质的侵蚀性能强，理想的导线，但铜资源少，价格高，多用在超高压大容量、距离较长或有特殊要求的线路中。裸铝绞线 LJ，导电良好，重量轻，但机械强度小，造价较低，多用在低压和相邻电杆距离较小的线路中。钢芯铝绞线 LGJ 具有上述线路没有的诸多优点，广泛应用于高压架空线路中。在机械强度要求较高和35kV 及以上的架空线路上，则多采用钢芯铝绞线。钢芯铝绞线的线芯是钢线，用以增强导线的抗拉强度，弥补铝线机械强度较差的缺点，而其外围为铝线，用以传导电流，具有较好的导电性。由于交流在导线中的集肤效应，交流电流实际上只从铝线通过，从而弥补了钢线导电性差的缺点。钢芯铝线型号中表示的截面积就是导电的铝线部分的截面积。例如 LGJ-185，这 185 表示钢芯铝线（LGJ）中铝线（L）的截面积为 185mm²。

对于工厂和城市 10kV 及以下的架空线路，当安全距离难以满足要求，或者临近高层建筑及在繁华街道、人口密集地区，或者空气严重污秽地段和建筑施工现场，按 GB50061—1997《66kV 及以下架空电力线路设计规范》规定，可采用绝缘导线。

架空导线除了具有很强的抗腐蚀能力外。若电线杆太高，存在导线由于自身重力下垂的情况，所以导线还有机械强度的要求，架空导线的最小截面为：6~10kV 线路铝绞线居民区 35mm²，非居民区 25mm²；6~10kA 钢芯铝绞线居民区 25mm²，非居民区 16mm²；6~10kA 铜绞线居民区 16mm²，非居民区 16mm²；< 1kA 线路铝绞线 16mm²；< 1kA 钢芯铝绞线 16mm²；< 1kA 铜线 10mm²，线直径 3.2mm；但是 1kV 以下线路与铁路交叉跨越档处，铝绞线的最小截面为 35mm²。

二、架空线路设计和施工

架空线路的设计必须贯彻国家的建设方针和技术经济政策，做到安全可靠、经济适用。配电线路设计必须从实际出发，结合地区特点，积极慎重地采用新材料、新工艺、新技术、新设备。主干配电线路的导线布置和杆塔结构等设计，应考虑便于带电作业。

架空线路路径的选择，应认真进行调查研究，综合考虑运行、施工、交通条件和路径长度等因素，统筹兼顾，全面安排，做到经济合理、安全适用。配电线路的路径，应与城镇总体规划相结合，与各种管线和其他市政设施协调，线路杆塔位置应与城镇环境美化相适应。还应该避开低洼地、易冲刷地带和影响线路安全运行的其他地段。

乡镇地区架空线路路径应与道路、河道、灌渠相协调，不占或少占农田。配电线路应避开储存易燃、易爆物的仓库区域，配电线路与有火灾危险性的生产厂房和库房、易燃易爆材料场以及可燃或易燃、易爆液（气）体储罐的防火间距不应小于杆塔高度的 1.5 倍。

架空线路设计采用的年平均气温应按下列方法确定：当地区的年平均气温在 3℃~17℃ 之间时，年平均气温应取与此数较邻近的 5 的倍数值。当地区的年平均气温小于 3℃ 或大于 17℃ 时，应将年平均气温减少 3℃~5℃ 后，取与此数邻近的 5 的倍数值。

（一）架空电力线路使用线材

根据《10kV 及以下架空配电线路设计技术规程》规定：城镇架空线路，遇下列情况应采用架空绝缘导线：线路走廊狭窄的地段；高层建筑邻近地段；繁华街道或人口密集地区；游览区和绿化区；空气严重污秽地段；建筑施工现场。

1kV 以下三相四线制零线截面应与相线截面相同。由于三相负荷不平衡，民用家电谐波成分较高，零线截面与相线相同，可保证回路畅通，有利于安全使用。

架空线路导线截面的确定应符合下列规定，结合地区配电网发展规划和对导线截面确定，每个地区的导线规格宜采用 3~4 种。无架空配电网规划地区不宜小于表 5-2-7 所列数值。

表 5-2-7　导线截面（单位：mm²）

导线种类	1kV~10kV 配电线路			1kV 以下配电线路		
	主干线	分干线	分支线	主干线	分干线	分支线
铝绞线及铝合金线	120（125）	70（63）	50（40）	95（100）	70（63）	50（40））
钢芯铝绞线	120（125）	70（63）	50（40）	95（100）	70（63）	50（40）
铜绞线			16	50	35	16
绝缘铝导线	150	95	50	95	70	50
绝缘铜导线				70	50	35

注：（　）为圆线同心绞线（见 GB/T1179）。

1. 根据《电气装置安装工程 35kV 及以下架空电力线路施工及验收规范》GB50173—92 架空电力线路使用线材，架设前应进行外观检查，且应符合下列规定：

（1）不应有松股、交叉、折叠、断裂及破损等缺陷。

（2）不应有严重腐蚀现象。

（3）钢绞线、镀锌铁线表面镀锌层应良好，无锈蚀。

（4）绝缘线表面应平整、光滑、色泽均匀，绝缘层厚度应符合规定。绝缘线的绝缘层应挤包紧密，且易剥离，绝缘线端部应有密封措施。

为特殊目的使用的线材，除应符合上述规定外，尚应符合设计的特殊要求。由黑色金属制造的附件和紧固件，除地脚螺栓外，应采用热浸镀锌制品。各种连接螺栓宜有防松装置。防松装置弹力应适宜，厚度应符合规定。金属附件及螺栓表面不应有裂纹、砂眼、锌皮剥落及锈蚀等现象。螺杆与螺母的配合应良好。加大尺寸的内螺纹与有镀层的外螺纹配合，其公差应符合现行国家标准《普通螺纹直径 1~300mm 公差》的粗牙三级标准。

2. 金具组装配合应良好，安装前应进行外观检查，且应符合下列规定：

（1）表面光洁，无裂纹、毛刺、飞边、砂眼、气泡等缺陷。

（2）线夹转动灵活，与导线接触面符合要求。

（3）镀锌良好，无锌皮剥落、锈蚀现象。

3. 绝缘子及瓷横担绝缘子安装前应进行外观检查，且应符合下列规定：

（1）瓷件与铁件组合无歪斜现象，且结合紧密，铁件镀锌良好。

（2）瓷釉光滑，无裂纹、缺釉、斑点、烧痕、气泡或瓷釉烧坏等缺陷。

（3）弹簧销、弹簧垫的弹力适宜。

4. 环形钢筋混凝土电杆制造质量应符合现行国家标准《环形钢筋混凝土电杆》的规定。安装前应进行外观检查，且应符合下列规定：

（1）表面光洁平整，壁厚均匀，无露筋、跑浆等现象。

（2）放置地平面检查时，应无纵向裂缝，横向裂缝的宽度不应超过 0.1mm。

（3）杆身弯曲不应超过杆长的 1/1000。

5. 预应力混凝土电杆制造质量应符合现行国家标准《环形预应力混凝土电杆》的规定安装前应进行外观检查，且应符合下列规定：

（1）表面光洁平整，壁厚均匀，无露筋、跑浆等现象。

（2）应无纵、横向裂缝。

（3）杆身弯曲度不应超过杆长的 1/1000。

混凝土预制构件的制造质量应符合设计要求。表面不应有蜂窝、露筋、纵向裂缝等缺陷。

采用岩石制造的底盘、卡盘、拉线盘，其强度应符合设计要求。安装时不应使岩石结构的整体性受到破坏。

（二）电杆基坑及基础埋设

1. 基坑施工前的定位应符合下列规定：

（1）直线杆顺线路方向位移，35kV 架空电力线路不应超过设计档距的 1%；10kV 及以下架空电力线路不应超过设计档距的 3%。直线杆横线路方向位移不应超过 50mm。

（2）转角杆、分支杆的横线路、顺线路方向的位移均不应超过 50mm。

（3）电杆基础坑深度应符合设计规定。电杆基础坑深度的允许偏差应为 +100mm、–50mm。同基基础坑在允许偏差范围内应按最深一坑持平。

岩石基础坑的深度不应小于设计规定的数值。双杆基坑应符合下列规定：根开的中心偏差不应超过 ±30mm；两杆坑深度宜一致。电杆基坑底采用底盘时，底盘的圆槽面应与电杆中心线垂直，找正后应填土夯实至底盘表面。底盘安装允许偏差，应使电杆组立后满足电杆允许偏差规定。

2. 电杆基础采用卡盘时，应符合下列规定：

（1）安装前应将其下部土壤分层回填夯实。

（2）安装位置、方向、深度应符合设计要求。深度允许偏差为 ±50mm。当设计无要求时，上平面距地面不应小于 500mm。

（3）与电杆连接应紧密。

3. 基坑回填土应符合下列规定：

（1）土块应打碎。

（2）35kV 架空电力线路基坑每回填 300mm 应夯实一次。

（3）10kV 及以下架空电力线路基坑每回填 500mm 应夯实一次。

（4）松软土质的基坑，回填土时应增加夯实次数或采取加固措施。

（5）回填土后的电杆基坑宜设置防沉土层，土层上部面积不宜小于坑口面积。

（6）培土高度应超出地面 300mm。

（7）当采用抱杆立杆留有滑坡时，滑坡（马道）回填土应夯实，并留有防沉土层。

现浇基础、岩石基础应按现行国家标准《110～500kV 架空电力线路施工及验收规范》的有关规定执行。

（三）电杆组立与绝缘子安装

根据《10kV 及以下架空配电线路设计技术规程》配电线路绝缘子的性能，应符合现行国家标准各类杆型所采用的绝缘子，且应符合下列规定：

1. 对于 1kV～10kV 配电线路

直线杆采用针式绝缘子或瓷横担。耐张杆宜采用两个悬式绝缘子组成的绝缘子串或一个悬式绝缘子和一个蝴蝶式绝缘子组成的绝缘子串。结合地区运行经验采用有机复合绝缘子。

2. 对于 1kV 以下配电线路

直线杆宜采用低压针式绝缘子。耐张杆应采用一个悬式绝缘子或蝴蝶式绝缘子。

3. 电杆顶端应封堵良好

当设计无要求时，下端可不封堵。钢圈连接的钢筋混凝土电杆宜采用电弧焊接，且应满足以下条件：

（1）应由经过焊接专业培训并经考试合格的焊工操作。焊完后的电杆经自检合格后，在上部钢圈处打上焊工的代号钢印。

（2）焊接前，钢圈焊口上的油脂、铁锈、泥垢等物应清除干净。

（3）钢圈应对齐找正，中间留 2~5mm 的焊口缝隙。当钢圈有偏心时，其错口不应大于 2mm。

（4）焊口宜先点焊 3~4 处，然后对称交叉施焊。点焊所用焊条牌号应与正式焊接用的焊条牌号相同。

（5）当钢圈厚度大于 6mm 时，应采用 V 型坡口多层焊接。多层焊缝的接头应错开，收口时应将熔池填满。焊缝中严禁填塞焊条或其他金属。

（6）焊缝应有一定的加强面，其高度和遮盖宽度应符合表 5-2-8 的规定。

表 5-2-8 焊接加强面尺寸（mm）

项目	钢圈厚度 s（mm）	
	< 10	10~20
高度 c	1.5~2.5	2~3
宽度 e	1~2	2~3

（7）焊缝表面应呈平滑的细鳞形与基本金属平缓连接，无折皱、间断、漏焊及未焊满的陷槽，并不应有裂缝。基本金属咬边深度不应大于 0.5mm，且不应超过圆周长的 10%。

（8）雨、雪、大风天气施焊应采取妥善措施。施焊中电杆内不应有穿堂风。当气温低于 −20℃ 时，应采取预热措施，预热温度为 100℃～120℃。焊后应使温度缓慢下降。严禁用水降温。

（9）焊完后的整杆弯曲度不应超过电杆全长的 2/1000，超过时应割断重新焊接。

（10）当采用气焊时，应符合下列规定：

1）钢圈的宽度不应小于 140mm；

2）加热时间宜短，并采取必要的降温措施，焊接后，当钢圈与水泥粘接处附近水泥产生宽度大于 0.05mm 纵向裂缝时，应予补修；

3）电石产生的乙炔气体，应经过滤。

（四）单电杆位置偏差

单回路电杆埋设深度应计算确定，宜取以下数值

表 5-2-9 单回路电杆埋设深度：m

杆高	8.0	9.0	10.0	12.0	13.0	15.0
埋深	1.5	1.6	1.7	1.9	2.0	2.3

1. 单电杆立好后应正直，其位置偏差应满足下列要求：

2. 直线杆的横向位移不应大于 50mm。

3. 直线杆的倾斜，35kV 架空电力线路不应大于杆长的 3‰。

4. 10kV 及以下架空电力线路杆梢的位移不应大于杆梢直径的 1/2。

5. 转角杆的横向位移不应大于 50mm。

6. 转角杆应向外角预偏、紧线后不应向内角倾斜，向外角的倾斜，其杆梢位移不应大于杆梢直径。

7.终端杆立好后，应向拉线侧预偏，其预偏值不应大于杆梢直径。紧线后不应向受力侧倾斜。

（五）双杆位置偏差

1.直线杆结构中心与中心桩之间的横向位移，不应大于 50mm。

2.转角杆结构中心与中心桩之间的横、顺向位移，不应大于 50mm。

3.迈步不应大于 30mm；根开不应超过 ±30mm。

（六）横担安装

1.线路单横担的安装，直线杆应装于受电侧。

2.分支杆、90° 转角杆（上、下）及终端杆应装于拉线侧。

3.横担安装应平正，安装偏差应符合下列规定：

（1）横担端部上下歪斜不应大于 20mm。

（2）横担端部左右扭斜不应大于 20mm。

（3）双杆的横担，横担与电杆连接处的高差不应大于连接距离的 5/1000。

（4）左右扭斜不应大于横担总长度的 1/100。

4.瓷横担绝缘子安装应该满足以下规定：

（1）当直立安装时，顶端顺线路歪斜不应大于 10mm。

（2）当水平安装时，顶端宜向上翘起 5°~15°。

（3）顶端顺线路歪斜不应大于 20mm。

（4）当安装于转角杆时，顶端竖直安装的瓷横担支架应安装在转角的内角侧（瓷横担应装在支架的外角侧），全瓷式瓷横担绝缘子的固定处应加软垫。

（七）绝缘子安装

对于绝缘子来说，安装应牢固，连接可靠，防止积水；应清除表面灰垢、附着物及不应有的涂料。悬式绝缘子与电杆、导线金具连接处，应无卡压现象；耐张串上的弹簧销子、螺栓及穿钉应由上向下穿。当有特殊困难时可由内向外或由左向右穿入；悬垂串上的弹簧销子、螺栓及穿钉应向受电侧穿入。两边线应由内向外，中线应由左向右穿入。

绝缘子裙边与带电部位的间隙不应小于 50mm。35kV 架空电力线路的瓷悬式绝缘子，安装前应采用不低于 5000V 的兆欧表逐个进行绝缘电阻测定。在干燥情况下，绝缘电阻值不得小于 500MΩ。

（八）拉线安装

拉线盘的埋设深度和方向，应符合设计要求。拉线应采用镀锌钢绞线，其截面应按受力情况计算确定，且不应小于 25mm²。空旷地区配电线路连续直线杆超过 10 基时，宜装设防风拉线钢筋混凝土电杆，当设置拉线绝缘子时，在断拉线情况下拉线绝缘子距地面处不应小于 2.5m，地面范围的拉线应设置保护套。拉线棒与拉线盘应垂直，连接处应采用双螺母，其外露地面部分的长度应为 500~700mm。拉线坑应有斜坡，回填土时应将土块打碎后夯实。拉线坑宜设防沉层。此外还应符合下列规定：

1. 安装后对地平面夹角与设计值的允许偏差，应符合下列规定：

（1）35kV 架空电力线路不应大于 1°；

（2）10kV 及以下架空电力线路不应大于 3°；

（3）特殊地段应符合设计要求。

2. 承力拉线应与线路方向的中心线对正；分角拉线应与线路分角线方向对正；防风拉线应与线路方向垂直。

3. 跨越道路的拉线，应满足设计要求，且对通车路面边缘的垂直距离不应小于 5m。跨越道路的水平拉线，对路边缘的垂直距离，不应小于 6m；拉线柱的倾斜角宜采用 10°~20°；跨越电车行车线的水平拉线，对路面的垂直距离，不应小于 9m。

4. 当采用 UT 型线夹及楔形线夹固定安装时，应符合下列规定：

（1）安装前丝扣上应涂润滑剂；

（2）线夹舌板与拉线接触应紧密，受力后无滑动现象，线夹凸肚在尾线侧，安装时不应损伤线股；

（3）拉线弯曲部分不应有明显松股，拉线断头处与拉线主线应固定可靠，线夹处露出的尾线长度为 300~500mm，尾线回头后与本线应扎牢；

（4）当同一组拉线使用双线夹并采用连板时，其尾线端的方向应统一；

（5）UT 型线夹或花篮螺栓的螺杆应露扣，并应有不小于 1/2 螺杆丝扣长度可供调紧，调整后，UT 型线夹的双螺母应并紧，花篮螺栓应封固。

5. 当采用绑扎固定安装时，应符合下列规定：

（1）拉线两端应设置心形环；

（2）钢绞线拉线，应采用直径不大于 3.2mm 的镀锌铁线绑扎固定。绑扎应整齐、紧密，最小缠绕长度应符合表 5-2-10 的规定。

6. 采用拉线柱拉线的安装，采用坠线的，不应小于拉线柱长的 1/6；采用无坠线的，应按其受力情况确定。拉线柱应向张力反方向倾斜 10°~20°；坠线与拉线柱夹角不应小于 30°；坠线上端固定点的位置距拉线柱顶端的距离应为 250mm；坠线采用镀锌铁线绑扎固定时，最小缠绕长度应符合表 5-2-10 的规定。

表 5-2-10　最小缠绕长度

钢绞线截面（mm²）	最小缠绕长度（mm）				
	上段	中段有绝缘子的两端	与拉棒连接处		
			下端	花缠	上端
25	200	200	150	250	80
35	250	250	200	250	80
50	300	300	250	250	80

7. 当一基电杆上装设多条拉线时，各条拉线的受力应一致。采用镀锌铁线合股组成的拉线，其股数不应少于 3 股。镀锌铁线的单股直径不应小于 4.0mm，绞合应均匀、受力相等，不应出现抽筋现象。合股组成的镀锌铁线的拉线，可采用直径不小于 3.2mm 镀锌铁线绑扎固定，绑扎应整齐紧密，缠绕长度为：5 股及以下者，上端：200mm；中端有绝缘

子的两端：200mm；下缠150mm，花缠250mm，上缠100mm。当合股组成的镀锌铁线拉线采用自身缠绕固定时，缠绕应整齐紧密，缠绕长度：3股线不应小于80mm，5股线不应小于150mm。混凝土电杆的拉线当装设绝缘子时，在断拉线情况下，拉线绝缘子距地面不应小于2.5m。

（九）裸导线架设

导线在展放过程中，对已展放的导线应进行外观检查，不应发生磨伤、断股、扭曲、金钩、断头等现象。导线在同一处损伤，同时符合下列情况时，应将损伤处棱角与毛刺用0号砂纸磨光，可不作补修：一是单股损伤深度小于直径的1/2；二是钢芯铝绞线、钢芯铝合金绞线损伤截面积小于导电部分截面积的5%，且强度损失小于4%；三是单金属绞线损伤截面积小于4%。

当导线在同一处损伤需进行修补时，应满足表5-2-11的标准。

表5-2-11　导线损伤补修处理标准

导线类别	损伤情况	处理方法
铝绞线	导线在同一处损伤程度已经超过有关规定，但因损伤导致强度损失不超过总拉断力的5%时	以缠绕或修补预绞丝修理
铝合金绞线	导线在同一处损伤程度超过总拉断力的5%时，但不超过17%时	以补修管补修
钢芯铝绞线	导线在同一处损伤程度已经超过有关规定，但因损伤导致强度损失不超过总拉断力的5%时，且截面损伤又不超过导电部分总截面积的7%时	以缠绕或修补预绞丝处理
钢芯铝合金绞线	导线在同一处损伤程度超过总拉断力的5%时，但不足17%且截面积损伤也不超过导电部分截面积的25%时	以补修管补修

注：①"同一处"损伤截面积是指该损伤处在一个节距内的每股铝丝沿铝股损伤最严重处的深度换算出的截面积总和（下同）；②当单股损伤深度达到直径的1/2时按断股论。

当采用缠绕处理时，受损伤处的线股应处理平整；应选与导线同金属的单股线为缠绕材料，其直径不应小于2mm；缠绕中心应位于损伤最严重处，缠绕应紧密，受损伤部分应全部覆盖，其长度不应小于100mm。

当采用补修预绞丝补修时，受损伤处的线股应处理平整；补修预绞丝长度不应小于3个节距，或应符合现行国家标准《电力金具》预绞丝中的规定；补修预绞丝的中心应位于损伤最严重处，且与导线接触紧密，损伤处应全部覆盖。

当采用补修管补修时，损伤处的铝（铝合金）股线应先恢复其原绞制状态；补修管的中心应位于损伤最严重处，需补修导线的范围应于管内各20mm处；当采用液压施工时应符合国家现行标准《架空送电线路导线及避雷线液压施工工艺规程（试行）》的规定。

导线在同一处损伤有下列情况之一者，应将损伤部分全部割去，重新以直线接续管连接；损失强度或损伤截面积超过补修管补修的规定。连续损伤其强度、截面积虽未超过本规范第6.0.3条以补修管补修的规定，但损伤长度已超过补修管能补修的范围。钢芯铝绞线的钢芯断一股。导线出现灯笼的直径超过导线直径的1.5倍而又无法修复。金钩、破股已形成无法修复的永久变形。

作为避雷线的钢绞线，其损伤处理标准，应符合表5-2-12的规定。

表 5-2-12　钢绞线损失处理标准

钢绞线股数	以镀锌铁丝缠绕	以补修管补修	锯断重接
7	不允许	断 1 股	断 2 股
19	断 1 股	断 2 股	断 3 股

不同金属、不同规格、不同绞制方向的导线严禁在档距内连接。导线与连接管连接前应清除导线表面和连接管内壁的污垢，清除长度应为连接部分的 2 倍。连接部位的铝质接触面，应涂一层电力复合脂，用细钢丝刷清除表面氧化膜，保留涂料，进行压接。当导线与接续管采用钳压连接时，接续管型号与导线的规格应配套。压口数及压后尺寸应符合相关规定。

10kV 及以下架空电力线路在同一档距内，同一根导线上的接头，不应超过 1 个。导线接头位置与导线固定处的距离应大于 0.5m，当有防震装置时，应在防震装置以外。10kV 架空电力线路观测弧垂时应实测导线或避雷线周围空气的温度；弧垂观测档的选择，应满足当紧线段在 5 档及以下时，靠近中间选择 1 档；当紧线段在 6~12 档时，靠近两端各选择 1 档；当紧线段在 12 档以上时，靠近两端及中间各选择 1 档。

10kV 及以下架空电力线路的导线紧好后，弧垂的误差不应超过设计弧垂的 ±5%。同档内各相导线弧垂宜一致，水平排列的导线弧垂相差不应大于 50mm。导线或避雷线各相间的弧垂宜一致，在满足弧垂允许误差规定时，各相间弧垂的相对误差，不应超过 200mm。导线或避雷线紧好后，线上不应有树枝等杂物。导线的固定应牢固、可靠。直线转角杆：对针式绝缘子，导线应固定在转角外侧的槽内；对瓷横担绝缘子导线应固定在第一裙内。直线跨越杆：导线应双固定，导线本体不应在固定处出现角度。裸铝导线在绝缘子或线夹上固定应缠绕铝包带，缠绕长度应超出接触部分 30mm。铝包带的缠绕方向应与外层线股的绞制方向一致。10kV 及以下架空电力线路的裸铝导线在蝶式绝缘子工作耐张且采用绑扎方式固定时，绑扎长度应符合表 5-2-13 的规定。

表 5-2-13　绑扎长度值

导线截面（mm²）	绑扎长度（mm）
LJ-50LGJ-50 及以下	≥150
LJ-70	≥200

10kV 及以下架空电力线路的引流线（跨接线或弓子线）之间、引流线与主干线之间的连接应该注意以下四个方面。

1. 不同金属导线的链接应有可靠的过渡金具；

2. 同金属导线，当采用绑扎链接时，绑扎长度应符合表 5-2-14 规定；

表 5-2-14　同金属导线链接时绑扎长度值

导线截面（mm²）	绑扎长度（mm）
35 及以下	≥150
50	≥200
70	≥250

3. 绑扎链接应接触紧密、均匀、无硬弯，跨接线应呈均匀弧度；

4.当不同截面导线连接时，其绑扎长度应以小截面导线为准。

注：绑扎用的绑线，应选用与导线同金属的单股线，其直径不应小于2.0mm。1~10kV线路每相引流线、引下线与邻相的引流线、引下线或导线之间，安装后的净空距离不应小于300mm；1kV以下电力线路，不应小于150mm。线路的导线与拉线、电杆或构架之间安装后的净空距离，35kV时，不应小于600mm；1~10kV时，不应小于200mm；1kV以下时，不应小于100mm。

（十）绝缘线架设

1kV以下电力线路当采用绝缘线架设时，展放中不应损伤导线的绝缘层和出现扭、弯等现象。导线固定应牢固可靠，当采用蝶式绝缘子作耐张且用绑扎方式固定时，绑扎长度应符合本规范相关的规定。接头应符合有关规定，破口处应进行绝缘处理。沿墙架设的1kV以下电力线路，当采用绝缘线时，除应满足设计要求外，还应符合下列规定：

1.支持物牢固可靠。

2.接头符合有关规定，破口处缠绕绝缘带。

3.中性线在支架上的位置，设计无要求时，安装在靠墙侧。

（十一）杆上电气设备的安装，应满足下列要求

1.安装应牢固可靠。

2.电气连接应接触紧密，不同金属连接，应有过渡措施。

3.瓷件表面光洁，无裂缝、破损等现象。

对于杆上变压器来说，其安装应满足水平倾斜不大于台架根开的1/100。一、二次引线排列整齐、绑扎牢固。油枕、油位正常，外壳干净。接地可靠，接地电阻值符合规定。套管压线螺栓等部件齐全。呼吸孔道通畅。

考虑安全因素，架空线路应该安装避雷器。关于避雷器的安装应该遵循：瓷套与固定抱箍之间加垫层。排列整齐、高低一致，相间距离：1~10kV时，不小于350mm；1kV以下时，不小于150mm。引线短而直、连接紧密，采用绝缘线时，其截面应符合下列规定：引上线：铜线不小于16mm²，铝线不小于25mm²；引下线：铜线不小于25mm²，铝线不小于35mm²。与电气部分连接，不应使避雷器产生外加应力。引下线接地可靠，接地电阻值应考虑在雷雨季节，土壤干湿状态的影响。

（十二）接户线

10kV及以下电力接户线的安装应符合下列规定：

1.档距内不应有接头。

2.两端应设绝缘子固定，绝缘子安装应防止瓷裙积水。

3.采用绝缘线时，外露部位应进行绝缘处理。

4.两端遇有铜铝连接时，应设有过渡措施。

5.进户端支持物应牢固。

6.在最大摆动时，不应有接触树木和其他建筑物现象。

7.1kV及以下的接户线不应从高压引线间穿过，不应跨越铁路。

10kV 及以下由两个不同电源引入的接户线不宜同杆架设。其接户线固定端当采用绑扎固定时，其绑扎长度应符合表 5-2-15 的规定。

表 5-2-15　绑扎长度

导线截面（mm²）	绑扎长度（mm）	导线截面（mm²）	绑扎长度（mm）
10 及以下	≥50	25~50	≥120
16 及以下	≥80	70~120	≥200

（十三）接地工程

接地体规格、埋设深度应符合设计规定。接地装置的连接应可靠。连接前，应清除连接部位的铁锈及其附着物。接地体的连接采用搭接焊时，应符合下列规定：

1. 扁钢的搭接长度应为其宽度的 2 倍，四面施焊。

2. 圆钢的搭接长度应为其直径的 6 倍，双面施焊。

3. 圆钢与扁钢连接时，其搭接长度应为圆钢直径的 6 倍。

4. 扁钢与钢管、扁钢与角钢焊接时，除应在其接触部位两侧进行焊接外，并应焊以由钢带弯成的弧形（或直角形）与钢管（或角钢）焊接。

采用垂直接地体时，应垂直打入，并与土壤保持良好接触。采用水平敷设的接地体，接地体应平直，无明显弯曲。地沟底面应平整，不应有石块或其他影响接地体与土壤紧密接触的杂物。倾斜地形沿等高线敷设。接地引下线与接地体连接，应便于解开测量接地电阻接地引下线应紧靠杆身，每隔一定距离与杆身固定一次。接地电阻值，应符合有关规定。接地沟的回填宜选取无石块及其他杂物的泥土，并应夯实。在回填后的沟面应设有防沉层，其高度宜为 100~300mm。

（十四）工程交接验收

在验收时应按下列要求进行检查：

1. 采用器材的型号、规格。

2. 线路设备标志应齐全。

3. 电杆组立的各项误差符号要求。

4. 拉线的制作和安装。

5. 导线的弧垂、相间距离、对地距离、交叉跨越距离及对建筑物接近距离。

6. 电器设备外观应完整无缺损。

7. 相位正确、接地装置符合规定。

8. 沿线的障碍物、应砍伐的树及树枝等杂物应清除完毕。

（十五）架空线路维护

一般要求：对厂区架空线路，一般要求每月进行一次巡视检查。如遇大风大雨及发生故障等特殊情况时，需临时增加巡视次数。

1. 巡视项目

（1）电杆有无倾斜、变形、腐朽、损坏及基础下沉等现象。如有，应设法修理或更换。

（2）沿线路的地面是否堆放有易燃、易爆和强腐蚀性物品。若有，应设法挪开。

（3）沿线路周围，有无危险建筑物。应尽可能保证在雷雨季节和大风季节里，这些建筑物不至对线路造成损坏。

（4）线路上有无树枝、风筝等杂物悬挂。若有，应设法清除。

（5）拉线和扳桩是否完好，绑扎线是否紧固可靠。如有缺陷，应设法修理或更换。

（6）导线的接头是否接触良好，有无过热发红、严重氧化、腐蚀或断脱现象，绝缘子有无破损和放电现象。如有，应设法修理或更换。

（7）避雷装置的接地是否良好，接地线有无锈断情况。在雷雨季节到来之前应重点检查，以确保防雷安全。

（8）其他危及线路安全运行的异常情况。

2. 在巡视中发现的异常情况，应记入专用记录簿内，重要情况应及时汇报上级，请示处理。架空线路施工的一般步骤：

（1）熟悉图纸，明确施工要求。

（2）按照设计图纸的规定，准备材料与机具。

（3）按照设计图纸要求，结合施工现场的实际情况，确定杆位。

（4）按照杆位，进行基础施工（根据坑口尺寸，挖坑）

（5）组装电杆，即将横担及其附属绝缘子、金具、电杆组装在一起。

（6）立杆。

（7）制作并安装拉线与撑杆。（撑杆用于混凝土电杆的立起。对于 10m 以下的 16 钢筋混凝土电杆可用三副撑杆轮换着将电杆顶起，使杆根滑入坑内。

（8）放线、架设、紧线、绑线与连线。

（9）进行架空线路运行前的检查与试验。

架空线路施工是应注意：混凝土电杆的埋设深度为一般为杆高的 1/6，也可按照表 5-2-16 单回路电杆埋设深度标准进行检查；混凝土电杆卡盘的安装方向应沿着线路方向左右交替。横担的方向应安装在靠负荷的一侧；还应该注意架空线在电杆上的排列次序：高压线路均为三角排列，线间水平距离为 1.4 米。面向载荷从左侧起，导线排列相序为 A、B、C。低压线路均为水平排列，线间水平距离为 0.4 米，靠近电杆两侧的导线距电杆中心距离增大到 0.3 米。面向负荷从左侧起，导线排列顺序为 L1、N、L2、L3，其中，N 为中性线。电杆上的中性线，设计中规定靠近电杆；高、低压同杆架设的线路，高压线路在上，垂直距离不小于 1.2 米，路灯照明回路应架设在最下层。

表 5-2-16　架空线路档距（单位：米）

	高压	低压
城区	40~50	30~45
居住区	35~50	30~40
非居住区	50~100	40~60

架空线路所用的横担及所有的金具配件一律采用镀锌产品，有些产品局部无法镀锌时要做防锈处理；拉线和电杆的夹角不应小于 45°，如受条件限制，最少也不得小于 30°；向一级负荷供电的双电源线路，不可同杆架设；高、低压线路的档距应符合下面的表中数

据。档距：相邻两基杆的水平距离。

此外，电杆的埋设深度应根据地质条件进行倾覆稳定计算确定。单回路的配电线路，电杆埋深不应小于表 5-2-17 所示。

表 5-2-17　单回路配电系统电杆埋深最低标准

杆高（m）	8	9	10	11	12	13	15
埋深（m）	1.5	1.6	1.7	1.8	1.9	2.0	2.3

对住宅区进行供电时，需要进行杆上变压器和杆上避雷器的安装，除应该遵守上述施工规范的规定外。还必须设置危险指示牌或指示标志，防止发生误触电事故，保障人身安全。

第六章　电缆配电线路施工

电缆是一种特殊的导线，它是在 1 根或几根绝缘的导电线芯外面包上密闭的统包绝缘层和保护层。在电力系统中，最常见的有电力电缆和控制电缆两种。电力电缆是用来输送和分配大功率电能的；控制电缆是在配电装置中传输操作电流、连接电气仪表、继电保护装置以及用于自动控制等二次回路的。

第一节　电缆线基础知识

一、基本结构

电缆由导电线芯、绝缘层、保护层等三部分组成。

（一）导电线芯

导电线芯是传导电能的通路，多采用多股细铜丝或细铝丝绞合而成，以增加电缆的柔软性。为了制造和使用上的方便，线芯截面有统一的标称等级，分为 1、1.5、2.5、4、6、10、16、25、35、50、70、95、120、150、185、240、300、400、500、625、800mm² 等。

电缆按线芯数分为单芯、双芯、三芯、四芯、五芯等几种。单芯电缆一般用来输送直流电、单向交流电或用作高压静电发生器的引出线；双芯电缆用于输送直流电和单向交流电；三芯电缆用于三相交流电网，是应用最广的一种电缆；四芯电缆用于 TN-C 系统中；五芯电缆用于 TN-S 系统中。

电缆线芯的形状有圆形、半圆形、扇形和椭圆形等。

（二）绝缘层

绝缘层的作用在于线芯与线芯之间的绝缘隔离以及线芯与保护层的绝缘隔离。绝缘层的材料通常是绝缘纸、橡皮、聚氯乙烯、聚乙烯、交联聚乙烯等。

（三）保护层

电力电缆的保护层较为复杂，通常分内护层和外护层两部分。

1. 内护层

内护层的作用在于保护电缆的绝缘不受潮湿和防止电缆浸渍剂的外流及轻度机械损伤。

内护层的材料通常有铅套、铝套、橡套、聚乙烯护套、聚氯乙烯护套等。

2. 外护层

外护层包括铠装层和外被层，其作用在于保护内护层。

铠装层的材料通常有钢带、粗圆钢丝及细圆钢丝等；外被层的材料通常有纤维绕包、聚乙烯护套、聚氯乙烯护套等。

二、电力电缆分类及型号表示

电力电缆按其绝缘层材料分为油浸纸绝缘电力电缆、橡皮绝缘电力电缆和聚乙烯（或聚氯乙烯）绝缘电力电缆等三大类，其规格型号格式为：

电缆类别 - 绝缘种类 - 线芯材质 - 内护层 - 其他特征 - 铠装层 - 外被层 - 芯数 × 截面积 - 额定电压（kV）- 长度（m）

（一）油浸纸绝缘电力电缆

其绝缘材料为黏性油浸纸，由于容易受潮和滴流，因而都采用铅套或铝套对内护层进行密封。为了增加电缆的机械强度和防腐能力，又采用钢带或钢丝作为铠装外护层，再外加沥青麻被或挤压聚氯乙烯护套，以适应不同环境中敷设。

油浸纸绝缘电力电缆具有使用寿命长、工作电压等级高（1、6、10、35、110kV）、热稳定性能好等优点，但制造工艺较为复杂。其浸渍剂容易滴流，从而导致绝缘性能下降，因此，对此类电缆的敷设位差应做出限制，即要求不得超过下表规定值。

表 6-1-1　油浸纸绝缘电力电缆允许敷设位差（m）

电压（kV）	外护层结构	铅包	铝包
1	铠装	25	25
	无铠装	20	20
6~10	铠装或无铠装	15	15

现研制出一种不滴流浸渍油浸纸绝缘电力电缆，采用黏度大的特种油料浸渍剂，在规定工作温度以下时不易流淌，其敷设位差可达 200m，并可用于热带地区。但制造工艺更为复杂，价格昂贵。

（二）橡皮绝缘电力电缆

橡皮绝缘电力电缆的绝缘材料为丁苯天然混合橡胶，具有柔软、可挠性好，其保护层有铅包、氯丁橡皮和聚氯乙烯等护套，工作电压等级分为 0.5、1、3、6kV 等，其中 0.5kV 电缆使用最多。如橡皮绝缘聚氯乙烯护套电力电缆 XV（XLV）适用于室内、电缆沟、隧道及管道中敷设，不能承受机械外力作用。如橡皮绝缘钢带铠装聚氯乙烯护套电力电缆 XV_{22}（XLV_{22}）适用于土壤中敷设，能承受一定机械外力作用，但不能承受大的拉力。

（三）聚氯乙烯绝缘电力电缆

聚氯乙烯绝缘电力电缆以聚氯乙烯材料作为绝缘层，多采用聚氯乙烯护套，故又称为全塑电力电缆，其工作电压有 0.6、1、6kV 等。为了提高电力电缆承受机械损伤和抗拉能力，可增设钢带或钢丝铠装。由于聚氯乙烯绝缘聚氯乙烯护套电力电缆制造工艺简单，具有耐腐蚀、不延然、无敷设位差限制等优点，而且敷设、接续方便，允许工作温度范围大

（–40℃ ~+65℃），绝缘强度高，故在高、低压线路中得到越来越广泛的应用。

（四）交联聚乙烯绝缘电力电缆

交联聚乙烯电力电缆是以交联聚乙烯塑料作为绝缘层，工作电压有 6、10、35kV 等三级，主要用于工频交流电压 35kV 及以下的输配电线路中。

第二节　电缆线的敷设

一、电缆的敷设方式

（一）直接埋地敷设

将电缆直接埋入地下，不易遭受雷电或其他机械损伤，故障少、安全可靠；同时，其施工方法简单、费用低廉、电缆散热性好，但挖掘的土方量较大，电缆易受土壤中的酸碱性物质的腐蚀，线路维护也较困难，所以，当沿同一路径敷设的电缆根数较少（n≤8 根），敷设距离较长，且又有场地条件时，或者不适合采用架空线路的地方，一般采用电缆直接埋地敷设。

（二）在电缆沟内敷设

电缆在电缆沟内敷设方式适用于敷设距离较短且电缆根数较多（n≤18 根）的情况。如变电所内、厂区内及地下水位低、无高温热源影响的场所，都可采用电缆沟敷设电缆。由于电缆在电缆沟内为明敷设方式，敷设电缆根数多，有利于进行中长期供配电线路规划，而且敷设、检修或更换电缆都较方便，因而获得广泛应用。

（三）在电缆隧道内敷设

电缆在电缆隧道内敷设与在电缆沟内敷设基本相同，只是电缆隧道所容纳的电缆根数更多（n>18 根）。电缆隧道净高不应低于 1.9m，以使人在隧道内能方便地巡视和维修电缆。

（四）在排管内敷设

电缆在排管内敷设适用于电缆根数不超过 12 根，并与各种管道及道路交叉较多，路径又比较拥挤，不宜采用直埋或电缆沟敷设的地段。排管可用石棉水泥管或混凝土管。

此外，电缆还可采用钢管敷设和架空敷设。

二、电缆线路施工要求

电缆线路的施工，必须要求与电缆线路安装有关的建筑工程的施工符合以下一些要求后方可进行。

（一）预埋件应符合设计要求，安装牢靠。

（二）电缆沟、隧道、竖井及人孔检查井等处的地坪及抹面工作结束。

（三）电缆沟、隧道等处的土建施工临时设施、模板及建筑废料等清理干净，施工用道路畅通，盖板齐全。

（四）与电缆安装有关的建筑物、构筑物的土建工程已由质检部门验收，且基本合格；电缆线路敷设后，不能再进行的土建施工工程应结束。

（五）电缆沟、电缆隧道排水畅通，电缆室的门窗安装完毕。

三、电缆保护管的加工与敷设

在电缆的敷设路径中，在某一区段上，可能要穿管安装。因此，在电缆敷设前，应该根据设计图纸要求及施工现场的具体情况，将所需的电缆保护管逐个加工并进行敷设。电缆保护管通常有金属管、塑料管、混凝土管、陶土管、石棉水泥管等几种材料的管子。

电缆保护管与建筑物有关的应在土建工程中预埋，明装的则应在电缆安装前进行敷设，埋于地下的保护管则应在挖沟的时候埋设。电缆保护管的加工及敷设应按下述要求进行：

（一）金属管不应有穿孔、裂纹、显著的凹凸不平及严重锈蚀，管子内壁应光滑无毛刺。电缆管在弯制后不应有裂纹或明显的凹瘪现象，弯扁度一般不应大于管子外经的10%。管口应做成喇叭形并磨光，以防划伤电缆。

（二）硬质塑料管不得用于温度过高或过低的场所。在易受机械损伤的地方，应露出地面，并用钢管进行保护。直埋于受力较大处时，应用厚壁塑料管，必要时应改用金属管。

（三）电缆管的内径不应小于电缆外经的1.5倍；混凝土管、陶土管、石棉水泥管的内径除满足1.5倍要求外，还不应小于100mm。

（四）电缆线路与铁路、公路、城市街道、厂区道路交叉时，电缆保护管的两端应伸出路基两边各2m，伸出排水沟0.5m，在城市街道、厂区道路应伸处车道路面；其保护管的埋深，凡有车辆通过的应大于1m。敷设电缆前应将管口用木塞堵严。

（五）电缆管的弯曲半径应符合穿入电缆的最小弯曲半径之规定。每根管最多不超过三个弯，直接弯不应多于两个。

（六）电缆管明装时，必须埋设支架，不宜将管子直接焊接在支架上，应用U型卡子固定，U型卡子应用钢筋制作，镀锌处理，丝扣与螺母应配套，其直径应由管外经决定，一般为$\phi 6 \sim \phi 10$mm。电缆管支持点的距离一般按下表的数值确定。使用塑料管时，直线长度超过30m时，应加装塑料波纹管或塑料线盒，作为补偿装置。

（七）金属管的连接一般采用螺纹管接头或短节套接，应选大一级的钢管。短套管或管接头的长度由电缆管直径而定，不应小于电缆管外经的2.2倍，一般为100~200mm。套好后两端焊牢焊严；丝扣连接应在丝扣处包缠塑制生料带密封。

表 6-3-1　电缆管支持点间的距离（m）

电缆管直径（mm）		20 以下	25~32	32~40	40~50	50 以上	70 以上
钢管	薄壁管	1.0	1.5	—	2.0	—	2.5
	厚壁管	1.5	2.0	—	2.5	—	3.5
硬质塑料管		1.0	—	1.5	—	2.0	—

利用金属保护管作接地线，丝接处要焊接跨接线，跨接线及管路与地线的连接应在未穿电缆前进行。

（八）硬质塑料管的连接一般用插接或套接。插入深度一般为管子内径的 1.1～1.8 倍。在插接前先涂上胶合剂，且粘牢密封；套接时，套管两端应塑焊、封严。

（九）钢管应涂刷防腐漆，明装时先涂防腐漆后涂色漆，但埋入混凝土内的可不涂漆；采用镀锌钢管时，镀锌层脱落后应补刷防腐漆。管子的电焊处，焊好后必须涂刷防腐漆（暗装）或防腐漆和色漆（明装）。

（十）引至设备的电缆管管口处，应便于与设备连接且不能妨碍设备拆装和进出。并列敷设的电缆管管口应排列整齐并加以固定。

（十一）敷设混凝土、陶土、石棉水泥等材质的电缆管时，其沟内地基应坚实、平整，一般用三合土垫平夯实即可，通常应有不小于 0.1% 的排水坡度。

管内表面应光滑，连接时管孔要对正，接缝严密，以防水或泥浆渗入，一般用水泥砂浆抹严。

（十二）各种管路的埋深应与电缆允许埋深相对应。

（十三）金属管的埋设，应尽量避开严重腐蚀的地域，否则应改变安装电缆的方法，并采用耐腐蚀的电缆，如架空敷设或隧道敷设等。

四、电缆支架的加工与安装

（一）支架的形式

室外电缆线路常用的支架有装配式支架、角钢支架、混凝土支架等三种。其中装配式支架一般由制造厂加工制作，角钢支架则可在现场加工制作。

（二）支架的制作要求

1. 制作支架的钢材应平直，无明显扭曲。

2. 支架的下料误差应在 5mm 范围内，切口应无卷边和毛刺。

3. 各横撑的垂直净距与设计值之间的偏差不应大于 5mm。

4. 金属支架必须进行防腐处理。位于湿热、盐雾以及有化学腐蚀地区的支架，应根据设计要求作特殊的防腐处理。

（三）支架的安装固定

电缆支架的安装固定方式应按设计要求进行，一般有膨胀螺栓固定方式和焊接固定在预埋铁件上的方式。其安装固定支架时，一般按"先两端、后中间"的顺序进行安装，即先找好直线段两端支架的准确位置，然后拉通线安装中间部位的支架，最后安装固定分支、转角处的支架。

电缆支架的安装固定要求如下：

1. 支架安装应牢固、横平竖直、安全可靠。

2. 各支架的同层横撑应在同一水平面上，其高低偏差不应大于 5mm。

3. 在有坡度的电缆沟或建筑物上安装的电缆支架，应有与电缆沟或建筑物相同的坡度。

4. 在电缆沟或电缆隧道内，电缆支架最上层与沟顶、最下层与沟底的距离不应小于规定的数值。

5. 安装好后的电缆支架，全长均应作良好接地。接地线宜使用圆钢（$\phi 6$）或扁钢（-25×4），在敷设电缆前与支架焊接。

五、电缆敷设的一般规定

（一）电缆敷设时，不应破坏电缆沟、电缆隧道、电缆井和人孔检查井的防水层。

（二）在 TN-C 系统中，不能采用三芯电缆另加一根单芯电缆或以导线，也不能用电缆金属护套等作为中性线。以免三相电流不平衡时，使电缆铠装发热。

当在三相系统中使用单芯电缆时，为了减少损耗，应避免电缆松散。此时应将三根单芯电缆紧贴、呈正三角形（∴）排列，并且每隔 1m 用非金属绑带扎牢。

（三）并联运行的电力电缆其长度、型号、规格宜相同。

（四）电缆在下列位置时应留有一定的裕度（备用长度）。

1. 由垂直面引向水平面处；

2. 保护管引入处或引出处；

3. 引入或引出电缆沟、电缆井、电缆隧道处；

4. 建筑物的伸缩缝处；

5. 过河的两侧；

6. 架空敷设到电杆处；

7. 接头处；

8. 终端头处。

裕度的方式一般应使电缆在该处形成倒 Ω 形或 O 形，使电缆能伸缩或者电缆击穿后锯断重做节点。

（五）电缆敷设时，不应使电缆过渡弯曲，并不应有机械损伤。

（六）油浸纸绝缘电力电缆最高点与最低点的位差不应超过规定值。

（七）垂直敷设或超过 45° 倾斜敷设的电缆在每个支持点上均需固定（桥架上每隔 2m 固定一次）。

水平敷设时，只在电缆的首末两端、转弯两侧及接头两侧处固定；当电缆间距有要求时，应每隔 5~10m 固定一次。

固定电缆的夹具宜统一。交流系统的单芯电缆或分相铅套电缆在分相后的固定，其夹具不应有铁件构成的闭合磁路，通常使用尼龙卡子固定。裸铅（铝）套电缆的固定处，应加橡胶软衬垫保护。

各支持点（而非固定点）的间距应符合设计规定。当控制电缆与电力电缆在同一支架上时，支持点距离应按控制电缆要求进行处理。

（八）拖放电缆时，电缆应从电缆盘的上端引出，避免电缆在支架上或地面上摩擦拖拉。拖放速度不宜太快。同时应仔细检查电缆有无机械损伤，如铠装压扁、电缆绞拧、护层拆裂等不妥。凡有不妥处应标好记号，以便处理。

（九）用机具拖放电缆时，其牵引强度不宜大于额定值，以免拉伤电缆，牵引速度不宜超过 15m/min。

（十）日平均气温低于标准值时，敷设前应采用提高周围温度或通过电流法使电缆预热，但严禁用各种明火直接烘烤电缆，否则不宜敷设。冬季电缆安装敷设的时刻最好选在无风或小风天气的 11~15 点钟进行。

（十一）电缆保护管在 30m 以下者，管子内径不应小于电缆外经的 1.5 倍；超过 30m 以上者不应小于 2.5 倍。

（十二）埋于地下的管道或保护管，预埋时应将管口用木塞堵严，防水泥浆流入；敷设后应用沥青膏将管口封住，以便检修或更换电缆。

（十三）油浸纸绝缘电力电缆在切断后，应将端头立即铅封；塑料绝缘电力电缆，一般应有塑料帽紧密套在端头上或者用塑料布严密包裹起来。

（十四）电缆进入电缆沟、电缆隧道、竖井、建筑物、盘柜以及穿入管子时，出入口应封闭，一般用沥青膏浇筑。

（十五）对于有抗干扰要求的电缆线路，应按设计要求做好抗干扰措施。通常应将铝包或铅包单独屏蔽接地，接地电阻≤1Ω。

（十六）有黄麻保护层的电缆，敷设在室内电缆沟内、隧道、竖井内应将黄麻保护层剥掉，然后涂防腐漆。

（十七）电缆在通过下列地段时，应采用有一定机械强度的保护措施，以防电缆受到损伤，一般用钢管保护。

1. 引入、引出建筑物、隧道，穿过楼板及墙壁处；

2. 通过道路、铁路及可能受到机械损伤的地段；

3. 从沟道或地面引至电杆、设备、墙外表面或室内容易碰触处，从地面起，保护高度为 2m。

保护管埋入地面的深度不应小于 150mm，埋入混凝土内不作规定，伸出建筑物散水坡的长度不小于 250mm。

（十八）在电缆的两端、电缆接头处，隧道及竖井的两端，人井内、交叉拐弯处，穿越铁路、公路、道路的两侧，进出建筑物时应设置标志桩（牌）。标志桩（牌）应规格统一、牢固、防腐；标志桩应注明线路编号、型号、规格、电压等级、起始点等内容，字迹应清晰、不易脱落。

（十九）电力电缆接头盒的布置原则

1. 并列敷设时，接头盒的位置应前后错开，错开距离一般为 1m；

2. 明设时，接头盒须用强度较高的绝缘板托置，不得使电缆受到应力。如与其他电缆并列敷设，应用耐电弧隔板予以隔离。绝缘板、电弧板应伸出接头盒两端的长度各不应小于 600mm；

3. 直埋时，接头盒的外面应有防机械损伤的保护盒，一般用铸铁盒，同时盒内注以沥青，以防水分潮气侵入或冻胀损坏电缆接头。尔后再用槽形混凝土盖板在保护盒上，使之不受压力，或者在该处设置电缆井。

六、电缆的敷设

（一）直埋电缆的敷设工艺

电缆直埋的施工方法较为简单，大致顺序如下：

1. 开挖电缆沟槽

按照设计图纸规定的电缆敷设路径，进行电缆沟槽的基础施工。电缆沟的形状，基本上是一个梯形，对于一般土质，沟顶应比沟底宽200mm，如（图6-2-1）所示：

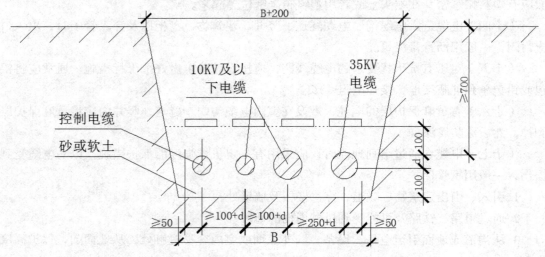

图 6-2-1　电缆沟形状

（1）够深的确定：一般应满足所埋设的电缆上表面与地面的距离不小于0.7m；穿越农田时，不小于1m；在寒冷地区，电缆应埋设于冻土层以下。

当直埋深度超过1.1m时，可以不考虑上部压力的机械损伤；在引入建筑物、与地下建筑物交叉及绕过地下建筑物处，可浅埋，但应采取保护措施。

（2）沟槽宽度的确定：取决于电缆的根数及散热的间距。

（3）电缆沟槽的转弯处，应挖成圆弧形，以保证电缆弯曲半径所要求的尺寸。

2. 埋管

埋设电缆保护管。

3. 采取隔热措施

当电缆线路与热力管道交叉或平行敷设时，电缆线路应尽量远离热力管道。但是，若无法满足两者允许的最小距离（平行时不小于1m，交叉时不小于0.5m）时，应对平行段或在交叉点前后1m范围内做隔热处理。

隔热处理的主要方法是将电缆尽量敷设在热力管道的下方，并将电缆穿石棉水泥管，将热力管道玻璃棉瓦（或装设隔热板）等。

4. 铺设细纱或软土

在挖好的电缆沟槽中铺设100mm厚的细纱或软土。

5. 施放电缆

（1）方法：人工拖放和机械牵引拖放

不论常用何种施放方法，在电缆线盘的两侧，应设专人监视。施放速度宜慢不宜快。在施放路径的地面上应放置滚轮，特别是转弯处更应多放。

（2）施放长度

电缆施放时，不应将电缆拉直，而应呈蛇行状。一般施放的电缆长度比沟槽长1.5%~2%，以便电缆在冬季停止使用时，不致因长度缩短而承受过大的拉力。

6. 铺设面沙

电缆施放完毕后，应在电缆上面铺设一层100mm厚的细纱或软土。

7. 铺设电缆保护盖板（砖）

电缆保护盖板一般是由钢筋混凝土制成，其覆盖宽度应超过电缆两侧各50mm。

8. 回填土

回填土应分层夯实，覆土要高出地面150~200mm，以备松土沉陷。

9. 埋设标志桩

电缆在直线段每隔50~100m处、接头处、转弯处、进入建筑物等处应设置明显的方位标志或标桩，标志桩露出地面以上150mm为宜，并标有"下有电缆"字样。

在直埋电缆施工过程中，除应遵守电缆线路敷设中应遵守的一般规定外，还应注意以下各项：

（1）向一级负荷供电的同一路径的两路电源电缆，不可敷设于同一沟槽内。若无法分沟敷设时，则该两路电缆应采用绝缘和护套均为非延燃材料的电缆，且分别置于电缆沟槽的两侧。

（2）电缆的保护管，每一根只准穿一根电缆，而单芯电缆不允许采用钢管作为保护管。

（3）电缆敷设在下列地段应留有适当的余量，以备重新封端：过河两端留3~5m；过桥两端留0.3~0.5m；电缆终端留1~1.5m。

（4）电缆之间、电缆与其他管道、道路、建筑物等之间的平行或交叉时的最小净距离应符合规定。

（5）电缆沿坡度敷设时，中间接头应保持水平。

（6）铠装电缆和铅（铝）包电缆的金属外皮两端，金属电缆终端头以及保护钢管，必须进行可靠接地，接地电阻不应大于10Ω。

（二）电缆沟（隧道）内的电缆敷设工艺

如前所述，当电缆线路与地下管网交叉不多、地下水位较低、无高温介质和熔化金属液体流入电缆线路敷设的地区、同一路径的电缆根数≤18根时，可用电缆沟敷设电缆。当电缆根数＞18根时，应该采用电缆隧道敷设电缆。电缆沟内和电缆隧道内敷设电缆的施工方法大致相同。下面就以电缆沟为例叙述其敷设工艺过程。

1. 挖掘制作电缆沟

（1）电缆沟宜采用砌砖或混凝土浇筑方式，电缆沟内表面用细砂浆抹平滑。

（2）位于湿度较大的土壤中或地下水位以下的电缆沟，应有可靠的防水层，且每隔约50m设一口集水井,电缆沟沟底对集水井方向应有不小于0.5%~1%的坡度,以利于排水。

（3）电缆沟盖板宜采用钢筋混凝土盖板,每块盖板重不大于50kg。

2. 电缆支架的制作与安装

支架的长度,在电缆沟内不宜大于0.35m,在电缆隧道内不宜大于0.5m。电缆支架的制作安装应符合前述的相关制作安装要求。

3. 电缆在电缆沟内敷设

敷设前,应将沟内杂物清除,检查支架预埋情况并修补,并把电缆沟的盖板全部置于沟上面不利于施放电缆的一侧,另一侧应清理干净。

电缆沟内电缆敷设如（图6-2-2）所示。电缆沟内电缆敷设可在沟旁地面或沟内上层支架上（较少采用）摆放滚轮。牵引电缆时,不应使电缆在地面或支架上摩擦拖拉。

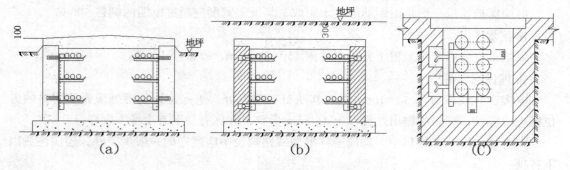

（a）　　　　　　　　　（b）　　　　　　　　　（C）

图6-2-2　电缆在电缆沟内敷设示意图

注意事项:

（1）电缆敷设时,不应损伤电缆沟的防水层。

（2）电力电缆在转弯处、终端接头与接头附近或伸缩缝处宜留有备用长度。

（3）电缆的排列顺序:

1）高压电力电缆应放在低压电力电缆的上层;

2）电力电缆应放在控制电缆的上层;

3）强电控制电缆放在弱电控制电缆的上层;

4）若电缆沟或电缆隧道两侧均有支架时,控制电缆和1kV以下的电力电缆应与1kV以上的电力电缆分别敷设在不同侧的支架上。

（4）控制电缆在支架上不宜超过一层,在桥架上不宜超过3层;交流三相电力电缆在支架上不应超过1层,在桥架上不宜超过2层;交流单芯电力电缆应布置在同侧支架上。

（5）并列敷设的电力电缆,其水平净距为35mm,但不应小于电缆外经。

（6）电缆与热力管道、热力设备之间的净距:平行时不应小于1m,交叉时不应小于0.5m。如无法达到要求,应采用石棉水泥板、软木板或其他隔热材料隔离。电缆一般不平行敷设于热力管道的上部。

（7）敷设在电缆沟、电缆隧道内带有麻护层的电缆,应将麻护层剥除,并应对铠装层加以防腐。

4. 挂电缆标志牌

（1）施放完一根电缆应随即把电缆的标志牌挂好。

（2）电缆标志牌应在电缆的首端、末端和电缆接头、拐弯处的两端及人孔、井内等地方敷设。

（3）标志牌上应注明线路编号，应写明电缆型号、规格及起止地点。标志牌规格应统一，字迹应清晰不易脱落。标志牌挂装应牢固。

5. 固定电缆

电缆的固定间距和所用的夹具应符合前述要求（一般规定的第 7 条）。

电缆在支架上的固定方法很多，最常用的是 Ω 型卡子。Ω 型的卡子有两种，一种是由 "−25×2" 的扁钢制成的，另一种是尼龙成品件。在使用金属制成的卡子时，应垫以塑料袋或其他柔性材料衬垫。无论哪种卡子，其规格应与电缆的外径配套。

6. 盖好沟盖板

电缆敷设完毕后，应及时将沟内杂物清理干净，盖好沟盖板。必要时，应将盖板缝隙密封，以免水、汽、油、灰等侵入。

第三节　电缆线路安装

电缆线路的敷设方式主要有沿墙及建筑构件进行明敷设、穿金属保护管进行暗敷设以及在电缆桥架内进行敷设等。这里主要介绍电缆沿墙明敷设和利用桥架敷设两种方式。

一、电缆沿墙明敷设

电缆沿墙明敷设分为水平敷设和垂直敷设。

（一）电缆沿墙水平敷设

电缆沿墙水平敷设时，一般用悬挂件（"挂钉"和"挂钩"）将电缆悬挂安装。每个挂钩配合使用两个挂钉。

"挂钉"一般由 $\phi 12$ 的圆钢制成，它可以配合土建施工进行预埋，也可以预埋在混凝土预制砌块内。

挂钩一般由 $\phi 6$ 的圆钢制成，其中心间距一般为：敷设电力电缆 1m；敷设控制电缆 0.8m。

（二）电缆沿墙垂直敷设

电缆沿墙垂直敷设时，可以利用支架敷设，也可以利用扁钢卡子直接固定。

支架的形式由一字形、U 形、E 形等几种。支架的固定可以根据支架的形式采用不同的方法，如膨胀螺栓固定、预埋件焊接固定等。支架之间的距离为：敷设电力电缆 1.5m；敷设控制电缆 1m。

二、利用电缆桥架敷设

电缆桥架敷设电缆，已被广泛应用，它适用于多种场所，可用来敷设电力电缆、照明电缆，还可以用于敷设自动控制系统的控制电缆。

（一）电缆桥架及其结构类型和品种

1. 桥架的概念

桥架是由托盘、梯架的直线段、弯通、附件以及支／吊架等构成，用以支承电缆的具有连续的刚性结构系统的总称。

2. 桥架的结构类型

桥架的结构类型可分为：有孔托盘、无孔托盘、梯架和组装式托盘。

（1）有孔托盘：是由带孔眼的底板与侧边所构成的槽形部件，或由整块钢板冲孔后弯制成的部件。

（2）无孔托盘：是由底板与侧边所构成的槽形部件，或由整块钢板弯制成的部件。

（3）梯架：是由侧边与若干个横档构成的梯形部件。

（4）组装式托盘：是由适合于工程现场的任意组合的有孔部件用螺栓或插接方式连接成托盘的部件。

3. 桥架的结构品种

桥架的结构品种包括直线段和弯通。

（1）直线段：是指一段不能改变方向或尺寸的、用于直接承托电缆的刚性直线部件。

（2）弯通：是指一段能改变方向或尺寸的、用于直接承托电缆的刚性非直线部件，它包括下列品种：

1）水平弯通：在同一水平面上改变托盘或梯架方向的部件。按改变方向的角度分为30°、45°、60°、90° 四种。

2）水平三通：在同一水平面上以 90° 分开三个方向连接托盘或梯架的部件，分等宽和变宽两种。

3）垂直三通：在同一垂直面上以 90° 分开三个方向连接托盘或梯架的部件，分等宽和变宽两种。

4）水平四通：在同一水平面上以 90° 分开四个方向连接托盘或梯架的部件，分等宽和变宽两种。

5）垂直四通：在同一垂直面上以 90° 分开四个方向连接托盘或梯架的部件，分等宽和变宽两种。

6）上弯通：使托盘或梯架从水平面向上改变方向的部件，分 30°、45°、60°、90° 四种。

7）下弯通：使托盘或梯架从水平面向下改变方向的部件，分 30°、45°、60°、90° 四种。

8）变径直通：在同一水平面上连接不同宽度或高度的托盘、梯架的部件。

4. 桥架的附件

桥架附件是用于直线段之间、直线段与弯通之间的连接，以构成连续性刚性的桥架系统所必需的连接固定或补充直线段、弯通功能的部件。它包括：直线连接板（又称直接板）、铰链连接板（又称铰接板，分水平和垂直两种）、连续铰连板（又称软接板）、变宽连接板（变宽板）、变高连接板（变高板）、伸缩连接板（伸缩板）、转弯连接板（转弯板）、上下连接板（上下接板，分 30°、45°、60°、90° 四种）、盖板、隔板、压板、终端板、竖井、紧固件。

5.桥架的支吊架

用于直接支承托盘或梯架的部件称为桥架的支吊架。它包括：

（1）托臂：直接支承托盘（或梯架）且为单端固定的刚性部件，分卡板式和螺栓固定式两种。

（2）立柱：直接支承托臂的部件，分为工字钢、槽钢、角钢、异型钢立柱。

（3）吊架：悬吊托盘（或梯架）的刚性部件，分圆钢单（双）吊杆、角钢单（双）吊杆、工字钢单（双）吊杆、槽钢单（双）吊杆、异型钢单（双）吊杆等。

（4）其他固定支架：如垂直面、斜面等固定用的支架。

（二）电缆桥架的选择

电缆桥架有钢制品桥架、玻璃钢桥架和铝合金桥架等几种。建筑电气工程中的电缆桥架大多数为钢制品桥架，较少采用在工业工程中为了防腐而使用的非金属桥架或铝合金桥架。

1.按使用场所选择桥架

（1）一般情况下，尽可能选用有孔托盘或梯架。

（2）在需要防护如油、腐蚀性液体、易燃粉尘等物质的条件下，应选用有盖无孔型桥架。

（3）需要屏蔽电气干扰的电缆回路，应选用有盖无孔型桥架

（4）当需要因地制宜组装桥架时，宜选用组装式托盘。

（5）在容易积尘或其他需要遮盖的环境及户外场所，桥架宜带盖板。

（6）在公共通道或户外跨越道路处使用梯架时，底层梯架的底部宜加垫板，或在该段使用托盘。

（7）低压电力电缆与控制电缆共用同一托盘或梯架时，应选用中间设置隔板的托盘或梯架。

（8）在托盘（或梯架）分支、引上、引下处宜有适当的弯通。因受空间条件限制不便装设弯通或有特殊要求时，可选用软接板、铰接板。

（9）伸缩缝应设置伸缩板。

（10）连接两段不同宽度或高度的托盘（或梯架）可配置变宽或变高板。

（11）支吊架和其他所需附件，应按工程布置条件选择。

2.托盘、梯架规格的选择

托盘、梯架的宽度和高度，应按下列要求进行选择：

（1）电缆在桥架内的填充率：电力电缆不应大于40%；控制电缆不应大于50%。并应留有一定的备用空间，以备今后增添电缆数量。

（2）所选规格的承载能力应满足规定。其工作均布荷载不应大于所选托盘（或梯架）荷载等级的额定均布荷载。

（3）工作均布荷载下的相对挠度不宜大于5/1000。

托盘（或梯架）的直线段，可按单件标准长度选择。单件标准长度一般规定为：2、3、4、6m。

各类弯通及附件规格，应适合工程布置条件，并与托盘（梯架）配套。

支吊架规格的选择，应按托盘（或梯架）规格层数、跨距等条件配置，并应满足荷载要求。

三、桥架的外观检查

（一）桥架包装箱内应有装箱清单、产品合格证、出厂检验报告。

（二）托盘（或梯架）的板材厚度应满足下表规定。表面防腐层的材料应符合国家现行有关标准的规定。

表 6-3-1　托盘、梯架允许最小板材厚度

托盘（或）梯架的宽度（mm）	允许最小厚度（mm）
＜400	1.5
400～800	2.0
＞800	2.5

（三）镀锌层表面应光滑均匀，致密。不得有起皮、气泡、花斑、局部未镀锌（直径2mm以上）、划伤等缺陷。不得有影响安装的镀瘤。螺纹的镀层应光滑，螺栓连接件应能拧入。

（四）喷涂应平整、光滑、均匀、不起皮、无气泡水泡。

（五）桥架焊缝的表面应均匀，不得有漏焊、裂纹、夹渣、烧穿、弧坑等缺陷。

（六）桥架螺栓孔孔径，在螺杆直径不大于 M16 时，可比螺杆直径大 2mm。螺栓连接孔的孔距允许偏差：同一组内相邻两孔间距 ±0.7mm；同一组内任意两孔间距 ±1mm；相邻两组的端孔间距 ±1.2mm。

四、桥架的敷设位置

电缆桥架布线适用于电缆数量较多或较集中的室内外及电气竖井内等场所。电缆桥架应尽可能在建筑物、构筑物（如墙、柱梁、楼板等）上安装，与土建专业密切配合。

电缆桥架的总平面布置应做到距离短，经济合理，运行安全，并应满足施工、安装、维修和敷设要求。

（一）梯架或有孔托盘水平敷设时，距地高度一般不宜低于 2.5m，无孔托盘距地高度可降低至 2.2m。

（二）桥架垂直敷设时，在距地 1.8m 以下易触及的部位，应金属盖保护，以避免人直接接触电缆或电缆遭受机械损伤。但敷设于电气专用房间（如配电室、电气竖井、技术层）内时除外。

（三）桥架多层敷设时，为了散热、维护及防止干扰，桥架层间应保留一定的距离：

1. 桥架上部距离顶棚或其他障碍物不应小于 0.3m；

2. 弱电电缆与电力电缆之间不应小于 0.5m，如有屏蔽盖板可减少到 0.3m；

3. 控制电缆之间不应小于 0.3m；电力电缆之间不应小于 0.3m；

4. 几组电缆桥架在同一高度平行敷设时，各相邻电缆桥架之间应考虑维护、检修距离，一般不宜小于 0.6m。

（四）电缆桥架与各种管道平行敷设时，其净距离应符合下表之规定。

表 6-3-2 电缆桥架与各种管道的最小净距离（m）

管道类别		平行净距离	交叉净距离
一般工业管道		0.4	0.3
具有腐蚀性液体（或气体）管道		0.5	0.5
热力管道	有保温层	0.5	0.5
	无保温层	1.0	1.0

五、支吊架的设置位置

（一）支吊架在桥架直线段上的设置位置

电缆桥架水平敷设时，支撑跨据一般为 1.5~3m；电缆桥架垂直安装时，固定点间距不宜大于 2m。

（二）支吊架在桥架非直线段上的设置位置

当桥架弯通的弯曲半径不大于 300mm 时，应在直线段侧距弯曲段与直线段的接合处 300~600mm 设置一个支吊架；当弯曲半径大于 300mm 时，还应在弯通的中部增设一个支吊架。

六、支吊架的安装

（一）门形角钢支架的安装

常用的门形角钢支架有焊接式和组合式两种。当桥架沿墙垂直安装时，可以使用门形角钢支架进行固定。

门形角钢支架的安装通常有两种方式：一种是配合土建施工预埋，这时支架尾部应开叉呈燕尾状；另一种是在土建施工中预埋地脚螺栓，然后将焊接在支架尾部且有螺栓连接孔的铁板通过地脚螺栓固定于墙上。

（二）梯形角钢支架的安装

当桥架沿墙面、柱子水平安装时，墙面和柱子上的桥架固定支架（或托臂）需在同一条直线上，因此一般要在墙面上安装梯形角钢支架。梯形角钢支架一般做成直角梯形：其宽边一般焊接有上下两块固定带有螺栓连接孔的连接板，以便与墙体相连；其短边焊接有异型钢立柱，以用来安装托臂（或支架）。

梯形角钢支架在墙体上固定方式通常有三种：通过预埋的地脚螺栓进行固定。通过膨胀螺栓进行固定。直接焊接在预埋铁件上。

（三）桥架立柱的安装

立柱是直接支承托臂的部件，它可由工字钢、槽钢、角钢、异型钢等材料制作。立柱不但可以安装在墙上、柱子上，还可以悬吊在梁上或楼板上。

1. 侧壁式安装

1）工字钢立柱墙、柱上侧壁式安装

在墙上侧装：一般是先将预埋有铁件的混凝土砌块在适当位置随墙砌筑，然后把工字钢立柱焊接在混凝土砌块的铁件上即可。

在混凝土柱上侧装：第一种方式是在浇筑混凝土之前将预埋铁件与柱筋进行固定后一同浇筑在混凝土柱内，再将工字钢立柱与预埋铁件进行焊接固定。第二种方式是采用抱箍固定工字钢立柱。先将抱箍（两半）通过螺栓固定在混凝土柱上，然后将工字钢立柱焊接于抱箍上。抱箍应采用 –40×4 的镀锌扁钢制成，扁钢的下料长度一般为混凝土柱的半周长增加 80mm。这种方式仅适用于在独立的混凝土柱上固定工字钢立柱。

2）异型钢立柱在墙、柱上侧壁安装

在墙上侧装：不但可以使用固定板及墙体内的预埋螺栓固定异型钢立柱，还可以使用膨胀螺栓直接将异型钢立柱进行固定。

在混凝土柱上侧装：一般使用膨胀螺栓直接将异型钢立柱进行固定。

2. 工字钢立柱直立式安装

工字钢立柱直立式安装时，立柱距墙面或柱子面净距离为 300~500mm，其安装方式很多，可采用预埋钳形夹板或固定板对立柱进行连接固定。

钳形夹板往往连接螺栓固定在预埋于墙体内的一字形角钢支架上。固定板往往直接预埋在墙上或混凝土柱子上。

带有底座的工字钢立柱，应在混凝土楼面内预埋 M10×200 的地脚螺栓用以固定安装立柱底座。

3. 立柱悬吊式安装

1）在楼板及梁的正下方吊装

工字钢立柱在楼板上吊装：将立柱与预埋件焊接即可。预埋件为 $\phi14$ 的圆钢或 160×160×6mm 的钢板。

工字钢立柱在现浇矩形梁上吊装：将立柱与预埋件焊接即可。预埋件为焊接有（总长为 470mm、宽度为 80mm，直径为 $\phi8$、开口、位于混凝土梁内）钢筋的、规格为 120mm×120mm×6mm 的钢板。

槽钢、角钢立柱在楼板及梁上吊装：除了可以采用工字钢的吊装方法之外，还可以用 M12×105 的膨胀螺栓固定立柱底座，然后将立柱焊接在立柱底座上。

异型钢立柱的吊装：在预制混凝土梁上，采用 M12×105 的膨胀螺栓固定立柱底座，然后将立柱焊接在立柱底座上；在现浇混凝土楼板或混凝土梁上，应配合土建做好预埋件，待安装时将异型钢立柱与预埋件焊接。

2）在混凝土梁的侧面吊装

立柱沿现浇矩形梁侧面吊装：将立柱与矩形混凝土梁侧面的预埋件焊接即可。预埋件为焊接有（总长为 390mm、宽度为 80mm，直径为 $\phi8$、开口、位于混凝土梁内）钢筋的、规格为 120mm×120mm×6mm 的钢板。

立柱在工字形、梯形梁侧面吊装：可采用 $\phi16$ 的抱箍或 M16 的双头螺栓进行固定（此时需在梁上钻孔）。

4. 立柱在斜面上的安装

工字钢、槽钢、角钢立柱需要在建筑物斜面上安装或在墙壁上做倾斜支撑时，应使用立柱倾斜底座与建筑物连接。立柱倾斜底座可用膨胀螺栓与建筑物固定。若斜面为钢结构时，可将底座与钢结构直接焊接。立柱与底座的连接应使用连接板及连接螺栓进行连接。

（四）圆钢双吊杆安装

桥架采用圆钢双吊杆水平安装。

（五）托臂的安装

托臂是直接支承托盘、梯架且单独固定的刚性部件。托臂有螺栓固定式和卡接固定式。

1. 托臂预埋件安装

托臂在建筑物的墙上或柱子上安装，可用预埋螺栓固定，也可与墙体内的预埋件进行焊接固定。预埋螺栓及预埋铁件可随土建施工进行预埋，也可将预埋好预埋件的预制混凝土砌块随墙砌入。

2. 托臂用膨胀螺栓安装

如果采用膨胀螺栓固定托臂，混凝土构件的强度则不应小于 C15。在相当于 C15 混凝土强度的砖墙上也允许采用膨胀螺栓固定托臂，但不适宜在空心砖的建筑物上使用。

3. 托臂在立柱上安装

托臂在工字钢立柱上用卡接的方式进行固定，在槽钢、角钢立柱上则用 M10×50 的螺栓进行连接固定。

（六）桥架与工业管道的共架安装

电缆桥架与工业管道共架安装时，电缆桥架应布置在管架的一侧。工业管道架有混凝土管架和钢结构管架，在混凝土管架上，立柱可与预埋件焊接，也可用膨胀螺栓固定；在钢结构管架上，立柱一般采用焊接固定。

电缆桥架与一般工业管道（如压缩空气管道等）平行架设时，间距不应小于 400mm。电缆桥架与一般工业管道交叉架设时，净距不应小于 300mm。

电缆桥架与热力管道平行架设时，若管道有保温层，间距不应小于 500mm，否则不小于 1000mm；电缆桥架不宜在热力管道的上方架设，若无法避免，间距不应小于 1000mm，且在两者之间应采取有效的隔热措施。电缆桥架与热力管道交叉架设时，若管道有保温层，间距不应小于 500mm，否则不小于 1000mm，且有隔热板（如石棉板）保护电缆桥架，隔热板长度不应小于热力管保温层外经加 2000mm。

电缆桥架与具有腐蚀性液体或气体平行架设时，间距不应小于 500mm，但电缆桥架不宜在输送具有腐蚀性液体的管道下方或具有腐蚀性气体的上方平行架设，当无法避免时，应保证 500mm 的间距。当电缆桥架在输送具有腐蚀性液体的管道下方或具有腐蚀性气体管道的上方交叉架设时，间距不应小于 500mm，且有防腐盖板保护电缆桥架，其盖板长度不应小于热力管保温层外经加 2000mm。

七、桥架的安装

支吊架安装调整完毕后，即可进行托盘或梯架的安装。托盘或梯架的安装，应先从始端直线段开始，先把起始端托盘或梯架的位置确定好，固定牢固。固定方法可用夹板或压板，然后再沿桥架的全长逐段地对托盘或梯架进行布置。

（一）电缆桥架的组装

电缆桥架的组装是根据设计要求对桥架的直线段和弯通进行连接的过程。桥架的直线段和弯通的侧边均有螺栓连接孔。

1. 当桥架的直线段之间、直线段与弯通之间需要连接时，可用直线连接板（直接板）进行连接，有的桥架直线段之间连接时在侧边内侧使用内衬板。托盘、梯架连接板的螺栓应紧固，螺母应位于托盘、梯架的外侧。

2. 当连接两段不同宽度或高度的托盘或梯架时，可用变宽连接板或变高连接板进行连接。

3. 低压电力电缆与控制电缆共用同一托盘或梯架时，相互间宜设置隔板。

4. 电缆桥架的末端，应使用终端板。

5. 由托盘、梯架引出的配管应使用钢导管，当托盘需要开孔时，应使用开孔机开孔，严禁使用气、电焊割孔。开孔处应切口整齐，管、孔的直径应吻合。钢导管与桥架连接时，应使用管接头固定。

（二）电缆桥架的补偿装置

当直线段钢制电缆桥架超过 30m，铝合金或玻璃钢电缆桥架超过 15m 时，应留有伸缩缝，其连接宜采用伸缩连接板（伸缩板）；电缆桥架跨越建筑物的伸缩缝处，桥架在伸缩缝处可以断开敷设，断开距离不宜大于 100mm。

组装好的电缆桥架，其直线段应该在同一条直线上，偏差不应大于 10mm。

八、桥架的接地

为了避免电缆发生故障时危及人身安全，桥架系统的金属桥架及其支架和引入或引出的金属电缆导管必须具有可靠的电气连接并做良好接地。

（一）金属电缆桥架及其支架在桥架系统的全长上不少于 2 处与接地干线（PE 线）连接。

（二）当允许利用桥架系统构成接地干线回路时，应符合下列要求

1. 托盘、梯架的端部之间连接电阻不应大于 0.000333Ω（即 0.33mΩ）。在接地孔处，应将丝扣、接触点和接触面上任何不导电的涂层和类似的表层清理干净。

2. 在伸缩缝或软连接处需采用编织铜线连接。

（三）用金属电缆桥架作为接地线（PE 线）时，为了防止连接处的电阻过大，造成导电不良，非镀锌电缆桥架每段连接板上的两端，应跨接铜芯接地线，接地线最小截面不小于 4mm²；镀锌电缆桥架连接板的两端可不跨接接地线，但连接板两端应有不少于两个有防松螺帽或防松垫圈的连接固定螺栓。

（四）沿桥架全长另敷设接地干线时，每段（包括非直线段）托盘或梯架应至少有一

点与接地干线可靠连接。

（五）对于振动场所，在接地部位的连接处应装弹簧垫圈。

（六）对于多层电缆桥架，应将每层桥架的端部用 16mm² 的软铜线连接起来，再与总接地干线相通。

（七）长距离的电缆桥架应每隔 30～50m 接地一次。

九、电缆敷设

（一）电缆在桥架内敷设前应对电缆进行详细检查：型号规格、电压等级均应符合设计要求，外观应无损伤、绝缘良好。

（二）电缆沿桥架敷设前，应事先制定电缆敷设排列表，以防止电缆排列紊乱、相互交叉。

1. 施放电缆时，对于单端固定的托臂可以在地面上设置滑轮施放，放好后再拿到托盘或桥架内；在双吊杆固定的托盘或桥架内敷设电缆，可直接在托盘或桥架内安放滑轮进行电缆施放，电缆不得直接在托盘或梯架内拖拉。

2. 电缆在桥架内敷设时，应单层敷设，并且敷设一根、整理一根、固定一根。垂直敷设的电缆应每隔 1.5～2m 进行固定；水平敷设的电缆，应在首末两端、转弯及每隔 5～10 处进行固定，对不同标高的端部也应进行固定。固定方法有：尼龙卡带、绑扎线或电缆卡子。

（三）在桥架内电力电缆的总截面（包括外护层）不应大于桥架有效断面的 40%，控制电缆不应大于 50%。

（四）下列不同电压、不同用途的电缆不宜敷设在同一层桥架内。

1. 1kV 以上和 1kV 以下的电缆；

2. 同一路径向同一级负荷供电的双路电源电缆；

3. 应急照明和其他照明电缆；

4. 强电和弱电电缆。

若受条件限制需要敷设在同一层桥架上，应采用隔板将其隔开。

（五）电缆敷设完毕后，应及时清除杂物，并盖好桥架盖板，同时进行最后调整。

1. 托盘、桥架在承受额定均布荷载时的相对挠度不应大于 0.5%。

2. 吊架横档或侧壁固定的托盘在承受托盘、梯架额定荷载时的最大挠度值与其长度之比不应大于 1%。

十、电缆桥架的防火隔离措施

电缆桥架在穿过防火墙及防火楼板时，应采取防火隔离措施，防止火灾沿线路蔓延。

防火隔离段施工中，应配合土建施工预留洞口，在洞口处预埋好护边角钢。施工时根据电缆的敷设根数和层数用∠50×50×5 的角钢制作固定框，同时将固定框焊接在护边角钢上。电缆过墙处应尽量水平敷设，电缆穿墙时，房一层电缆就垫一层 60mm 厚的泡沫石棉毡，同时用泡沫石棉毡把洞堵严，再有一些小洞就用电缆防火堵料堵严。墙洞两侧应用隔板将泡沫石棉毡保护起来。在防火墙两侧 1m 以内对塑料、橡胶电缆直接涂以改性氨基膨胀防火涂料 3～5 次达到 0.5～1mm 厚。对铠装油浸纸绝缘电缆，先包一层玻璃丝布，在涂 0.5～1mm 厚的涂料或直接涂 1～1.5mm 厚的涂料。

第四节　电缆线路接头

一、电缆护套开剥

（一）距电缆端头 800mm 处用电工刀环切外护套一周，然后自环切处向电缆端头方向纵向切割（约 300mm），剥除外护套，裸露钢带。

（二）在距外护套切口 25mm 处的钢带上，用镀锌铁线绑扎一周。

（三）用钢锯沿镀锌铁线外缘锯断钢带，并剥除多余钢带，露出内护层（锯口要整齐，锯钢带时不得伤及内护套）。

（四）用喷灯烘烤铝护套上的塑料垫层及沥青等，然后用棉纱擦净垫层及沥青，确保铝护套清洁，用钢锉把铝护套焊缝打平。

距外护套切口 220mm 处，用铝护套切割刀或钢锯环切铝护套一周，折断并抽去铝护套，露出线束，线束端部用塑料自粘带包扎，防止松散。

二、电气连接及防护

（一）连接点涂锡

1. 在裸露的钢带上，用砂布或小细锉将两层钢带表面处理干净，其面积应大于 1cm²，并涂上松香水。

2. 用火烙铁和松香焊锡丝在涂有松香水的部位涂上焊锡，焊点面积应不小于 1cm²，（两层钢带上必须都有焊锡，焊点禁止用焊锡膏）。

3. 距钢带切口 50mm 范围内的铝护套上，采用低温钎焊工艺，涂上一层焊锡，操作方法详见《铁路长途通信电缆接续工艺操作细则》，焊锡面积不小于 1cm²。

（二）焊点连接

将备用的连接铜片（或铜线 0.9 芯线至少 7 根）两端涂上焊锡，然后安放在钢带与铝护套的焊锡点上，用火烙铁焊接连通。要求焊点牢固光滑，焊点面积不小于 1cm²。

（三）表面清洁

用电工刀刮净铝护套上的残留焊锡、底料，用砂纸将电缆 PE 护套切口外侧缆身上 100mm 范围及铝护套侧 250mm 范围内打毛，并用酒精棉擦净。

（四）防护

1. 将 φ42/14×350mm 的热可缩管从线束端套入并移至打毛范围内。

2. 用喷灯对热可缩管进行加热，加热时应从开剥端处开始，横向圆周加热，使其完全收缩（收缩后保证热可缩管端口距铝护套端口 45mm），再逐渐向热可缩管的另一侧加热，使整个热可缩管紧密的收缩在铝护套和外护套上，当管口溢出时即停止加热。

3. 在热可缩管口与外护套接缝处缠包塑料自粘带 2~3 层。

4. 将热可缩管密封区域用砂纸打毛，再用酒精擦干净。

三、接头盒下盒体及连接支架的安装

（一）用 PVC 自粘带在铝护套切口处包扎 2 圈，然后松开电缆纸至 PVC 自粘带包扎处，用刀片将其切除，露出缆线和信号线对，在芯线稍端用 PVC 自粘带包扎 2 圈。

（二）打开接头盒，取出下盒体内的各种配件、材料，只留下电缆连接支架并卸下电缆铝夹箍的上半部分待用。

（三）依次把橡胶塞、电缆紧固帽、塑料垫片、电缆紧固帽、按顺序通过线束，一一套在缆身上，并移至热可缩管中间部位。

（四）将两侧电缆通过盒体引入管口，穿入下盒体内。电缆铝护套穿出铝夹箍5mm，安装铝夹箍的上半部分，拧上两个内六角螺栓（不要拧紧，只需确保电缆铝护套不会轻易移动）。

（五）将事先套在缆身上的电缆紧固帽、塑料垫片移至盒体引入管口，推紧，尽量使电缆紧固帽均匀地嵌入引入管口与电缆缆身中间，然后将电缆密封帽慢慢拧在引入管口上，用手拧紧，然后用专用工具将电缆密封帽拧紧，套上橡胶塞。

（六）在未穿电缆的引入管口上按要求先在紧固堵头上放好垫片、密封圈，然后用专用工具将其拧紧密封（安装配置有地线柱的紧固堵头时应把连接线从管口内引出至盒体内），套上橡胶塞。

（七）用内六角扳手将铝夹箍上的内六角螺栓拧紧，确保铝夹箍对电缆铝护套有足够的夹持力。

四、芯线接续

（一）解开芯线稍端的自粘带，把 A、B 两端的四芯组色谱位置调整一致，以便接续整齐，并留出足够的缆线长度（500mm），多余的可剪去。

（二）用纱布将已露出散开芯线上的油膏擦去，反复多次进行，直至把芯线上的大部分黏附的油膏擦去为止。

（三）再用已浸透油膏清洗剂的纱布，将残留在芯线绝缘层中的油膏和油污擦净。同时用酒精棉将所有的芯线复擦一遍。

（四）根据接续卡片的交叉方式，进行接续。

（五）芯线接续。

1. 接线、接续点及排列。

2. 芯线接续工艺部分按《铁路通信长途电缆接续编工艺操作细则》。

3. 加感线对的接续时，应按顺序将单元加感线圈编上号码对应接入四芯组。

4. 芯线全部接续完毕，通过测试后，对芯线接头进行整理，用尼龙扎带扎紧。

5. 区间分歧电缆接续工艺及引入方式同上。分歧电缆引入方向与上行电缆同侧。

五、接头盒的组装

（一）把接头盒上下盒密封区用酒精棉擦拭干净。

（二）把接头盒下盒体接地线安装在连接支架上，然后把密封条安置密封槽内。注意密封条安放的时候要把凹陷深的一面朝下放进槽道。

取接头盒上盒体，有地线柱和气嘴侧跟下行电缆引入方向同侧，然后把上盒体与下盒体对齐，先用 6 只 M5.5×45 不锈钢自攻螺栓稍为固定一下盒体位置（不要拧紧），然后用四块斜插板分别从盒体两端对应套在盒体两侧滑道上，并用木锤轮流敲打四角处斜插板的末端，使其移向中心，直至插板外端与电缆盒端头平齐．用 4 只 M3×6 螺栓将固定插板连接（两侧相同），然后用十字螺丝刀将两端的 M5.5×45 自攻螺栓拧紧。

（三）接地，将带有 1.37mm×7×3M 地线的铜套（需另购）拧在地线柱上，裸露处用适宜的热收缩管加以处理防护（已处理），套上相应的橡胶保护塞。将气嘴拎紧，套上橡胶保护塞。

六、接头盒的灌胶

（一）准备所需求的密封胶填充剂 A、B 两组份（约2500克）。先将 A 组份的固化剂打开，同时再将 B 组份的胶体罐盖打开，直接将 A 组份的固化剂倒入 B 组份的胶体罐内。

（二）用配备的木刮刀插入罐内，按同一方向旋转慢慢搅拌，起初胶体因搅拌呈现浑浊，待搅拌 2~3 分钟后，该胶的体系慢慢呈微透明色，此时已表示搅拌均匀（搅拌若不充分，将导致无法固化或固化不完全）。

（三）将混合调好的胶体，沿漏斗从接头盒某侧孔缓缓灌注入接头盒内，同时轻轻抬起被灌的一侧盒体，使盒体能呈一定的斜度。

（四）待灌注的胶体从接头盒另一侧孔中溢出时，暂停灌注，再将盒体放平。（如孔内还见空间，再补上些胶体，直至基本溢满为止）。

（五）擦净两侧灌注口边的胶体，盖上橡胶塞子，此时不能再移动接头部位。

（六）注意事项。

1.胶体在灌浇时不能直接碰上水、油等污物。

2.胶体在搅拌时，不能来回翻转搅拌，否则会导致胶体内气泡产生，影响胶体的密封性能。

3.胶体在固化前，凝固过程中不要随意移动被灌浇的盒体。

4.在灌浇时，容量要合适，A、B 两组混合后应一次用完，如固化后未填满，可再按需调配补充灌浇（A:B=18:100）。

5.胶体初步固化参考时间为 1~2.5 小时，完全固化时间为 24 小时（根据当前温度和季节的变化）。

6.灌浇一定要灌满，待胶体不再下渗方才盖好胶盖。

七、接头盒埋设及保护

（一）接头坑底要平整、宽敞，接头盒应安放在接头坑一侧中心位置。

（二）复合槽置于坑底，接头盒轻轻置于复合槽内，接头盒两侧引入的电缆应保持平直，其长度以 400~500mm 为宜，电缆在坑内走向弯曲半径应大于电缆直径的 20 倍以上。

（三）盖上复合槽盖，先回填部分松土，最后全部填满接头坑（禁止大石块及其他尖硬杂物填入坑内）。

第六节　电缆的试验与验收

电缆及电缆附件的验收是电缆线路施工前的重要工作，保证电缆及电缆附件安装质量运行的第一步，所以，电缆及附件的验收试验标准均应服从国标和订货合同中的特殊约定。

一、电缆及附件的现场检查验收

（一）电缆的现场检查验收

1. 按照施工设计和订货合同，电缆的规格、型号和数量应相符。电缆的产品说明书、检验合格证应齐全。

2. 电缆盘及电缆应完好无损，充油电缆盘上的附件应完好，压力箱的油压应正常，电缆应无漏油迹象。电缆端部应密封严密牢固

3. 遥测电缆外护套绝缘：凡有聚氯乙烯或聚乙烯护套且护套外有石墨层的电缆，一般应用 2500V 摇表测量绝缘电阻，绝缘电阻符合要求。

4. 电缆盘上盘号，制造厂名称，电缆型号，额定电压，芯数及标称截面，装盘长度，毛重，电缆盘正确旋转方向的箭头，标注标记和生产日期应齐全清晰。

（二）电缆附件的现场检查验收

1. 按照施工设计和订货合同，电缆附件的产品说明书、检验合格证、安装图纸应齐全。

2. 电缆附件应齐全、完好，型号、规格应与电缆类型（如电压、芯数、截面、护层结构）和环境要求一致，终端外绝缘应符合污秽等级要求；

3. 绝缘材料的防潮包装及密封应良好，绝缘材料不得受潮。

4. 橡胶预制件、热缩材料的内、外表面光滑，没有因材质或工艺不良引起的、肉眼可见的斑痕、凹坑、裂纹等缺陷。

5. 导体连接杆和导体连接管表面应光滑、清洁、无损伤和毛刺。

6. 附件的密封金具应具有良好的组装密封性和配合性，不应有组装后造成泄漏的缺陷，如划伤、凹痕等。

7. 橡胶绝缘与半导电屏蔽的界面应结合良好，应无裂纹和剥离现象，半导电屏蔽应无明显杂质。

8. 环氧预制件和环氧套管内外表面应光滑，无明显杂质、气孔；绝缘与预埋金属嵌件结合良好，无裂纹、变形等异常情况。

二、电缆及附件的验收试验

（一）电缆例行试验

电缆例行试验又称为出厂试验，是制造厂为了证明电缆质量符合技术条件，发现制造过程中的偶然性缺陷，对所有制造电缆长度均应进行的试验。电缆例行试验主要包括以下几种试验：

1. 交流电压试验

试验应在成盘电缆上进行。在室温下在导体和金属屏蔽之间施加交流电压，电压值与持续时间应符合相关标准规定，以不发生绝缘击穿为合格。

2. 局部放电试验

交联聚乙烯电缆应当 100% 进行局部放电试验，局部放电试验电压施加于电缆导体与绝缘屏蔽之间。通过局放试验可以检验出的制造缺陷有：绝缘中存在杂质和气泡，导体屏蔽层不完善（如凸凹、断裂）、导体表面毛刺以及外屏蔽损伤等。进行局部放电测量时，电压应平稳地升高到 1.2 倍试验电压，但时间应不超过 1min。此后，缓慢地下降到规定的试验电压，此时即可测量局部放电量值，测得的指标应符合国家技术标准及订货技术标准。

3. 非金属外护套直流电压试验

如在订货时有要求，对非金属外护套应进行直流电压试验。在非金属外护套内金属层和外导电层之间（以内金属层为负极性）施加直流电压 25kV，保持 1min，外护套应不击穿。

（二）电缆抽样试验

抽样试验是制造厂按照一定频度对成品电缆或取自成品电缆的试样进行的试验。抽样试验多数为破坏性试验，通过它验证电缆产品的关键性能是否符合标准要求。抽样试验包括电缆结构尺寸检查、导体直流电阻试验、电容试验和交联聚乙烯绝缘热延伸试验。

1. 结构尺寸检查

对电缆结构尺寸进行检查，检查的内容有：测量绝缘厚度、检查导体结构、检测外护层和金属护套厚度。

2. 导体直流电阻试验

导体直流电阻可在整盘电缆上或短段试样上进行测量。在成盘电缆上进行测量时，被试品应置于室内至少 12h 后再进行测试，如对导体温度是否与室温相符有疑问时，可将试样置测试室内存放时间延至 24h。如采用短段试样进行测量时，试样应置于温度控制箱内1h 后方可进行测量。导体直流电阻应符合相关规定。

3. 电容试验

在导体和金属屏蔽层之间测量电容，测量结果应不大于设计值的 8%。

4. 交联聚乙烯热延伸试验

热延伸试验是用于检查交联聚乙烯绝缘的交联度。试验结果应符合相关标准。

电缆抽样试验应在每批统一型号及规格电缆中的一根制造长度电缆上进行，但数量应不超过合同中交货批制造盘数的 10%。如试验结果不符合标准规定的任一项试验要求，应在同一批电缆中取 2 个试样就不合格项目再进行试验。如果 2 个试样均合格，则该批电缆符合标准要求；如果 2 个试样中仍有一个不符合规定要求，进一步抽样和试验应由供需双方商定。

（三）电缆附件例行试验

1. 密封金具、瓷套或环氧套管的密封试验；

试验装置应将密封金具、瓷套或环氧套管试品两端密封。制造厂可根据适用情况任选压力泄漏试验和真空漏增试验中的一种方法进行试验。

2. 预制橡胶绝缘件的局部放电试验；

按照规定的试验电压之进行局部放电试验，测得的结果符合技术标准要求。

3. 预制橡胶绝缘件的电压试验。

试验电压应在环境温度下使用工频交流电压进行，试验电压应逐渐地升到 $2.5U_0$，然后保持 30min，试品应不击穿。

（四）电缆附件抽样试验

电缆附件验收，可按抽样试验对产品进行验收。抽样试验项目和程序如下：

1. 对于户内终端和接头进行 1 分钟干态交流耐压试验，户外终端进行 1 分钟淋雨交流耐压试验；

2. 常温局部放电试验；

3. 三次不加电压只加电流的负荷循环试验；

4. 常温下局部放电试验；

5. 常温下冲击试验；

6. 15 分钟直流耐压试验；

7. 4 小时交流耐压试验；

8. 带有浇灌绝缘剂盒体的终端头和接头进行密封试验和机械强度试验。

第七章　配电设备安装施工

第一节　配电设备的构成及作用

配电设备是制造厂成套供应的设备，可分为高压开关、低压开关、互感器和 SF_6 断路器等。设计配电装置时，应根据主接线要求选择配电设备和开关柜，来组成相应的配电装置。

一、高压开关

高压开关即高压断路器，按其灭弧介质分类，有油断路器（多油断路器、少油断路器）、气吹断路器（空气断路器、SF_6 断路器）、真空断路器和磁吹断路器等。由于真空断路器的特点，使其在配电网络中得到了广泛的应用。因此，在我厂 6kV 高压开关主要采用 ZN28 型真空断路器和 KYN 型 F-C 回路断路器。

（一）6kV ZN28 型真空断路器

真空断路器是以真空作为灭弧介质和绝缘介质。所谓真空是相对而言的，指的是绝对压力低于大气压的气体压力。在这种气体稀薄的空间，用于导电的气体分子数目很少，故其绝缘强度高，电弧很容易熄灭。

1. 分类

ZN28 型真空断路器按其作用可分为：

（1）作为负荷开关配置 ZN28-10 / $^{1280}_{2000}$ -31.5 型真空断路器；

（2）作为电源开关配置 ZN28-10 / $^{3180}_{4000}$ -50 型真空断路器；

其型号中各字符的代表意义如下：（以 ZN28-10 / $^{1280}_{2000}$ -31.5 型为例）

Z——真空断路器

N——表示使用环境户内式

28——设计序号

10——额定电压 10kV

$^{1280}_{2000}$ ——额定电流 1280～2000A

31.5——额定开断电流 31.5kA

2. 真空灭弧装置的工作原理

真空断路器的灭弧装置由外壳、触头和主屏蔽罩三大部分组成。

（1）外壳

真空断路器灭弧装置的外壳由绝缘筒、静端盖板、动端盖板和波纹管组成。绝缘筒是用玻璃、高氧化铝、陶瓷式微晶玻璃制造的。外壳的作用是构成一个真空密封容器，在其中装有动、静触头和主屏蔽罩，同时又作为动、静触头间的支撑。对外壳的密封性要求很高，是为了保证真空灭弧装置工作可靠。波纹管是外壳的一个重要组成部分，也是真空灭弧装置中一个最薄弱的元件，其功能是用来保证外壳密封，又可使自操作机构来的运动得以传到动触头上，触头每合、分一次，波纹管的波状薄壁就要产生一次大幅度的机械变形。剧烈而频繁的机械变形很容易使波纹管因疲劳而损坏，它一旦破裂，真空灭弧装置的寿命便终止，所以真空灭弧装置的机械寿命主要决定于波纹管的使用寿命。

（2）触头

触头是真空灭弧装置内最重要的元件，真空断路器的额定电流、额定关合和开断电流以及开断小电流时的过电压等电气参数均与触头有关，这里与触头有关的因素包括：触头形状、制造触头所用材料和触头开距。一般触头开距为 11cm 左右，上端为动触头，下端为静触头。

（3）屏蔽罩

真空灭弧装置中的屏蔽罩有：主屏蔽罩和波纹管屏蔽罩。主屏蔽罩包在触头周围，用来防止燃弧时弧隙中产生的大量金属蒸汽和液滴喷到灭弧室外壁上，以致降低其耐压强度，同时使金属蒸汽迅速冷却而凝结成固体，不让其返回到弧隙中，以有利于弧隙中气体粒子密度迅速降低和介质强度快速恢复；波纹管屏蔽罩包在波纹管周围，使燃弧时产生的金属蒸汽不致凝结到波纹管表面上，对波纹管具有保护作用。

该断路器配用中封式纵磁场真空灭弧室，当动、静触头在操作机构作用下带电分闸时触头间隙将燃烧真空电弧，并在电流过零时熄灭。由于触头的特殊结构，燃弧期间电弧会产生适当的纵向磁场，这个磁场可使电弧均匀分布在触头表面，维持低的电弧电压，并使真空灭弧室具有高的弧后介质强度恢复速度、小的电弧能量和小的电腐蚀速率，从而提高断路器开断短路电流的能力和寿命。

3. ZN28 真空断路器的操作机构

高压断路器进行合闸、分闸操作，以及保持在合闸状态，这些任务是由操作机构来执行的。操作系统的动作过程实际上就是使操作元件（如合闸元件或分闸元件）获得动能，再通过拐臂和连杆机构，将动能传到触头去实现合闸或分闸。操作系统中独立于断路器本体的那一部分，称为操作机构，其余部分作为传递动力的部分称为传动机构。因此，操作系统是由操作机构和传动机构两部分组成的。

根据操作时所需动力的来源不同，操动机构又分成手动、液压、电磁、弹簧操纵机构四种类型。

ZN28 型真空断路器配置了 CT19 弹簧操纵机构，这种机构中，驱动能源由预先储能的合闸弹簧供给。在操作断路器之前，由另外小功率的能源（储能电机）先将合闸弹簧储能，使它处于准备合闸状态。由于弹簧操纵机构不需要大容量的能源装置，因而得到了广泛的应用。

4. 手车操作步骤

（1）进出车的操作方法及步骤

第一步：用专用钥匙打开柜门，将导轨与柜体相连；

第二步：用手将手车开关推入柜内"试验"位置；

第三步：将手车底部的推进机构面板锁定在柜体两侧的立柱上。即锁定弯柄向内旋转90°；

第四步：将二次插头插入手车二次插座上并锁定，此时断路器应能试验分/合闸；

第五步：关上柜门并锁死，用专用钥匙插入钥匙锁孔顺时针转动90°至手动通断位，此步骤有三个功能：

a——打开摇把孔，解锁推进机构；

b——使断路器处于分闸状态，防止带负荷插入一次隔离插头；

c——关闭接地开关操作孔，防止带电关合接地开关；

第六步：将摇把插入摇把孔内，顺时针摇动摇把使手车从试验位置移动到工作位置，拔下摇把再顺时针转动钥匙90°至接通位置锁定，拔下钥匙，手车就被锁定在工作位置。此时摇把孔又被关闭，推进机构被锁定，另外，断路器分闸状态被打破，断路器可进行合闸操作，而此时接地开关操作孔仍然是关闭的，进车过程到此结束，出车过程与之相反。

（2）防误操作及注意事项

A——采用红、绿翻牌以防止误合、误分断路器的操作顺序如下（以切电为例）：

1）根据操作命令，从模拟板上取下命令牌（红牌）；

2）到就地对应的间隔对换命令牌（走错间隔，命令牌无法对换），手分断路器；

3）用专用钥匙及摇把，将手车摇至试验位置，再用钥匙将柜门打开；

4）取下二次插头，关上手车室门，将换下来的命令牌（绿牌）放回模拟板。

注：若需进入馈线室进行维修工作，应首先通过柜上的带电显示器，或其他手段如高压验电器确认电缆终端已不带电时，将接地开关合上，手车拉出柜体，从手车柜前进入，打开下中隔板进入馈线室进行维修工作，完毕后装上下中隔板，将手车推入柜中试验位置并锁定在"试验"位，关闭柜门，将接地开关断开，下面便可进行送电操作。

B——在手车底部装有试验位置及工作位置的转换开关的接点串入分、合闸回路，当手车在试验位置与工作位置之间移动时，即使送入合闸命令，合闸回路未能接通，断路器也不会合闸，只有手车在试验位置或工作位置时，转动钥匙带动转换开关，合闸回路才能接通，有效地防止了带负荷拔插一次隔离触头。

C——本开关柜装设的接地开关，具有关合80kA短路电流的能力。

D——如果万一出现紧急情况需手车在工作位置时打开柜门，可使用紧急解锁装置将柜门打开，用螺丝刀将解锁孔内的螺丝拧出，就可将开关柜门打开。

（二）6kV KYN 型 F-C 回路断路器

1.结构概述

KYN 型 F-C 回路断路器是用高压熔断器与高压真空接触器组成。用于高压电动机及1600kVA 以下变压器的控制与保护。

F-C 回路开关，柜体内部被钢板划分成相互隔离的小室，分为仪表室、手车室、母线室、电缆室。

仪表室安装保护继电器，前部门上安装着计量和指示仪表。

手车大门开启后，可按程序推入 F-C 手车，当手车进入试验位置后，用专用手把转动抬帘大轴，把帘板打开，手车才能进至运行位置，使手车上的隔离触头得以和母线室及电缆室的静触头接合，当手车处于运行位置时，帘板不能关闭，只有当手车拉到试验位置，才能用专用工具关闭帘板，随后手车才能退出柜外。

由于本开关不需要储能回路，故其结构比较简单。

2. 手车入柜操作步骤

进车操作步骤：

（1）打开柜门，使手车处于柜前准备状态，放好导轨。

（2）用手推动手车进柜，下轮入轨道，车侧壁进入上轨道，同时用脚压柜底踏板，使定位插杆提起，只要定位插杆顶在轨道上，即可将踏板松开（此时定位插杆并不能伸出），继续用手力推动手车入柜，当手车到达试验位时，定位插杆自动插入定位盒，此时手车处于试验位，当手车从试验位置退至柜外时应放好导轨，压下踏板，向外拉手车即可。

（3）将二次插头插入二次插座，并锁定。

（4）逆时针旋转活动帘板操作轴打开活动帘板，并使接触器处于分闸位置，再次压下踏板定位杆提起，同时，推动手车前进，当定位杆再次插入定位孔，小车停止不前时，小车便处于运行位，至此操作完毕。出车顺序与此相反。

二、低压开关

低压开关同高压开关一样，在配电网络中主要用来分配电能和保护线路及电源设备免受过载、欠电压、短路、单相接地等故障的危害。该断路器配有多种智能保护功能，可做到选择性，且动作精确，避免不必要的停电，提高供电可靠性。

我厂 380V 工作 / 公用段的工作、备用电源开关选择了 DW48-3200 型；其余主厂房中的电源开关选用了 DW48-1600 型。外围系统的电源开关选用了 DW18-1600 型。这三种规格的开关均配置了 ST 智能型控制器。安装方式均为抽屉式，且开关的操作方法基本相同。

（一）DW48-3200（1600）智能型万能式断路器

1. 结构部件和附件

该类断路器为立体布置形式，具有结构紧凑，体积小的结构特点，触头系统封闭在绝缘基座内，且每相触头也由绝缘基座隔开，形成一个小室。而智能型控制器、手动操作机构、电动操作机构依次排列在其前面，形成各自独立的单元，如其中一单元损坏，可将其整体拆下，换上新的即可。

（1）触头系统

每相触头系统被安装在由绝缘基座构成的小室内，其上方是灭弧室，触头系统由连杆与绝缘基座外的转轴连接，从而完成闭合 / 分断，而每相触头系统为了降低电动斥力，提高触头的连接面积采用了三档触头并联而成，三档触头安装在一个触头支持上，触头接触片的一端由软连接与母排。

连接，断路器在闭合时，转轴带动连杆使触头支持绕支点顺时针转动，当动触头与静触头接触后绕支点逆时针转动,压缩弹簧,从而产生一定的触头压力,确保断路器可靠闭合。

（2）操作机构

本断路器操作方式有手动和电动两种，断路器采用弹簧储能闭合（有预储能），闭合速度与电动或手动操作无关。

断路器利用凸轮压缩一组弹簧达到储能目的，并且有自由脱扣功能。断路器有三种操作位置，即储能完毕，指示"已储能"否则指示"释能"；面板上"ON"或"OFF"指示器表示主触头处于闭合或分断位置。位置指示面板有"分离""试验""连接"三个位置。

a——储能，分为电动操作和手动操作两种储能。电动储能即储能电机储能；手动储能即指手动向下压储能手柄5次，机械机构带动储能弹簧储能；

b——合闸，按动"闭合按钮"或"闭合电磁铁动作"均可达到合闸；

c——分闸，按动"分断"按钮或来自过电流、欠电压、分离等脱扣信号，可使断路器迅速断开。

2. 开关本体的抽出插入操作

a——开关本体的抽出

当需将断路器本体抽出抽屉座时，应按逆时针方向旋转。按下"分断"按钮，将抽出手柄插入面罩右下方小孔内，如果"分断"按钮不压下，抽出手柄不能插入，当旁边孔内的锁板跳出时，应将之推入锁住，然后方能进行插入抽出操作，当摇到显示"试验"位置时，锁板自动跳出抽出手柄将自动锁住，此时不能再进行手柄旋转，否则将卡死甚至损坏抽出位置显示机构，再按下锁板，继续转动抽出手柄直至显示"分离"位置，再转动抽出手柄直到断路器不能移动，此时用手可将之移动。应提示的是当显示"分离"位置时，再将锁板按下继续旋转直到断路器不能向外移动。当跳板跳出后，不能再进行手柄旋转，否则将卡死，甚至损坏抽出位置显示机构，在开关本体两侧有导向板，向前拉此动件并把导向板向前抽出，此时断路器方可移出。

b——开关本体的插入

当需要将断路器本体放入抽屉座时，应顺时针方向旋转，其操作方法与抽出时一样，当处于"连接"位置时，主回路和二次回路接通，可进行一些必要的动作试验，当处于"分离"位置时，主回路与二次回路全部断开，并且抽屉式断路器具有机械连锁装置，只有当断路器分断后，方能将之插入或抽出。

（二）ST型智能控制器的使用

ST智能控制器的功能有：保护功能、试验检查功能、故障记忆功能、各种状态指示和数值显示功能、电流表功能、热记忆功能、单相接地或漏电保护功能。

1. T型智能控制器参数整定

用"设定""+""-""贮存"四个键即可对控制器各种参数进行整定。连续按"设定"键可循环检查各原始整定值，需要重新整定时，首先按"设定"键至所要整定的状态（状态指示灯亮），然后按"+"或"-"键调整参数大小至所需整定值，再按一下"贮存"键，贮存指示灯闪亮一次表示整定参数已锁定。控制器的各种保护参数不得交叉设定。整定好后，需按一次"复位"键控制器进入正常运行状态。

2. 故障检查

断路器故障分闸后，通过智能控制器面板的显示可看出故障原因，此时面板上会有相应的故障指示灯亮，其中 Ir1- 代表常延时故障；Ir2- 代表短延时故障；Ir3- 代表瞬时故障；Ir4- 代表接地故障，该装置同时还具有故障记忆功能即复位或断电后仍可按"故障检查"键显示故障原因、故障电流和动作时间值。

故障电流值和动作时间值查看步骤为：压故障检查键则显示故障电流的大小，压选择键则显示动作时间值查看完毕后压复位键将控制器复位。

3. 复位

断路器闭合前或智能控制器每次试验、故障检查、故障动作和整定参数后，均应按一下"复位"键，控制器方可进入正常运行状态。断路器运行过程中可按"选择"键检查各相运行电流值和各线电压值，正常运行时显示的是最大相电流值。

（三）DW18（AE-S）型万能式断路器

外围厂用系统中的电源开关选用抽屉式 DW18（AE-S）型低压万能式断路器，重要电机选用固定式 DW18（AE-S）型低压万能式断路器。操作方式分为两种，电动机贮能电气控制闭合和手动贮能与闭合。该断路器配置有 ST 型智能脱扣器。

1. 主要结构及工作原理

DW18 型断路器为立体布置形式，且具有结构紧凑，体积小，重量轻等特点，触头系统封闭在绝缘基座内，且每相触头都由绝缘基座隔开，形成一个小室。晶体管脱扣器、欠压脱扣装置、电动／手动操作机构、电动贮能机构依次安排在前面，形成各自独立的单元。如其中某一单元损坏，可将其整个单元拆下更换新的即可。

DW18 型断路器有固定式和抽屉式两种，二者之间的区别是，固定式开关无进出车轨道，开关直接固定在框架上；而抽屉式开关由固定式开关为本体加上进出车轨道而组成。其内部结构由机械操作系统与脱扣系统、触头与灭弧系统、过电流保护装置三大部分构成。

a——触头及灭弧系统

触头及灭弧系统是由主触头、灭弧触头及栅片灭弧罩组成。断路器灭弧触头只在闭合动作及断开动作过程中有瞬间闭合，其余时间都是打开的，在断路器分断电流时，电动力使电弧运动由灭弧触头经引弧板进入栅片缝隙而熄灭。

b——过电流保护装置

断路器过电流保护装置由检测、判断处理和执行三部分组成。

检测部分为电流互感器。电流互感器的原边接入断路器的主电路，副边输入到晶体管继电器，以便进行判断。

判断处理部分即晶体管继电器。任务是根据输入电流大小，判断脱扣器应该动作与否或按长延时、短延时、瞬时动作，并输出信号给执行部分去执行。

执行部分为一个带永久磁铁的螺管电磁铁。在线圈无电流时，铁心因永久磁铁的作用而吸合，在线圈有足够大电流时，因电流起退磁作用而使铁心释放。铁心释放推动脱扣机构使断路器断开。

c——接地故障的保护原理。接地保护是利用零序电流分量的大小作为动作依据；当三相四线制接线系统正常运行时，由于三相电流平衡，此时在中性线上只有极微小的不平衡电流通过，该电流值不足以达到接地保护动作值，故该保护不动作；当发生接地故障时，由于三相电流平衡遭到破坏，此时在中性线有零序电流通过，当零序电流达到继电器动作值时，推动分励脱扣器动作使断路器断开。

2. 基本操作

（1）闭合操作

本断路器为预储能闭合式，即贮能和闭合分为两步，两步都有手动和电动之分。

a——手动贮能和闭合

第一步：用手向下压开关本体面板中间的贮能手柄至尽头，然后放松使其自动回复，这样反复5次使手柄不能再压下为止，贮能即告完成。此时手柄侧面贮能指示窗口出现"贮能"字样。

第二步：按开关本体合按钮，断路器即能闭合，闭合按钮上方的闭合指示器窗口即出现"合"字样，同时贮能指示窗口恢复到"释能"字样。

b——电动贮能和闭合步骤如下

按开关柜本体合按钮，贮能电机通电转动使断路器贮能。贮能完毕电机由于贮能开关转换而自动停止，贮能指示标志则显示"储能"字样，同时闭合线圈通电动作，断路器闭合，闭合标志则显示"合"字样。

（2）断开操作

断开操作十分简单，也分为手动和电动两种。

a——手动断开：手动按下开关本体分闸按钮，断路器即断开，指示器窗口出现"分"字样。

b——电动断开，利用分励脱扣器和欠电压脱扣器都可以实现远距离操作断开，此时按下开关柜本体分闸按钮即可实现。

（3）抽屉式断路器的抽出、插入操作

开关断开之后，需将开关本体从连接位抽出时，其操作步骤如下：

第一步：按下分按钮（防止断路器处于闭合状态）。

第二步：取出附在侧板上的抽出手柄，用手抬起抽出闸门，插入抽出手柄。

第三步：逆时针方向旋转抽出手柄，开关本体即缓慢向外移出，到达"试验"位置时继续旋转手柄，开关本体移动到达"隔离"位置。

第四步：将二次接线插头从插座中拔出。

第五步：用扳手取下本体和抽出托架紧固的2只螺钉（涂为红色）。

第六步：继续旋转手柄使开关本体移至"抽出"位置，则可拉出导轨，本体借导轨的乘载即可用手拉出。

注意：本体抽出时断路器重心会改变，有倾倒的危险。开关本体处于何位置，位置指示器会指示出来，可以在指示窗口看到，在各位置时指示器出现的是如下字样："抽出位置""隔离位置""试验位置""连接位置"。

插入操作则反向进行。

三、主厂房 MCC 开关柜

本产品具有分断能力高、动热稳定性好、母线系统运行安全可靠及容量大等特点。

（一）结构特点

1. 功能单元采用抽屉式、固定分隔式两种结构，检修方便、安全、可缩短停电时间。

2. 抽屉式操作简单、方便，同类抽屉可 100% 互换，抽屉抽出柜外时有防跌落机构。抽屉可搁在柜上检修，也可按动按钮卸下检修。

3. 抽屉具有工作、试验、断开三个位置。

4. 抽屉锁紧机构与开关之间带有机械连锁，只有当开关在分开位置时，摇动手柄，抽屉方可推进或抽出。抽屉操作板上带有工作、试验、断开位置指示。

5. 二次插头带有导柱导套，确保二次连接可靠。

（二）使用说明

要打开柜门必须按下列步骤进行：

1. 把 C（开关手柄）打到分的位置；垂直为合、左水平位为分。

2. 接着把 D（门锁）打开。

3. 打开柜门。

4. 柜门打开后开关手柄不能随便转动，以免损坏。

（三）注意事项

1. 在断开、试验、工作三个位置，螺杆均应锁住。（手柄正反摇不动）。

2. 抽屉导轨按钮应具有防跌落功能（抽屉靠该按钮挂住活动导轨），若在操作过程中发现与上述事项不符，通知检修，以免发生操作失误损坏设备。

（四）该开关柜检修并安装完毕后，投入运行前需要进行如下项目的检查与试验

1. 外表检查，被覆层漆膜有无脱落，柜内是否干燥、清洁。

2. 电气元件的操作机构是否灵活，不应有卡涩或操作力过大现象。

3. 主要电器的通断是否可靠、准确，辅助接点的通断是否可靠准确。

4. 仪表指示与互感器的变化及极性是否准确。

5. 母线连接是否良好，其绝缘支撑件，安装件及附件是否安装牢固可靠。

6. 辅助接点是否符合要求，熔断器的熔芯规格选用是否正确，继电器的整定是否符合设计要求，动作是否正确。

7. 电路接点是否符合电气原理要求。

8. 保护电路系统是否符合要求。

四、互感器

（一）互感器的作用

互感器包括电压互感器和电流互感器，是一次系统与二次系统间的联络元件（通常将一次侧绕组称为原绕组或一次绕组，二次侧绕组称为副绕组或二次绕组），用以分别向测量仪表、继电器的电压线圈、电流线圈供电，正确反映电气设备的正常运行和故障情况。测量仪表的准确性和继电保护动作的可靠性，在很大程度上与互感器的性能有关。

互感器是一种特种变压器，其工作性能和变压器的工作性能基本相似，都是利用电磁感应原理来工作的。

互感器的作用有以下几方面：

1.将一次回路的高电压和大电流变为二次回路的低电压和小电流，通常额定二次电压为 100V，额定二次电流为 5A，使测量仪表和保护装置标准化，以便于二次设备绝缘水平可按低电压设计，从而结构轻巧，价格便宜。

2.所有二次设备可以用低电压、小电流的控制电缆连接，使屏内布线简单、安装方便。同时，便于集中管理，可实现远方控制和测量。

3.二次回路不受一次回路的限制，可采用星形、三角形或V形接法，因而接线灵活方便。同时，对二次设备进行维护、调换以及调整试验时，不需中断一次系统的运行，仅须适当地改变二次接线即可。

4.使二次设备和工作人员与高压设备隔离，且互感器二次侧接地，从而保证了设备和人身的安全。

（二）电流互感器

1.电流互感器的工作原理

电流互感器的原绕组串联于一次回路内，副绕组与测量仪表和继电器的电流线圈串联。由于电流互感器的原绕组匝数较少，通常仅一匝或几匝，而副绕组的匝数却较多，为原绕组的若干倍，因此，二次电路内的电流 I_2 小于一次电路内的电流 I_0。

2.电流互感器的工作状态

电流互感器二次回路中串接的负载，是测量仪表和继电器的电流线圈，阻抗很小，因此，电流互感器正常工作时接近短路状态，这是与电力变压器的区别。电流互感器在正常工作状态时，二次负荷电流所产生二次磁势对一次磁势有去磁作用，因此合成磁势及铁芯中的合成磁通数值都不大，在副绕组中所感应的电势数值不超过几十伏。

运行的电流互感器如果二次回路开路，则二次磁势等于零，而一次磁势仍保持不变，且全部用于激磁，此合成磁势等于一次磁势，较正常状态的合成磁势增大了许多倍，使铁芯中的磁通急剧增加而达饱和状态。故在磁通急剧变化时，开路的副绕组内将感应出很高的电势，其峰值可达数千伏甚至更高，这对工作人员的安全、仪表和继电器以及连接导线和电缆的绝缘都是极其危险的。同时，由于电磁感应强度剧增，将使铁芯损耗增大，严重发热，损坏绕组绝缘。因此，对于正在工作的电流互感器的二次电路是不允许开路的，所以电流互感器二次侧不允许装接熔断器。在运行中，如果需要断开仪表或继电器时，必须先将电流互感器的副绕组短接后，再断开仪表。

（三）电压互感器

1. 电压互感器的工作原理及工作状态

电压互感器的工作原理与变压器完全一样，构造、连接方法也与电力变压器完全相同，其主要区别在于电压互感器的容量很小，通常只有几十到几百伏安。

电压互感器的工作状态与普通变压器相比，其特点是：电压互感器一次侧电压即电网电压，不受互感器二次侧负荷的影响，并且在大多数情况下，其负荷是恒定的。接在电压互感器二次侧的负荷是仪表、继电器的电压线圈，它们的阻抗很大，通过的电流很小，正常时电压互感器的工作状态接近于变压器的空载状态，二次电压接近于二次电势值，并决定于一次电压值，因此，电压互感器可用来辅助测量一次侧的电压。同时其二次侧运行当中不允许短路，否则将在二次侧感应出很大的短路电流，危及人身和设备的安全。

2. 电压互感器的接线

电压互感器按绕组数分为双绕组和三绕组两种。三绕组除了具有供电给测量仪表和继电器的基本副绕组以外，还有一个辅助副绕组，用来接入监察电网绝缘状况的仪表和单相接地保护的继电器。

在三相系统中需要测量的电压有：

（1）线电压。

（2）相对地电压。

（3）当发生单相接地时出现的零序电压。

一般测量仪表和继电器的电压线圈都用线电压。每相对地电压和零序电压用于某些继电保护和绝缘监察装置中。为了测量这些电压，电压互感器有各种不同的接线，如（图7-1-1）所示。

图 a 只有一只单相互感器，用在只需测量任意两相间的电压时，可接入电压表、频率表、电压继电器等。

图 b 为两只单相电压互感器接成不完全三角形（V-V 形），用来接入只需要线电压的测量仪表和继电器，但不能测量相电压。

图 c 为三相五柱式电压互感器，广泛用在小接地短路电流系统中。这种互感器的原绕组是根据装置的相电压设计的，并且接成中性点接地的星形；基本副绕组也接成星形，辅助副绕组接成开口三角形。这种接法对于三相电网的线电压和相电压都可进行测量。基本副绕组接成星形，接入测量仪表和继电器，辅助副绕组接成开口三角形，用于接地保护。在正常状态下，对称三相系统相电压的向量和等于零，则开口三角形引出端的电压为零。当系统发生单相接地时，开口三角形引出端上的电压等于两个未故障相电压的向量和，此电压一般为 100V，故辅助副绕组的额定电压按 100V 来设计，当开口三角形引出端接有电压继电器时，在正常状态下，继电器线圈两端相电压为零，而当系统发生单相接地时，继电器线圈两端加上 100V 电压，从而电压继电器动作。

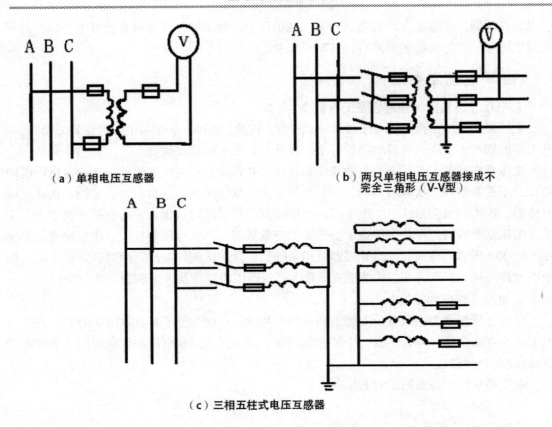

（a）单相电压互感器　　　　（b）两只单相电压互感器接成不完全三角形（V-V型）

（c）三相五柱式电压互感器

图 7-1-1　电压互感器接线图

电压互感器装设熔断器的作用是，当电压互感器本身或引线上故障时，自动切除故障，但高压侧的熔断器不能作二次侧过负荷的保护，因为熔断器的熔体的截面是根据机械强度选择的最小值，其额定电流要比电压互感器额定电流大很多倍，二次侧过负荷时可能熔断不了，所以，为了防止电压互感器二次侧过负荷或短路所引起的持续电流，在电压互感器的二次侧应装低压熔断器。为了防止当互感器原绕组和副绕组之间的绝缘损坏，高压侧高电压侵入低压侧而危及二次设备和工作人员的安全时，应将电压互感器的副绕组中性点接地。以保护设备和人身安全。在发电厂中，电压互感器一般采用二次侧 B 相接地。

3. 电压互感器的型式

低压厂用系统中选用的是 V-V 形接线的电压互感器，用来测量母线线电压和低电压保护；6kV 厂用系统选用的是三相五柱式电压互感器，用来测量母线相线电压及同期和接地保护。网控 110kV 和 330kV 选用的是电容式电压互感器，用来测量母线线电压和同期。

另外，厂高变分支上选用了单相 V-V 形接线的分支 PT，其作用就是为厂用快切装置提供厂高变低压分支的电压、频率、初相角等同期参数量。

第二节　变压器的安装

一、配电变压器的安装方式

正常环境下面配电变压器宜采用柱上安装或露天落地安装。工厂、车间、市郊生活区的配电变压器，根据具体情况可安装在室内。

柱上安装或露天落地安装方式的组成及特点见下表。

表 7-2-1　配电变压器柱上安装或露天落地安装的组成及特点

安装方式		组成	特点
柱上安装	单柱	变压器、高压跌落式熔断器和高压避雷器装在同一根电杆上	结构简单，安装方便，用料少，占地少，适用于安装 50KVA 以下的配电变压器
	双柱	由高压线终端电杆和另一根副杆（长约 7.5M）组成	比单柱式坚固，可安装 63-315KVA 的配电变压器
露天落地安装		变压器直接放在高度不低于 2.5M 砖石垒成的台（墩）上	拆装变压器方便，变压器容量不受限制

二、配电变压器的安装原则

（一）农村公用配电变压器应按照"小容量、密布点、短半径"的原则进行安装和改造

尽量采用多台分布的小容量配电变压器，避免单台大容量配电变压器，以免引起供电范围过大，低压线路用电半径过长。宜选用节能型低损耗变压器。

（二）做好负荷的统计分析

根据三相动力和单相负荷、最大的电动机容量，以及近年来电力发展规划等选择配变。根据负荷的性质和用电要求，来确定是否安装专用变压器，以适应客户生产用电需要。

（三）合理选择配电变压器的容量和安装位置，使其在经济条件下运行

在正常情况下负荷不低于配电变压器容量的 40%，不高于配电变压器容量的 80%，既不轻载，也不超载运行，以实现配电变压器的经济运行，并降低电能损耗，提高利用率和使用寿命。

农村配电变压器的容量应根据农村电力发展规划选定，一般按 5 年考虑。如果电力发展规划不太明确或实施的可能性波动很大，可使用容载比法选择，即依据当年的用电情况按下列公式确定配电变压器容量：

$$S = R_s P$$

式中：S——配电变压器在计划年限内（5 年）所需容量，kVA；

R_s——容载比，一般取 1.5~2.0；

P——一年内最高用电负荷，kW。

三、配电变压器的安装位置

（一）配电变压器的安装位置应符合下列要求

1. 靠近负荷中心或重要负荷附近，向四周辐射供电。
2. 避开易燃、易爆、污秽严重等对绝缘、设备、导线有害的场所。
3. 避开地势低洼地带和易受洪水冲刷的场所。
4. 高、低压进出线方便。
5. 便于安装、施工和更换、检修设备。
6. 山区尤其应注意：配电变压器忌安装在雷区地带、树木旁、河边水库坝下、桥边等处。

（二）正常环境下配电变压器宜采用柱上安装或屋顶式安装

新建或改造的非临时用电配电变压器不宜采用露天落地安装方式。下列电杆不宜装变台：转角杆、分支杆、交叉路口的电杆；设有接户线或电缆、线路开关设备的电杆。

四、配电变压器的安装方式

（一）柱上安装

柱上安装是将配电变压器安装在电杆构架上，具有安全和占地面积小等优点。根据运行经验，考虑变台强度稳定性及二次侧电气设备的选配，超过 400kVA 的配电变压器不宜采取柱上安装。柱上安装有单柱式和双柱式两种。单柱式变台结构简单、施工方便、节约材料，适用于装设一台配电变压器，其容量一般不超过 30kVA。双柱式变台适用于装设 50~315kVA 的配电变压器。安装时应注意：台架应有足够的机械强度和承受荷重，最少能承受设备和人员；台架底部距地面不应小于 2.5m；安装配变后，变台的平面坡度不大于 1/100；在变台的明显位置安装安全警示标志。

（二）落地式（地台）安装

在环境许可及保证公共安全的条件下，采用落地式（地台）安装可降低投资，一般在偏远郊区采用这种安装方式。变台采用砖或石块砌成，台高为 2~2.5m，台面的大小根据变压器的容量确定，采用钢筋混凝土楼板，将配电变压器置于其上。安装好配电变压器后，其四周应留有维修空间。

安装在室外的落地式配电变压器，四周应装设安全围栏，围栏的设计和围栏与带电部分间的安全净距，应符合《高压配电装置设计技术规程》要求。围栏高度不低于 1.8m，栏条间净距不大于 0.1m，围栏距配电变压器的外廓净距不应小于 0.8m，各侧悬挂"有电危险，禁止入内"等类型的安全警示牌。还应注意防洪，配电变压器底座基础应高于当地最大洪水位，但不得低于 0.3m。

（三）室内安装

容量在 315kVA 以上的配电变压器宜采用室内安装。安装要求如下：配电室门窗应密合，有防雨措施，有良好的自然通风条件；应在通风孔上装设遮护网防止小动物进入室内，尤其南方地区蛇类较多，蛇容易穿过网孔爬入室内，因此遮护网防护等级宜为 IP3X 级，IP3X 级即防止直径大于 2.5mm 的固体异物进入；配电室必须耐火，耐火等级为 1 级；配电变压器外廓距墙壁和门的最小净距不小于表 7-2-1 规定。

表 7-2-1 配电变压器外廓与配电室墙壁和门的最小净距

配电变压器容量 /kVA	100~1000	1250 及以上
配电变压器外廓与侧壁、后壁的净距	600	800
配电变压器外廓与门的净距	800	1000

五、配电变压器安装的技术要求

（一）容量在 500kVA 及以上的配电变压器，应设置柱上断路器、SF_6 开关等负荷开关，上方装设一组跌落式熔断器作为短路保护及检修时的明显断开点。

（二）安装设备各部位应牢固，布线整齐合理，电气距离符合要求。配电变压器高、低压套管接线必须采用铜、铝设备线夹。引下线、引上线和母线，均应拉紧，绑牢，宜采用多股绝缘线，可防止断线事故和在长期运行中防止松动，其截面应按配变额定电流选择，但不应小于 16mm²。

（三）配电变压器的高、低压侧应安装熔断器，高压熔断器的装设高度，对地面的垂直距离不宜小于 4.5m，低压熔断器的装设高度，对地面的垂直距离不宜小于 3.5m。各相熔断器间的水平距离：高压熔断器不应小于 0.5m，低压熔断器不应小于 0.2m。

（四）配电变压器熔丝的选择应按照规定要求：容量在 100kVA 及以下者，高压侧熔丝按配电变压器容量额定电流的 2~3 倍选择；容量在 100kVA 以上者，高压侧熔丝按配电变压器容量额定电流的 1.5~2 倍选择。低压侧熔丝（片）按低压侧额定电流选择。

（五）配电变压器应装设防雷装置，其接地线应与配变二次侧中性点及配变金属外壳连接在一起共同接地。接地电阻应符合规程规定，容量在 100kVA 以下者，其接地装置的接地电阻不应大于 10Ω；容量在 100kVA 及以上者，其接地装置的接地电阻不应大于 4Ω。通过耕地的线路，接地体应埋设在耕作深度以下，且不宜小于 0.6m。熔断器、避雷器、配变的接线柱与绝缘导线的连接部位，宜进行绝缘密封。

第三节 电容器的安装

一、安装电力电容器的必要性

电力系统中，电动机及其他有线圈的设备用的很多，这类设备除从线路中取得一部分电流做功外，还要从线路上消耗一部分不做功的电感电流，这就使得线路上的电流要额外的加大一些。功率因数就是衡量这一部分不做功的电感电流的，当电感电流为零时，功率因数等于 1；当电感电流所占比例逐渐增大时，功率因数逐渐下降。显然，功率因数越低，线路额外负担越大，发电机、电力变压器及配电装置的额外负担也较大，这除了降低线路及电力设备的利用率外，还会增加线路上的功率损耗、增大电压损失、降低供电质量。

为此应当提高功率因数。提高功率因数最方便的方法是并联电容器，产生电容电流抵消电感电流，将不做功的所谓无功电流减小到一定的范围以内，补偿电力系统感性负荷无功功率，以提高功率因数，改善电压质量，降低线路损耗。安装电力电容器组来进行无功功率补偿，这是一种实用、经济的方法。而采用无功补偿，具有减少设计容量；减少投资；增加电网中有功功率的输送比例，降低线损，改善电压质量，稳定设备运行；可提高低压电网和用电设备的功率因素，降低电能损耗和节能；减少用户电费支出；可满足电力系统对无功补偿的检测要求，消除因为功率因素过低而产生的被处罚等优点。

二、电容补偿装置安装

（一）电容补偿装置安装地点的选择，电容器室技术要求的确定及整个补偿装置安装质量的优劣，对安全运行与使用寿命影响很大，因其绝缘介质为液体，要求安装地点无腐蚀气体，保持良好通风的地点，相对湿度不大于 80%，温度不低于 -35 度，无爆炸或易燃的危险。

（二）额定电压在 1kV 以上应单独设置电容器室，1kV 以下的电容器可设置在低压室内，补偿用电力电容器或者安装在高压边，或者安装在低压边；可集中安装，也可以分散安装。从效果来说，低压补偿比高压补偿好，分散补偿比集中补偿好；从安装成本及管理来说，高压补偿比低压补偿好，集中补偿比分散补偿好。低压集中补偿是指将低压电容器通过低压开关接在配电变压器低压母线侧，以无功补偿投切装置作为控制保护装置，根据低压母线上的无功负荷而直接控制电容器的投切。电容器的投切是整组进行，做不到平滑的调节。低压补偿的优点：接线简单、运行维护工作量小，使无功就地平衡，从而提高配变利用率，降低网损，具有较高的经济性，是目前无功补偿中常用的手段之一。

（三）电容器也可装设于用户总配电室低压母线，适用于负荷较集中、离配电母线较近、补偿容量较大的场所，用户本身又有一定的高压负荷时，可减少对电力系统无功的消耗并起到一定的补偿作用。其优点是易于实行自动投切，可合理地提高用户的功率因素，利用率高，投资较少，便于维护，调节方便可避免过补，改善电压质量。

（四）电容器室应符合防火要求，不用易燃材料，耐火等级不应低于二级。油量300kg 以上的高压电容器应安装在独立防爆室内，油量 300kg 以下高低压电容器根据油量多少安装在有防爆墙的间隔内或有隔板的间隔内。

（五）高压电容器组和总容量 30kVar 及以上的低压电容器组，每相应装电流表，总容量 60kVar 及以上的低压电容器组，每相应装电压表，电容器外壳和钢架均采取接地。

三、电容器投退

（一）根据线路上功率因数的高低和电压的高低投入或退出，当功率因数低于 0.9、电压偏低时应投入电容器组，当功率因数趋近于 1 且有超前趋势、电压偏高时应退出电容器组。

（二）发生故障时，电容器组应紧急退出运行，如：外壳变形严重或爆炸、起火冒烟，有放电点，异常噪音大，连接部位严重过热溶化等。

（三）正常情况下全站停电操作时，先断电容器的开关，后断各路出线的开关，送电时先合各路出线的开关，后合电容器的开关。

（四）全站事故停电后，先断开电容器的开关。

（五）电容器断路器跳闸后不应立即送电、保险熔断，应查明原因处理完毕后送电，并监视运行。

（六）无论高、低压电容器，不准带有电荷合闸，因为如果合闸瞬间电压极性正好和电容器上残留电荷的极性相反，那么两电压相加将在回路上产生很大的冲击电流，易引起爆炸。所以为防止产生大电流冲击造成事故，重新合闸以前至少放电三分钟。

（七）检修电容器时，断开电源后，本身有放电装置的，检修工作人员工作前，应该人工放电。确保安全。

四、电力电容器运行及监护

（一）电容器的正常运行状态是指在额定条件下，在额定参数允许的范围内，电容器能连续运行，且无任何异常现象。

（二）并联电容器装置应在额定电压下运行，一般不宜超过额定电压的 1.05 倍，最高运行电压不用超过额定电压的 1.1 倍。母线超过 1.1 倍额定电压时，电容器应停用。

（三）正常运行的电容器应在额定电流下运行，最大运行电流不得超过额定电流的 1.3 倍，三相电流差不超过 5%。

（四）电容器正常运行时，其周围额定环境温度为 +40℃ ~ −25℃，电容器周围的环境温度不可太高，也不可太低。如果环境温度太高，电容器工作时所产生的热量就散不出去；而如果环境温度太低，电容器内的油就可能会冻结，容易电击穿。电容器工作时，其内部介质的温度应低于 65℃，最高不得超过 70℃，否则会引起热击穿，或是引起鼓胀现象。电容器的工作环境温度一般以 40℃ 为上限，电容器外壳的温度是在介质温度与环境温度之间，一般为 50~60℃。如果室温上升到 40℃ 以上，这时候就应采取通风降温措施，现在很多大型工厂有安装空调进行降温，否则应立即切除电容器。

五、电容器保护

（一）电容器装置内部或引出线路短路，根据容量采用熔断器保护。

（二）内部未装熔丝高压 10kV 电力电容器应按台装熔丝保护，其熔断电流按电容器额定电流的 1.5~2 倍选择，高压电容器宜采用平衡电流保护或瞬动的过电流保护。

（三）低压采用熔断器保护，单台按电容器额定电流的 1.5~2.5 倍选择熔断器额定电流，多台按电容器额定电流之和的 1.3~1.8 倍选择熔断器额定电流。

（四）高压电容器组总容量 300kVar 以上时，应采用真空断路器或其他断路器保护和控制。

（五）低压电容器组总容量不超过 100kVar 时，可用交流接触器、刀开关、熔断器或刀熔开关保护和控制，总容量 100kVar 以上时，应采用低压断路器保护和控制。

六、电容器故障判断及处理

（一）电容器轻微渗油时，将此处打磨除锈、补焊刷漆修复，严重应更换。

（二）由于套管脏污或本身缺陷造成闪络放电，应停电清扫，套管本身损坏要更换。

（三）电容器内部异常声响严重时，立即停电更换合格电容器。

（四）当电容器熔丝熔断，查明原因，更换相应熔丝后投运。

（五）如发生电容器爆炸事故，将会造成巨大损失，因此，要加强对电容器定期清扫、巡检，注意使电压、电流和环境温度不得超过厂家规定范围，发现故障及时处理。

从以上可以看出，电力电容器具有无功补偿原理简单、安装方便、投资小，有功损耗小，运行维护简便、安全可靠等优点。因此，在当前，随着电力负荷的增加，要想提高电网系统的利用率，无功补偿技术是提高电网供电能力、减少电压损失和降低网损的一种有效措施，通过采用补偿电容器进行合理的补偿，是能够提高供电质量并取得明显的经济效益的。

第四节　配电装置运行

一、配电装置投入运行前的准备

配电装置投入前，应收回该装置所有的工作票，检查临时安全措施全部拆除，现场清洁，无影响设备运行的杂物及遗留工具。电缆沟盖板完整已盖好，设备带电部分无金属接地现象，配电室内照明良好，配电室内无漏水现象。

配电装置投入运行前，还应弄清配电装置检修维护情况以及是否还存在缺陷以及运行中应注意的事项等。

（一）配电装置送电前应进行下列检查

1. 接线整齐、牢固、可靠；

2. 开关、刀闸、接触器、接地刀闸的位置正确，辅助接点接触良好；

3. 充油设备油色、油位正常，无渗漏油现象；

4. 绝缘瓷瓶清洁完好，无裂纹、无破碎、无放电痕迹，设备本体外壳清洁、完好，各部螺丝应牢固；

5. 设备常设安全措施齐全，设备外壳接地线接地良好，无锈蚀现象；

6. 刀闸操作灵活，动静触头无电腐蚀及烧伤现象，五防闭锁装置应完好；

7. 对 330kV 系统 SF_6 罐式开关应检查：

（1）查贮能弹簧位置正确，分合闸位置指示器指示正确；

（2）查压缩空气系统无漏气，压缩空气压力正常，正常值为 1.5MP，SF_6 气体无漏气，SF_6 气体压力不低于 0.5MP；

（3）加热器完好，应能自动投入；

（4）空压机电源完好。

8. 对于 6kV 系统小车式真空开关还应检查：

（1）开关分闸弹簧和触头弹簧是否良好，分合闸位置指示器是否正确；

（2）开关机械操作机构是否操作灵活，有无断裂变形现象；

（3）开关分合闸线圈直流电阻是否良好，有无过热烧伤现象；

（4）开关对地绝缘电阻值经测量是否合格，有无短路接地现象；

（5）开关辅助接点、二次插头接触良好，无松动开路等现象；

（6）开关操作保险接触良好，无接触不良现象；

（7）开关真空灭弧室、传动杆绝缘瓷瓶及插头绝缘瓷瓶有无裂纹或开断现象。

9. 对于 F-C 回路小车式真空接触器及高压熔断器的检查：

（1）检查真空接触器小车滚轮的紧固螺钉有无松动现象；

（2）检查真空接触器其他所有紧固螺钉和销钉有无松动现象；

（3）检查真空接触器真空灭弧室瓷瓶、传动杆绝缘瓷瓶及插头绝缘瓷瓶有无裂纹或断裂现象；

（4）检查真空接触器一次接线有无过热、松动、脱落等现象；

（5）检查真空接触器所在回路的控制、保护二次接线有无过热、松动、脱落等现象。

10. 避雷器各部完好，记录计数器动作次数；

11. 电压互感器接线良好，二次回路无短路现象，高低压保险完好；电流互感器接线完好；

12. 电缆头无过热现象，外壳接地良好；

13. 现场清洁，设备周围无遗留的物体；

14. 对于检修后的开关，在结束工作票前，拉开其两侧刀闸跳合闸三次，若发拒跳时，严禁投入运行，二次回路有工作还应做保护跳合闸试验。

（二）对于 SF_6 开关大修后停运前还应做下列试验

1. 三相位置不一致试验。

2. 压缩空气系统的试验和连锁试验：

（1）压力低于 1.45MPa 时，空压机应启动；

（2）压力高于 1.55MPa 时，空压机应停止；

（3）压力低于 1.20MPa 时，开关自动闭锁拒绝进行跳合闸试验，"操作气压低闭锁跳合闸"光字牌亮。

3. SF_6 气体压力信号报警及闭锁试验：

（1）SF_6 气体压力低于 0.45MPa 时，"母线侧断路器 SF_6 气压降低"或"中间断路器 SF_6 气压降低"光字牌亮；

（2）SF_6 气体压力低于 0.40MPa 时，开关自动闭锁拒绝进行跳合闸操作。

配电装置投运前应检查设备的相间、对地的绝缘电阻值符合规定（每千伏不低于 $1M\Omega$）。

二、配电装置运行中的检查维护

（一）配电装置运行中的检查项目

1. 应无异常的杂音和振动；电缆头不漏油、渗油；

2. 各电气接头处接触良好，应无过热、冒烟、焦臭味；

3. 设备本体清洁，带电部分无放电现象；

4. 充油设备油位计完好，油色、油位正常，无渗油、漏油现象；

5. 各表计信号指示正确；

6. 辅助接点切换良好，位置对应；

7. 各配电室、开关柜、操作端子箱、安全遮拦的门应关闭；

8. 各刀闸合闸状态角度正确，触头接触良好，分闸状态有足够的张开角度；

9. 对于 SF_6 开关尚应检查：

（1）SF_6 气体压力正常；

（2）开关压缩空气操作系统无明显漏气现象，压缩空气压力不低于 1.5MPa；

（3）机构箱内加热器完好，温度低于 5℃时自动投入；

（4）机构箱内照明完好，各切换开关及辅助开关位置正确。

母线运行中应检查支持绝缘子无固定金具脱落和放电现象，母线上无杂物，母线无振动现象。

在天气骤变或事故时应对配电装置进行特殊检查。

（二）断路器运行中的检查项目及要求

1. 支持瓷瓶、断口瓷瓶应完整，无破损裂纹及电晕放电现象；

2. 断路器出线、接线板及断口之间连线无过热，变形及松脱现象；

3. 断路器与操作机构位置指示应对应，且和控制室电气位置指示一致；

4. 机构箱内各电气元部件应运行正常，工作状态应与要求一致；

5. SF_6 气体和压缩空气压力应在正常范围内，无泄露现象；

6. 机械部分应无卡涩，变形及松动；

7. 小车开关的一、二次插头接触良好；

8. 二次部分及断路器的外观应清洁、完整无作杂物、无破裂、无放电现象；

9. 低温时应注意加热器的运行；

10. 相间的绝缘隔板完整无损。

（三）特殊天气情况下，应对断路器进行下列检查

1. 大风时，引线无剧烈摆动，上面有无挂落物，周围有无可能被刮起的杂物；

2. 雨天时，断路器各部有无电晕、放电及闪络现象，接点有无冒气现象；

3. 雾天时，断路器各部有无电晕、放电及闪络等现象；

4. 下雪时，断路器各接头积雪有无明显溶化，有无冰柱及放电、闪络等现象；

5. 气温骤变时，检查电控箱、操作箱、加热器投运情况。

（四）断路器故障跳闸后的检查

1. 支持瓷瓶及各瓷套等有无裂纹破损、放电等现象；

2. 各引线的连接有无过热、变色、松动等痕迹；

3. SF_6 气体有无泄露或压力大幅度降低现象；

4. 气体操作机构启动补压是否正常，各压力是否在正常范围内，弹簧储能正常；

5. 机械部分有无异常现象，电气与机械位置三相指示是否一致。

（五）母线与刀闸运行中的检查

1. 各部清洁无杂物；

2. 瓷瓶完整，无破损及放电现象；

3. 各接点及触头接触处，应无过热、发红、烧红等现象；

4. 引线无松动，严重摆动或烧伤、断股等现象；

5. 检查均压环应牢固、可靠、平衡；

6. 操作机构箱应封闭良好，无渗水；现象；

7. 操作机构各部应正常，位置指示器正确，销子无脱落；

8. 刀闸、把手、销子、闭锁装置应完好。

大风、大雪还应检查室外母线及是否有落物、摆动和覆冰现象，雷雨后应检查母线及刀闸支持瓷瓶无破裂、放电痕迹，大雾天应检查各部无放电现象。

（六）电压互感器、电流互感器正常运行中的检查

1. 瓷瓶应清洁完整，无裂纹、破损及放电现象和痕迹；

2. 油位在正常范围内，油色无变化；

3. 外壳清洁无漏油、渗油现象；

4. 本体无异常音响；

5. 接点及引线无过热、发红、抛股、断股等现象；

6. 二次接线部分应清洁，无放电痕迹，保险良好。

（七）避雷器运行中的检查

1. 瓷套清洁，无裂纹、破损及放电现象；

2. 引线无抛股、断股及烧伤痕迹；

3. 接头无松动或过热现象；

4. 均压环无松动、锈蚀、歪斜等现象；

5. 接地装置应良好，检查记录器是否动作。

三、配电装置的许可运行条件

（一）开关的许可运行条件

所有断路器在投运中，其工作电压和工作电流不应超过额定值，断路器及操作机构各参数均不应超过规定值，断路器各部及辅助设备应处于良好工作状态。

开关运行中不允许人为行慢分闸和慢合闸，小车开关在运行中不允许互换使用，紧急情况下应经试验合格并经相关人员批准方可互换。

对于 330kV 及 110kV 系统 SF$_6$ 开关应满足下列条件：

1. SF$_6$ 气体应符合下列规定

（1）正常维护压力应不低于 0.5MPa；

（2）发低气压信号的压力应低于 0.45MPa；

（3）低气压跳合闸闭锁压力应低于 0.40MPa。

2. 压缩空气操作系统应符合下列规定

（1）正常维护压力应不低于 1.5MPa；

（2）压缩机自启动压力应为 1.45MPa；

（3）空压机自停止压力应为 1.55MPa；

（4）闭锁开关操作压力应为 1.20MPa；

（5）解除闭锁的压力应为 1.30MPa。

（二）母线、刀闸的许可运行条件

1. 运行中母线温度规定

（1）分相封闭母线外壳温度不超过 55℃，最高不超过 60℃；

（2）分相封闭母线温度不超过 80℃，最高不超过 85℃；

（3）共箱封闭母线温度不超过 75℃，最高不超过 80℃；

（4）共箱封闭母线外壳温度不超过 50℃，最高不超过 55℃；

（5）铝排母线温度不超过 65℃，最高不超过 70℃。

2. 刀闸的许可运行条件

刀闸不允许在过负荷的情况下长期运行，正常运行时各接头温度不超过 70℃；用刀闸停、送电操作时，应在该回路的开关或接触器均为断开位置的情况下进行。

（1）允许用刀闸拉合的设备如下：

1）拉合母线上无故障的避雷器或电压互感器；

2）母联开关在合闸状态下进行运行方式切换操作；

3）正常情况下主变、启备变中性点运行方式切换操作；

4）用负荷刀闸允许拉切 380V 系统 30A 及以下的负荷电流；

5）对无故障的短、空母线进行充电和切电操作。

（2）严禁用刀闸进行下列操作：

1）带负荷拉合刀闸；

2）用刀闸给长线路切送电；

3）投退主变及所有厂用变压器；

4）切断故障点的接地电流。

电动操作机构的刀闸进行操作时，一定要用操作按钮进行操作，严禁直接按接触器衔铁进行刀闸操作，电动操作机构故障时，应查明原因，联系检修维护人员排除故障后再进行操作。

刀闸操作必须遵循五防程序，不允许有任何拆卸五防措施的行为发生。若五防设施确实存在故障时，应系检修维护人员进行处理，故障消除后再进行操作，紧急情况下急需操作时，应得到值长的许可后，才能拆除已故障的五防设施进行操作。

刀闸操作完毕后，应检查动静触头是否良好，刀闸位置是否正确，刀闸机构箱或小车柜抽屉柜已锁好。

（三）避雷器、互感器、电缆的许可运行条件

1. 避雷器的许可运行条件

（1）避雷器投入运行前，必须验证其试验报告合格，禁止无试验报告或试验报告不合格的避雷器投入运行；

（2）雷电后应检查放电记录器是否动作；

（3）雷电、下雪或下雨时，禁止在避雷器的接地线上进行工作或靠近避雷器。

2. 互感器的许可运行条件

（1）任何情况下，电压互感器二次侧不能短路，电流互感器二次侧不能开路；

（2）电压互感器允许一次侧电压大于额定电压的 110%，电流互感器允许一次侧电流大于额定电流的 110% 的情况下连续运行。

（3）电力电缆的许可运行条件：

1）电力电缆的工作电压不应超过额定电压的 115%。

2）电缆各相泄漏电流的不平衡系数不大于 2。

3）正常运行中，电力电缆不允许过负荷运行，在事故情况下允许过负荷及时间规定如下：

① 0.4kV 电力电缆允许过负荷 10%，连续运行时间为 2 小时；

② 6kV 电力电缆允许过负荷 15%，连续运行时间为 2 小时；

③对于间歇过负荷，必须在上次过负荷 10~12 小时后，才允许再次过负荷；

4）电力电缆绝缘电阻的测定：

① 1000V 以下的电缆用 1000V 绝缘摇表测量，其值不低于 0.5MΩ；

② 1000V 以上的电缆用 2500V 绝缘摇表测量，其值不低于 1.0MΩ/kV；

电力电缆运行中的允许温度详见下表：

表 7-4-1 电力电缆运行中的允许温度

电力电缆额定电压（kV）	0.4	6	35
电力电缆导体最高允许温度（℃）	65	65	75
电力电缆外壳表面允许温度（℃）	60	50	50

第五节　配电装置的异常运行及事故处理

一、开关的异常运行和事故处理

（一）开关在运行中指示灯熄灭的检查与处理

红灯是监视跳闸回路完好和开关在合闸位置的标志，运行中指示灯熄灭应立即检查，检查灯泡是否损坏，电阻是否烧坏或断线，电源是否正常；控制开关或按钮的切换接点是否接触不良，开关的辅助接点是否接触良好；查合闸回路是否断线或开路；经上述检查未发现问题时，应及时联系检修处理。

（二）开关拒绝合闸的处理

发出合闸操作指令后灯不亮，开关电流表无指示；绿灯闪光，这时应检查合闸控制回路电源是否正常，保险是否接触良好，回路有无断线，控制电源开关是否掉闸；查合闸回路是否完好，合闸继电器是否动作，辅助接点、二次插头、机械行程开关是否接触良好；检查开关的压缩空气或弹簧储能操作机构是否正常；检查开关的继电保护和连锁回路是否正常；同期合闸时，应检查同期回路工作是否正常，是否因同期闭锁引起；防跳闸继电器接点接触及位置是否良好；检查"合闸"操作按钮或控制开关接点切换接触是否良好；厂用动力开关是否因热工接点或电气闭锁引起拒绝合闸；上述处理无效时，应及时联系检修人员处理。

（三）开关拒绝跳闸的处理

发出跳闸指令后时绿灯不亮，电流表仍然有指示，红灯闪光；应检查跳闸回路是否有电源，保险是否良好，回路有无断线，控制电源开关是否掉闸；检查跳闸回路是否完好，跳闸继电器是否动作，辅助接点、二次插头、机械行程开关是否接触良好；是否因 SF_6 气压、液压机构及气压异常而引起闭锁；检查"跳闸"操作按钮或控制开关接点切换接触是否良好；跳闸继电器，跳闸线圈是否断线、烧坏、卡涩或接点接触不良；用事故按钮或就地跳闸按钮重新操作一次；将负荷电流减到最小，就地进行手动打跳或者用上一级开关或母联开关断开，通知检修处理。在进行用上一级开关或母联开关操作之前要全面考虑，权衡利弊，不能将事故扩大化。开关拒绝跳闸无法消除时，对于 330kV 系统应及时联系网调申请单母线运行或采取其他可行办法；对于 110kV 系统，开关拒动时，应断开母联开关；对于 6kV 或 400V 开关，应立即手动打闸，如手动打不掉，应停运母线或联系检修处理。凡拒绝跳闸的断路器在未处理前，严禁重新投入运行。断路器拒绝跳合闸，如系设备损坏或本身异常情况，通知检修处理。

（四）SF_6 开关压力降低的处理

"SF_6 气体压力低"光字牌亮，若气体压力继续降低，则"SF_6 气压低跳闸闭锁"光字牌亮。

这时应就地检查压力表指示是否降低，若是则通知检修维护人员补充 SF_6 气体，使气压达到要求值；若 SF_6 气体压力保持不住，应先将气压补充到额定值，将开关停运进行检修。应当注意的是：禁止 SF_6 气体压力过低时断开开关。检查人员到断路器处检查，应采取防毒措施。

（五）SF_6 开关操作气压降低处理

"操作气压降低"光字牌亮。处理时应就地检查气压表是否降低；空压机在压力低于 1.45MPa 时应自启动，检查空压机电源及接触器、热偶继电器、电机回路是否完好，尽可能恢复操作气压；检查不出原因应及时联系检修处理。

（六）开关切断故障电流后的检查

1. SF_6 开关应检查 SF_6 气体压力是否正常，有无泄漏现象，开关位置是否移动变形，瓷瓶有无裂纹，破损现象；

2. 低压空气开关应检查消弧罩是否破裂，有无绝缘焦臭味，开关位置是否移动变形，有无过热、表面喷漆脱落或烧损等现象；

3. 应检查开关的接线处有无过热、冒烟、松动、接线脱落、烧伤现象；

4. 应检查操作机构是否正常，机械部件是否完好；

5. 对于真空小车开关接触器应把开关拉出柜外，检查触头有无烧伤、过热痕迹，真空泡绝缘是否合格、机构是否灵活等。

（七）开关发生下列情况时应紧急停运

1. 开关瓷套管爆炸或开关引线支持绝缘瓷瓶脱落；

2. 不停电不能解除的人身触电事故；

3. 开关瓷套管或开关引线支持绝缘瓷瓶污闪对地放电；

4. 开关静动触头或进出引线接头熔化；

5. 开关负荷侧回路或区域冒烟着火，或受自然灾害的威胁必须停电者。

二、母线、刀闸的异常处理和事故运行

（一）运行中母线和刀闸过热时应用温度测试仪测试母线和刀闸过热的程度，并加强监视，还应适当降低负荷电流，如不允许降低负荷电流，可切换运行方式调整负荷电流；无条件消除又不能停电时，应改变通风条件，申请停电处理。

（二）刀闸不能拉合时严禁强拉强合，应仔细检查操作机械部分是否有卡涩现象；检查该回路接地刀闸是否在合闸位置；当户外刀闸因冰冻合不上，拉不开时，应设法消除冰冻；经检查确实无法处理时，应联系检修处理。

（三）已经发生带负荷合刀闸或带接地线合刀闸时，不允许把已合上的刀闸再拉开。发生带负荷拉刀闸时，如果所操作的刀闸已拉开，放电电弧已熄灭，不允许把已拉开的刀闸再合上；如果所操作的刀闸未彻底拉开，放电电弧还未切断时，应立即将已误拉的刀闸合上。如果所操作的刀闸未彻底拉开，放电电弧还未切断时，应立即将已误拉的刀闸合上。

三、互感器的异常运行和事故处理

（一）当互感器或其二次回路发生故障而使仪表指示异常时，应尽可能不改变设备的运行方式和运行参数，根据其他仪表的指示，对设备进行监视，并应立即查明原因，迅速消除故障。

（二）互感器高压侧内部有冒烟现象，则应立即用开关将故障的互感器切除，此时应进行必要的刀闸操作，一般情况下不准用拉开刀闸或取下保险的办法，切除有故障的互感器。在有高压熔断器的电压互感器回路中，如确证高压保险已有两相熔断时，可利用刀闸断开故障互感器。

（三）互感器发生下列情况之一时应紧急停运。

1. 高压熔断器连续熔断两次；

2. 互感器内有放电声或其他噪声；

3. 互感器产生绝缘焦煳味、冒烟或着火；

4. 充油互感器严重漏油，看不见油位；

5. 干式互感器外表严重变色过热，线圈绝缘物脆化脱落。

（1）仪表用电流互感器二次侧开路时，开路相电流指示为零，电能表转速明显下降，有功、无功功率表指示降低；保护用 CT 开路，零序、负序及差动保护可能误动；CT 开路出有放电的火花和异常响声；开路 CT 本身有较大的电磁振动发出的"嗡嗡"声。此时应立即对 CT 所带的负荷回路进行检查，将开路 CT 所带的零序、负序及差动保护退出运行，如果是 CT 外部开路，应采取安全措施，先将 CT 二次侧接地短路，然后再将开路的回路或断线接好，再拆除为安全设置的接地短路措施，使 CT 恢复其正常运行，如果是 CT 内部开路，应及时申请停电处理；不准用低压电表或低压测电笔对开路 CT 回路进行测量，必要时应按高压设备带电测量的规定进行，若二次回路引起火灾，应先切断电源，用 CO_2 或 CCl_4 灭火器进行灭火，防止火灾蔓延。

（2）互感器二次回路断线时应有电压回路断线等光字牌亮、相应的电压指示到零、电度表转速明显下降或到零，相应的有功表、无功表指示降低或到零等现象。这时应判明故障电压互感器，并以电流表监视运行，对异常电压互感器二次回路进行检查，有无短路、松动、断线等现象，相应的二次回路开关或保险是否跳闸或熔断，二次开关跳闸或保险熔断可试送一次，不成功应查明原因并联系检修维护人员处理，还应退出低电压保护、备自投装置、PZH 快切装置。母差保护、距离保护等有关电压降低的保护，要注意严密监视正常设备运行，防止故障扩大化。

四、避雷器和电缆的异常运行及事故处理

（一）若发生瓷套管爆炸或有明显的裂纹及严重放电、避雷器引线松动，有断裂脱落而造成接地的可能、避雷器接地线接触不良或松动、断裂、避雷器内部有放电声、应立即停运避雷器。若电压互感器和避雷器合用一组刀闸，在避雷器停运时应注意更换电压互感器所接仪表。保护的运行方式。

（二）若有电缆头漏油或过热、电缆头引线、接头过热绝缘已烧焦或损坏、电缆头轻

微放电、电缆外皮接地脱落、断股、钢甲锈蚀、铅皮凸起、严重损伤、电缆护层严重损坏或电缆固定不牢靠、电缆沟积水、积油过多，电缆浸泡在积水、积油里、电缆架积灰过多，支架松脱等情况，应联系检修处理。

（三）如果发生电缆着火、爆炸、电缆击穿接地或短路、邻近设备着火，有引起电缆着火的可能、电缆头严重放电或着火、电缆沟或电缆桥架着火等情况时，应立即将电缆停电，并及时灭火。电缆故障修复后，必须核对相位，并应作耐压试验和直流泄漏试验，经测试合格后，方可重新投入运行。电缆发生故障后应对故障电缆及故障现场进行详细的观察分析，认真分析研究造成电缆故障的原因，制定防范的措施。

（四）电缆着火时应立即切断电源，用 CCl_4、CO_2 或沙子灭火，禁止使用泡沫灭火器或水灭火，进入电缆沟灭火人员应戴防毒面具，绝缘手套，穿绝缘靴，禁止用手触及不良接地金属、电缆钢甲及移动电缆，还应将其门、窗户及通风设备关闭，待扑灭火后再将其打开，排出有毒气体。

第八章　配电线路工程管理与质量验收

随着社会经济的快速发展，以及电网本身安全稳定的运行要求，早期的配电线路输送能力明显偏弱，设备日趋老化，可靠性逐年降低。配电线路工程的数量和规模不断扩大，但多种因素在施工、质量、效率、安全等方面的问题，造成工程施工难度越来越大，已经严重影响到工程的正常进行。国家电网公司特别关心电力工程建设项目的安全、质量及生产工期。而项目管理工作人员则更希望工程建设在保证质量合格的前提下按时完成生产任务，而安全保证对整个项目的完成具有十分重要的影响。

第一节　配电线路工程管理概述

一、工程项目管理

（一）安全与质量管理

1. 安全管理概述

（1）安全管理的内容

安全管理也是项目管理的一个重要组成部分，所谓安全管理就是项目管理人员为保证项目安全，有计划地进行协调、指挥、控制等活动，安全管理要贯穿项目施工的全过程，必须做到从始而终。

安全管理工作的主要内容就是根据国家相应法律法规的要求，在项目施工过程中避免各种类型安全事故的发生，最大限度地保证施工工人人身安全不受侵害，最大限度降低安全事故发生给企业带来的直接经济效益损失。安全管理工作的具体方式可以包括安全制度制定、安全知识培训、安全活动检查及制定相应的奖惩政策、定期开展安全活动总结、评比、奖惩等。

全面掌握安全管理理论的内涵是完成安全管理目标的重要基础。例如，根据ISO18000（国际性安全及卫生管理系统验证标准）相关评估内容，在企业内部建设各个类型的评估安全卫生检查指标。在指标制度与实际应用过程中，不仅要考虑项目本身存在的风险与隐患，还要将法律法规的避害充分体现在规章制度范围内。

（2）安全管理的原则

电力企业实施的是"安全第一，预防为主，综合治理"的原则。

在工程质量、工期等众多因素出现利益矛盾的情况下，施工管理要秉承"安全第一"的基本原则。即安全是施工过程中最重要的因素，所有人都应当遵循这一观点。

"预防为主"就是通过有效的管理和技术措施，把不安全事故发生的概率降到最低。要对可能发生安全事故的人或失误的状态进行预防，包括技术工程对策、法制对策和教育培训对策。还可以从事故发生的因果关系中认识其必然性和规律性，在早期阶段就把事故起因消灭，使不安全的条件转变为安全条件。如果项目开工前已经做好了安全意识的培养，安全事故的发生概率则被大大降低了，防患于未然的思想会有直接影响作用。

"综合治理"是指企业负责、行业管理、国家监察、群众监督的体制。企业为职工的职业活动提供全面的安全保障，行业制定实施相关的安全技术措施和要求，国家机构对企业履行劳动安全管理责任及相应法律法规的执行状况等进行检查，群众监督是指针对不当的安全问题，提出批评和建议，甚至抗议，维护职工劳动安全卫生方面的合法权益。

（3）安全管理的体系

在安全管理过程中，企业法人无疑是安全生产的第一责任人，其要为项目所有参与人员的人身安全进行监控，无论是权利还是责任，最终承担者都应当是企业法人。因此，企业法人是安全管理体系的第一责任者。各部门的负责人承担各部门第一位的责任。

分级管理相互协调——企业成立安全生产委员会解决好各层次各专业协调配合问题。从上到下分为若干个安全管理层次，规定各自明确分工和管理职能，强调各专业对自己系统的安全生产负直接责任，防止生产各自为政、各行其是。

全员参与——安全生产是企业的头等大事，企业全体干部、职工要全员参与，而且需要政府方面的积极配合，全体总动员才能完全的实现预期目标。

2. 质量管理概述

项目质量管理：不仅要保证基本产品的质量，还要包括整个生产过程中每一环节的生产质量。产品的质量就是指产品性能的好坏；而生产质量则是从具体生产活动的表现中体现出来的，它与产品质量紧密相连，是保证产品质量过关的重要因素。

（1）质量管理的相关内容

通常，项目都属于一次性活动范围内，项目实施过程中每一个环节都会对工程质量产生影响。质量管理制度是根据业主要求而制定的，业主要求的变化会导致整个质量管理工作发生偏移。合同是用户对质量要求的最好依据，因此在质量管理过程中要仔细研究合同的每一条款与具体要求。

项目质量体系构成与项目特征密不可分。一方面，业主为了保证工程质量目标的顺利完成，会制定相应的制度约束设计单位、施工单位与监理单位的具体行为；另一方面，项目质量管理是一个系统结构，需要将所有资源统一成一个整体，进而制定相关的质量保证体系。

项目质量管理由施工前管理、施工过程管理与施工后管理三方面构成。在施工工作开展前，质量管理相关部门需要根据施工现场具体状况制定相应的质量管理体系，并与当事人签订有关协议。施工过程管理是对整个项目实施过程中的具体活动进行控制，要完全按照质量管理制度对其行为进行约束。施工后管理主要是对施工具体质量进行全面评估，这也有质量管理制定的内容制定有一定关联。质量评估标准都是根据制度内容制定的，制度要求越详细，越有利于目标实现。施工前管理、施工过程管理与施工后管理是一个不断循环的过程，通过每一环节工作质量的提高，工程质量也会有明显改善。

（2）质量管理的标准

项目质量管理的几大特征表现为：不可重复性、相对独立性与交付物在过程中逐步形成等。标准重点针对产品质量管理中具有共同性的要素和重复过程发现过程和系统误差并纠正过误差，经过不断地创新改进活动，从而有效地改善输出过程保证产品的质量。而在项目管理中的标准过程或因素都是不可重复的，质量管理难点主要集中在如何预防质量事故产生于质量管理实施过程中。需要注意的是，一些质量失误带来的后果是采取任何补救措施都无法平复的，势必给企业带来一定的经济损失。标准也是质量管理标准体系的重要组成部分，只是还没有收到社会的广泛认可。

（二）进度与成本管理概述

1. 进度管理概述

（1）进度管理的内容

项目进度管理在整个项目管理中被定义为"工期管理"。然而，在项目实施的阶段之中，大家又将其称之为"进度管理"。一个项目的按期交付与其工程进度有着巨大的关联。详细而言，也就是根据项目行计划把整个实施过程按时间制成一个日期进度表，通过工期进度表来监控项目的实施活动。即采用科学的方法编制进度计划和资源供应计划，确定进度目标并进行控制，协调质量、成本的目标，最终实现工期目标。

项目进度管理的内涵主要包括：包含记载和确立项目间的互存关联；预算项目完成需要材料的种类与数量；预算各个项目完成所需要的时间和工时；预算项目实施的时间和顺序以及依据材料进行项目进度的规划；制定项目进程计划变更。

作为项目建设和规划的重点环节，项目进度管理决定着施工期限的长短和成本的投入。同时，是项目监管者在项目实施过程中时刻关心的问题，特别是在准确、及时等方面存在较高的标准。项目的进度管理工作具备复杂的内容，对项目规划和项目预期目标的实现有着举足轻重的作用。与此同时，在项目的实施过程中，进度管理作为衡量项目规划、技术水平的一个主要指标。对施工场所进行预测和检查不但是施工方所考虑的问题，而且也是监管者所关注的问题。

（2）进度管理的原则主要体现在以下方面

一是弹性原则：弹性原则就是所谓的项目进度控制与管理的基础性原则，人力资源、经济状况等方面对项目工作部署的各种影响作为弹性原则的中心思想。确保人力资源、时间空间、财力物力等方面的科学、合理地支配，结合时间情况对进度进行科学合理部署，保障项目建设的有序进行。

二是沟通原则：所谓的沟通原则，主要采取的方式就是有效的沟通，保证信息及时、有效的传输。对信息的准确、及时分析，确定出有效的对策。在项目实施的同时，要关注信息的传输，检测信息的传递是否准确、及时，对项目进度与计划的一致性以及项目质量的好与坏有直接关系。

（3）进度管理的方法

项目进度计划是结合合同的规定与现实状况，其最终的目标为项目的交付或投入使用的时间，对项目的施工时间进行科学、合理的安排。当前，里程碑计划、甘特图、网络计划技术共同组成了项目进度计划的技术方案。

1）里程碑计划

通常我们将里程碑计划称之为里程碑图，也有人将其称之为关键日期法。甘特图是无法进行工作逻辑关系的显示，也就难以适用于大型项目，里程碑计划在此基础上应运而生。它的初始点为项目中的主要事件，根据事件开始或者结束进行计划的制定，其最终的结果体现在中间产品之上。在此计划上面，表现出了状态的排列与条件，对各个阶段项目状态进行了充分的表述。然而，并不能对过程进行有效的显示，它是一个项目框架，或者说是一个战略计划。

2）甘特图

通常我们将甘特图称之为条形图，也有人称它为横道图。甘特图的出现已经有几百年了，在项目进度管理方面的使用也上百年了。作为网络图例的简单化，甘特图比较容易进行编制，结构简单、明了。当然，它也存在一定的缺陷，主要表现在：它无法对任务间的逻辑关系做到有效的表达，因此，常用于小型项目之上。而在一些大型的项目上面，管理阶层用它去分析全局进度的规划与部署。

3）网络计划技术

跟随着现代化产业的快速发展，越来越多的大型项目出现在我们的面前。而影响项目的要素是越来越多，项目的监管和实施工作也变得复杂起来。为了解决这种局面，计划评审计划、关键线路法、前导图法等方法的出现，这些方法的产生可以有效缓解当前紧张的局面。这些方法的实现需要依靠网络和计算，因此，被称之为网络计划技术。所谓的网络计划技术是产生于20世纪50年代末期，主要用于项目的管理与规划。根据其来源，可以将其划分为计划评审法和关键路径法。1956年的时候，美国的杜邦公司在进行各业务部门系统计划的同时，对网络计划进行了确立：各工作的实现、完成时间、相互关联等采取网络的形式；利用网络进行项目施工时间和投入成本关系的探究，将项目实施的渠道确定出来，这也就是关键路径法的表述。1958年的时候，美国的海军武器机构进行"北极星"导弹研究的时候，采取了网络计划与分析的方法，主要是对每一个工作进行检测和评估，因此，此计划被人们称为计划评审法。这两种方法都存在自身的优势，在使用范围上面表现不相一致；关键路径法适用于有经验的项目工程，而计划评审法则适用于新开发和探索中的项目之上。

2. 成本管理概述

项目成本管理：为使项目成本在规划的范围之内，项目承包者对投入的成本进行估算、分析、规划、考核、控制以及调节等。项目成本的管理主要就是确保成本在规划之内。项目的最终实现需要得到成本估算、预算、控制以及规划的支持。项目的整个实施阶段，为了保证项目在规划成本之内对必要的各个过程开展管理。

资源计划过程——决定完成项目活动所需要的资源和需求度。

成本预算过程——将预算的所有成本支配到各个项目活动中去。

成本估算过程——对各项资源进行价值和成本大约值的估算。

成本控制过程——将成本控制在项目的规划标准之内。

以上过程在项目的各个阶段都至少出现一次，在同一阶段的四个过程中互相制约、互相影响。有的时候还会出现不同阶段的交互影响，依据特定的条件，各个过程选取一个人或者一个小组完成，虽然以上过程被分别开来，但是四个过程是不可以重复的，之间的关系非常密切，在这里将不再进行介绍。

各类资源成本共同组成了项目的总体成本，但项目成本管理还应考虑决策以及实施系列过程对项目成本产生的一系列影响。比如：成本的降低可以采取项目规划方案变动次数的减少来实现，这样导致的后果是后期的成本将极有可能会增加，对项目产品的全生命周期成本会有影响。研究和估算以后的财务情况，很多的行业都将财务管理与项目成本管理分开实施的，然而，某些情况下，财务管理还是存在于项目成本管理之中，这个时候所采用的研究方法有：现金流、投资收益以及回收期等。与此同时，在项目成本管理过程中，还需要对项目信息加以考虑。项目成本可以在方式、时间以及相关方等因素不同的情形下进行估算。在考核过程中，对项目成本可分为可控成本和不可控成本，应分开来进行估算，以确保考核能真正反映业绩。

（三）工程项目的管理模式

1. 国内模式

（1）业主自行管理模式

业主自行管理模式主要的特点为采购、规划等合同是业主和施工方面直接进行签订的，项目的管理团队是由业主自发组建的，此种模式从新中国成立初期一直沿用至今，是国内主要的基本建设管理方式。这种管理模式即"指挥部"模式，一方面业主既是项目的投资主体，同时也是管理主体，另一方面不委托专业管理公司进行管理，而是采用指挥部的方式多为行政管理。由于管理人员管理不力、经验不足，因此，对项目的成本投入和进度都无法做到有效的操控，项目一直在较低的水平发展。没有经验只有教训的存在，让项目在建设过程中难以实现协调，对建设的效益和效率带来直接的影响，尤其在一些大中型项目当中，在咨询评估阶段的质量和深度明显不够，给项目实施阶段直接造成困难，这种管理模式受到越来越大的冲击。

（2）委托承包商管理模式

承包商管理模式指业主把工程的设计、采购、施工等工作全部委托给工程总承包商负责组织实施，业主可另行组建机构或委托专门公司实现对项目的监管，对项目目标、整体、原则等方面进行有效的控制和管理。此种模式下，业主的直接参与的机会比较少，其最主要的责任是承包者所承担。按照合同约定，从事项目的规划、建设、采购等方面的工作，以及对每一个阶段工作进行交叉和配合，负责项目建设的进度、质量、造价以及安全等。因为业主把风险转移给了总承包商，总承包商要承担更多的风险，同时拥有攫取更多利润的机会，但是工程质量的保障多靠承包商的责任心和自觉性，因此，业主对承包商的监控手段十分重要。对于总承包商这种模式，国内在 20 世纪 80 年代出现了一批总承包商式的公司，由于管理体制不同以及认识角度的分歧，各方对存在的争议不能妥协统一，在国内也就没能成为主流。

（3）管理承包商模式

此模式指的就是业主进行承包商的聘任，所聘任来的承包商作为其代表，对项目进行有效的监管。该模式后来在国际上被称为项目管理模式，国外大型工程公司已经普遍采用这种模式，而国内还处于实践和探索阶段，这种全新的管理方式只在大型项目中得以运用。

以上三种模式，国内要采用"业主自行管理模式"，承位商管理模式仅在个别项目中得以应用，而实现承包商模式只是在近年国内大型项目中有所应用。

2. 国外模式

（1）设计—招标—建造模式，又被称为 DBB 模式

设计招标建造模式作为种传统式的管理模式，包括世界银行在内的一些国际贷款的大部分都采取的此模式流程来进行，各个阶段不可以交叉同时进行，后面的阶段只有在前面的阶段结束后可以相继断开。此模式必须严格按照时间的有效性进行管理，项目的规划与设计过程中不需要建造者的参与。项目在建设的过程中，如果没有办法进行下去的时候，其规划与建设就无法实现统一协调，容易造成建设周期长，投资成本大，业主单位的成本提高。

（2）建设管理模式，即 CM 方式

该模式指聘请有资质的公司负责施工过程的管理，采用快速路径法进行施工，在设计过程中提供施工方的建议，从开始阶段就参与整个工程建设的管理。这种模式下，实施阶段式发包，规划设计小组由施工方与业务组共同组成，主要对项目进行规划、管理和监督。项目的协调、监管任务是 CM 单位的工作，对成本、质量和进度进行监督，并预测和监控其变化。这种方式改变了传统的先设计后施工模式，设计与施工相结合，边设计，边发包，边施工，又称阶段发包方式。

（3）设计—建造模式，又被称为 MB 模式

设计—建造模式作为一种新兴的管理模式，近几年来得到广泛的使用，同时，又被称为设计施工模式，或者交钥匙工程。这种模式的做法是邀请多家承包商，在项目初期阶段根据业主的要求，由承包商公司提出初步设计以及成本概算，中标的承包商将负责该项目的设计和施工。同时，业主还可以根据工程项目的特殊性，另行提出设计和招标等相关要求的详细文件。这种模式业主和承包商密切合作，共同完成项目的设计、成本控制等工作，大部分实际施工工作多以招标方式分包出去，实施过程中保持单一的合同责任，不涉及监理。

（4）设计—采购—建设模式，又被称为 EPC 模式

设计—采购—建设模式，在其设计的过程中，不仅仅针对设计，还包含了项目的管理和一系列策划活动；采购并不只是进行设备的采购，而包含了设备、专业材料等的采购；建设重点包含了技术、项目、调试等培训工作。EPC 国内习惯译为设计、采购和施工。

管理模式主要特点：

1）业主只负责整体的目标管理和控制，介入具体组织实施的程度较低，把工程具体的实施工作全部委托给总承包商实施。

2）总承包商在管理实施方面要承担更多的风险，获利的机会也就更多，同时，总承包商也可以把工程进行委托分包。

（5）项目管理模式，又被称为 PM 模式

项目管理模式指的就是业主进行公司的聘任，让公司代表自己进行项目的监管。被聘

任的公司被称为项目的管理承包商，其主要工作为项目的施工、采购、投资、策划等，实现最终的项目监管责任。此模式之下的大量工作都由承包商来承担，但一些关键性问题需要业主方进行决策，还可以引入指定分包商或建造商的单独合同，使承包商的工作正确地分阶段进行，保证业主委托的活动得以顺利进行。项目管理承包商作为业主的代表，帮助业主在项目前期策划，在项目施工、采购以及规划阶段，实现工程的投资成本、质量、寿命、进度等指标的最优化。

采用 PM 模式通过科学管理可以节约项目投资：

1）通过项目全方位的经济和技术的比较分析优化设计，使项目全寿命期成本最低；

2）进行施工、物资采购招标，选用合适的合同方式，业主还可与供应商签订该协议，减少设备运行后维护等方面的成本；

3）可以发挥承包商的财务管理水平和丰富融资经验，并结合工程项目实施方案，对项目中的现金流进行适当的调整和优化，在根本程度上面解除财务和融资难的问题。

（6）建造—运营—移交模式，又被称为 BOT 模式

建造—运营—移交模式一般的做法为：项目的融资是当地政府通过一系列协议为其提供，融资的操控掌握在经营者或者投资者手中，同时他们也担当着项目的规划、建设以及风险。要求他们在协议规定的时间内获得收益，到最后，要根据协议规定，将项目交由政府管理。此模式之下，将政府项目建设采用私营建设管理的方式，广泛应用于交通运输、自来水处理、垃圾处理等基础设施的建设中。

二、电力工程项目的特点

电力工程项目施工条件较为复杂，一般露天作业多，自然条件变化大，工期较长、规模较大、投资较高，其质量高低受到很多因素的影响，如未能对相关因素进行有效控制，便容易产生各类质量问题。综合分析多项工程的质量管理，总结其主要具有以下三个特征：

（一）突发严重性

施工过程中出现的某些工程质量问题，如同"常见病""多发病"一般经常发生，发生时间没有可预见性。一旦在施工过程中出现质量问题，不仅会影响施工顺利进行，拖延工程项目期限，增加费用，特别是电力工程的改扩建工程，在设计、施工过程中会涉及带电设备、线路，稍有疏忽便会留下工程后期隐患，出现群伤事故，造成对人民生命财产的巨大损失。

（二）复杂易变性

电力工程涉及土建、电气—两次设备、线路结构、线路电气等多个专业，同时，由于工程的特点，在设计及施工过程中，很多因素都会对工程质量产生影响，从而导致对工程项目质量问题的分析、判断、处理的难度增加；并且，随着时间的不断推移，这些质量问题还会引起其他系统性因素的质量变异，由一种问题转变为多种或更复杂难以解决的问题。

（三）特殊不确定性

这是指某些工程质量问题在人们不知情或尚未觉察时就出现了。尤其是在特殊项目的

施工过程中，限于人们的认识和经历，从而发生的工程质量问题等。对于这类问题，只有通过多调查研究，不断深入基层，加强质量防范意识，并对出现的问题严格控制和管理，才能做到不出问题或少出问题。

三、电力工程项目管理模式的发展

新中国成立初，电力产业作为国民经济发展的命脉和国家基础产业之一，一直处于国家政权垄断状态。在这一时期电厂和电网没有分离，同时，属于国家垄断经营。在计划经济体制下，由于缺乏竞争，这时期的电力行业缺乏活力，电力工程项目基本上仅限于基本网路的铺设和基本设施的搭建，电力工程项目管理当然也是鲜有创新。改革开放后，通过实施一系列政策，我国基本上实现了"厂网分离"，许多发电企业和电网集团应运而生。市场经济体制赋予了电力产业新的活力，随着我国社会生产力和人民生活水平的不断提升，电力资源的需求量也随之以较大的速度增长。此时原有的基建工程已远远不能满足国民经济发展和城乡居民生活改善的需要，因此，许多新的电力工程项目被提上议程。到这一时期，总承包管理模式仍是电力工程项目管理的主要模式。工程项目总承包管理是最早出现的电力工程管理模式，其在电力工程项目中的应用为电力工程管理工作积累了相当多的经验。电力工程项目总承包管理模式是由业主、设计单位、施工总承包商和建设单位共同完成电力工程的建设任务。通过总承包施工管理模式可以使施工承包方承担工程电力工程施工责任，并接受建设工程师的监督、管理。这样的管理模式使得施工过程的各项责任、职责明确，以促进电力工程施工过程的各项管理工作开展。

进入 21 世纪后，我国人民生产生活水平得到很大提高，在国内经济快速发展的背景下，国内电力需求量大增，加上政府在电力方面投资力度的加大，这两年来我国电力工程项目进入了高速发展阶段。在这一时期里，我国的变电站自动化工程项目快速发展。变电站具有变压、分流的作用，在整个电力网络系统中扮演着连接输电和配电环节的重要角色。倘若出现问题，不仅会对变电站自身供电的区域造成影响，还会影响其他与其连接的变电站甚至整个电网系统。随着电力工程施工市场的逐渐完善，电力工程项目在数量和种类上的多样性对传统的总承包管理模式提出了新的挑战，表明这种传统模式已经不能够完全胜任现代电力工程项目的施工需求，主要表现为由于监理单位对项目介入深度不够，造成其只进行施工阶段的质量监督管理，缺乏对电力工程决策、设计阶段的管理，从而影响了工程投资的决策与控制。在这个背景的推动下，我国电力工程管理模式出现了新的创新与应用，主要有以下几个方面：

（一）引入成本管理战略指导电力工程管理

现代市场竞争的激烈使得电力工程投资、施工企业必须站在企业自身的角度综合考虑成本问题，以适应企业战略管理的需要，促进工程管理工作中成本管理的实施。其创新性主要体现在电力工程管理模式中，成本控制的全局性、长期性、竞争性，以促进低成本领先战略的实施。

（二）引入组织机制创新促进电力工程管理

电力工程管理模式应以机制的创新为基础，创新组织机制与管理制度，以促进管理工作地开展和实施。通过组织机制的创新使电力工程管理工作具有持续地动力。通过组织结构的整合优化，组织机制的创新促进电力工程管理模式的创新，便于管理工作的开展。

（三）引进全过程、全要素控制思想实现电力工程管理模式的创新

现代电力工程管理模式应根据其特点进行创新与应用，采用全过程、全要素的工程管理模式促进工程管理工作更加适应实际，并以此促进电力工程管理工作的开展。一方面，在进行电力工程全过程、全要素管理模式创新过程中，要综合考虑项目经理的沟通能力、专业能力、创新能力多个方面，打造优秀的项目管理团队，以此确保电力工程管理工作的顺利开展。另一方面，电力工程管理模式的创新还应从设计阶段即开始对造价、管理等各环节的工作进行控制，有效提高电力工程管理工作效果，保障投资主体与施工单位的经济利益。另外，电力工程管理模式还应针对自身的实际情况选择整体承包或分项承包模式，以此确保管理模式的适用性。

四、电力工程项目管理的基本理论

项目管理的定义是指管理者在有限的资源下，为达到预定的目标而运用系统的理论和方法对项目涉及的全部活动、对项目的整个过程进行有效的管理和控制的行为。时间、成本、质量构成了项目管理的三个基本要素，是项目管理者在项目施工过程中需要重点关注的三个方面。项目管理作为一种理论研究最早起源于二战后期的美国，专门为了解决一些生产大型、费用高、进度要求严苛的复杂系统中所遇到的问题，最初主要应用于国防、航天、航空以及建筑工业。

在20世纪80年代，项目管理理论终于不只局限于以上高度复杂的系统中，而逐渐被各行业所引进。随着全球一体化的发展和各国信息技术交流的加深，项目管理理念被不断地更新和完善，并在很多国家很多领域得到了广泛的应用。

我国电力行业最初实行的是"建管合一"的开发方式，采用的是传统的三方管理模式，即"由业主分别与各专业施工承包商、设计承包商签订承包合同，另外业主再与监理单位签订委托—代理合同"，业主、承包商和监理构成项目管理的三方。这种三方管理模式具有通用性强、管理方法成熟、自由选择权大、投资少、便于合同管理和风险管理等优点，但同时也有周期长、管理费用较高、索赔风险大等缺陷。随着项目管理理念的引进及在我国各行业的普及，许多学者开始探讨这种项目管理模式在我国电力行业中的适用性。

贾广社认为"选用该种模式管理项目时，业主方面仅需保留很小部分的基建管理力量对一些关键问题进行决策，而绝大部分的项目管理工作都由PMC来承担。PMC作为业主的代表或业主代表的延伸，帮助业主在项目前期策划、可行性研究、项目定义、计划、融资方案，以及设计、采购、施工、试运行等整个实施过程中有效的控制工程质量、进度和费用，保证项目的成功实施，达到项目寿命期技术和经济指标最优化"。其他学者也都论述了项目管理模式应当取代传统的模式，被运用到目前我国电力工程项目管理中。在学者

们对项目管理模式在我国电力行业中的可行性不存在争议时，新一轮的关于采用何种项目管理理论的探究又开始了，先后提出了以下几种理论成果。

（一）目标管理理论

目标管理理论认为，项目管理者可以通过预先设定可测量的目标，并不断纠正现实与拟定目标之差距的方法来对整个工程进行管理。作为一种控制和计划的手段，目标管理方法常被企业集团用于员工激励或绩效评价。目标管理理论旨在使个人目标与企业目标、分目标与总目标实现绝对统一，通过纠正现实中的偏离的个人目标、分目标而实现企业目标、总目标。

总之，目标管理理论采取目标导向的原则，将众多关键活动结合起来，从而实现全面有效的管理。对员工个人来说，目标管理理论可以帮助他们判断工作的轻重缓急，合理安排资源和时间；对管理层来说，目标管理理论能帮助他们从琐碎的事务中厘清思路，提高管理的有效性。

然而，由于目标管理方法首先一步就是全体人员对共同的目标有一个统一认识，再进行目标的分解和落实，所以，它目前比较适合对管理人员的管理和对企业内部的管理。而且在实际操作中这种方法不可能覆盖到工程项目涉及的所有人，特别是项目实施时的基层工人。如前所述，电力工程项目通常都是十分庞大和复杂的系统，会涉及许多协作单位和个人，若在电力工程项目中运用目标管理理论，首先在制定共同目标方面恐怕就得花费一番工夫，对基层施工人员的监督和控制也存在一定风险性。所以，目标管理方法在目前还不适用于我国电力工程项目的管理。

（二）KPI 管理理论

KPI（Key Performance Index）即关键业绩指标评价法，是指预先对各岗位的业绩进行指标量化，然后运用这些量化的指标来衡量员工实际表现的管理方法。建立在杰出管理体系的基础上，KPI 的核心是价值创造。在 KPI 评价法的帮助下，枯燥毫无头绪的财务报表会变成最直观的商业模型。对管理层来说，KPI 可以帮助管理者发现数字背后隐藏的问题，找到问题的根本所在，从而对症下药；对员工层来说，KPI 可以使他们明了自身的定位和价值以及如何实现自身的价值。如果说目标管理方法引导每个岗位清晰明白地知道了自己的目标和方向，那么 KPI 就起着帮助每个岗位如何实现目标，创造价值的作用。如同目标管理法一样，KPI 目前也被广泛运用于企业集团中员工的考核和管理；然而也像目标管理理论一样，KPI 若运用到电力工程项目中，恐怕会遇到同样的难题。

（三）过程管理理论

过程管理顾名思义即在管理过程中不断地进行调整和控制的管理方法。过程管理理论把项目分为了五个过程组，即启动过程组、执行过程组、控制过程组和收尾过程组。与目标管理理论相反，过程管理理论认为，管理工作应该是一个动态的行为，只有对项目不断地进行"计划→执行→检查→纠正→计划"的循环控制，才能及时发现并更正管理中的漏洞。过程管理理论极其重视管理过程中的检查和纠正工作，认为检查和纠正的频度将会对管理的精度造成直接影响。尽管目标管理理论与过程管理理论的基点刚好相反，一静一动，但它们却是相辅相成不可分割的关系。至于如何将两者有效结合起来仍是项目管理学科中的一个热门课题。

（四）PMI 管理理论

PMI 是美国项目管理协会（Project Management Institute）的简称。经过三次修订，PMI 最终提出了项目管理的三重制约——时间、范围和成本和九大知识体系——项目整合管理、项目范围管理、项目时间管理、项目成本管理、项目质量管理、项目人力资源管理、项目沟通管理、项目风险管理、项目合同管理。由此可见，项目管理不是一般的管理，除了一般的管理知识外，一个好的项目管理者还必须具备人力资源、财务、设备与固定资产等方面的专业知识，只有这样才能在三重制约中完成特定的项目目标。

另外，还有一些学者分别从进度控制和成本控制的角度，研究了具体的管理方法。常见的进度管理方法有甘特图（Gantt Diagram）、工作分解结构（WBS），计划评审技术（PERT）和关键路径法（Critical Path Method）；常见的成本控制方法有净值管理技术（Earned Value Management）。

五、配电线路工程项目管理概述

配电线路工程与电网和客户直接相连，作为电网与客户之间的桥梁。跟随着我们国家经济的快速发展，人们对电力的各项指标要求都有所提高。作为当前的主要供电系统，配电网的安全、平稳运行，直接决定着一个区域的经济发展、公共安全以及社会和谐。因此，它的地位是举足轻重的，对配网建设工程质量管理也越来越重视。

（一）配电线路工程特点

配电线路工程专指 35kV 及以下线路新建或者改造的工程项目。配电网在整个电网中十分重要，是电网的基础，配电线路工程建设能够完善电网结构，使配网结构更趋合理，从而提高供电可靠性，提高配网安全运行水平。在电网规划建设的过程中，虽然存在技术方面的支持，但是管理方面仍然存在很多棘手问题。这些问题在此工程项目建设方面都有存在，工程的规模小、任务量大、阻碍因素多、项目复杂等问题，使得我们对较多的细节进行了忽略。配电线路工程项目特点主要表现在以下五个方面。

1.配电线路工程项目工程量相对较小、工期短、前期工作量大

配电线路工程的工程量线路长度一般为 5~10km，分几个工程段，真正的施工天数一般 10 天之内可以完成，但施工前期的工作量大，主要表现在线路通道政策处理过程长，以及由此产生的设计、施工变更等花费的时间多。

2.配电线路工程项目进度计划具有一定的风险性

由于配电线路工程项目组成复杂，建设工期长，影响因素多，工程项目进度计划编制和实施都会遇到极大风险。

3.配电线路工程项目的质量控制难

首先是材料设备的质量参差不齐；其次是施工工艺水平差，人员素质普遍不高。由于供电的不可中断性，很多线路工程施工完成后立即投入运行，直接造成验收把关不严格，缺陷难以避免。

4. 配电线路工程项目的安全管理的复杂性

配电线路工程项目的施工主要还是以人力为主，施工队伍的水平参差不齐习惯性违章屡犯不改。施工现场的条件环境复杂，天气、交通、场地、交叉跨越等因素多。

5. 配电线路工程项目的间接成本可预见性差

主要表现在施工过程中的政策处理方面，如占用、损坏农田，以及由此产生的无形的人力物力消耗成本。

（二）配电线路工程管理的任务

配电线路工程项目管理任务有以下三点。

1. 项目管理的目标

项目管理的目标，在工程的监管活动中，公司都是按照合同规定进行的，依据合同中所规定的目标保证工程顺利实施，总体目标最优，主要表现在施工的工期和工艺质量水平。

2. 项目管理思路

项目管理思路为：依据合同的目标，最终的目的就是实现进度、质量、成本以及安全等方面的监管。对计划目标实施有效的动态式控制，保证项目目标的顺利实现。所以，项目的监管重点在"现场"，现场情况是千变万化的，要保证工程顺利实施，项目公司就必须主动立足于现场，根据现场实际问题，代表业主积极配合设计、监理和施工等各方，努力协调尽快解决存在的问题和矛盾，为工程顺利实施创造和谐的环境。

3. 项目管理工作分解构架

整体而言，整个项目监管的任务组成部分包含了项目的确立、计划、建设、实施、运行、检测、竣工、结算的项目建设全过程。

（三）配电线路工程管理流程

其中：工程立项——根据配网规划逐个项目填报《可行性研究报告审批表》，进入配网工程项目库。按上级年度综合计划轻重缓急的原则，进行项目库的有效规划，将项目的编号融入配电线路工程之中。

工程设计——工程设计需要项目规划方依据施工方案进行施工图纸设计，对费率、预算格式、材料编号、设备价格、清单编号等进行有效的定位。

物资管理——在此方面，需要与商品提供商做好有效的交流和衔接，对材料的传递情况做好追踪，保证材料及时到位，不可影响到施工的质量和进度等。

施工招标——严格按招投标制度执行招标，组织多家施工单位参与竞争，要保证招标过程的公开、公平、公正。

施工管理工程监理——督促监理公司按照相关规定进行严格监理，对施工的全过程进行监督保证工程质量。首先要对施工方进行项目方面的介绍，让施工方对项目了如指掌。然后配合施工方，做好施工前阶段的赔偿工作。与监理公司要进行适当的交流，对施工过程中的问题进行有效的沟通，配合施工方进行一些问题的解决，确保项目的顺利实施。

竣工验收——竣工验收的主要内容包含了：施工质量、工作量完成度、监理记录等。

工程结算——配网工程实行工程量清单结算方式，按照相关的条文和约束，工程的结算工作由资金使用单位来负责，结算的依据为人工、物资等方面的实际额度。

第二节　配电线路工程管理现状及解决路径

一、配电线路工程管理存在的问题

（一）缺乏目标管理控制

所谓工程项目管理的目标指的就是在一定的时间周期内，符合相关规定，对工作的事先完成，并达到了一定的质量标准。所谓"控制"，是指建立在以后行为的基础之上，对主体将来状态的估算。主体行为和措施的规划确定是在事先进行的，经过信息收集和检查，将实施的过程与原来规划做一比对，找出其中的差距及其原因。最后在项目实施过程中进行有效的纠正，对规划目标予以实现，从而保证计划正常实施。

配电线路工程项目之中通常是没有详细方案的规定，只存在一张时序表。在项目建设的过程中会出现一些难以预料的情况，为了杜绝意外事件的发生和目标的顺利实现，这就需要巩固现存的技术，提出相应的目标方案，制定出工作的质量、进度、资源配置、成本投资等规划方案。完成措施的有效控制和计划有效选择，确保项目实施的顺利进行，保证项目的成本减少、进度加快、工期变短等。

（二）协调机制不健全

项目管理中心作为协调组织的主管部门，项目经理需要自始至终就与各部门保持密切沟通，要组织各单位劲往一处使，防止各自为政，所有遇到和现存的难题都是可以通过交流的方式进行处理。各种内外因素的影响，在配电线路工程建设中，存在一个部门机构的不配合，就会造成整个进度工期的长时间拖延。实际工作中，项目经理的职务和权限不大，难以解决上下级、部门之间以及成员之间配合的问题，也没有在各时间节点定期召开协调会，造成各部门之间相互推诿，严重影响项目质量和进度。

（三）监控体制不配套

各负责人和各单位作为此工程建设的主要参与者，这就导致了项目经理难以进行项目时间周期、进度、规划等的有效掌控，还存在一些因素随意中断或调整原有计划，信息传达沟通等方面也不及时，导致项目经理不能够具体深入了解整个项目的进程，不能及时发现和处理存在的问题，造成工程项目的监控难以实施，必然不利于考核，对项目预期的结果有直接的影响。

（四）组织结构混乱

虽然经过了多次体制改革，但大多表现在表面形式上，往往只是换个名称，把原有职能和人员重新组合，所以总是收效甚微，甚至出现倒退的现象，反而引起组织结构混乱，导致部门人员职责不清，都有责任都不管，这样常常会造成进度缓慢成本增加，降低工程的效率和投资利润。

（五）预算控制不严

电力工程项目投资是指完成一项电力工程建设所花费的全部费用总和。它主要由工程施工建设费用、材料设备购置费用和其他费用组成。一般情形之下，对工程的初始预算通常不够，因此，很多的施工方进行分期、分阶段施工。规划设计的随时变动、预算与结算不相符合、计划跟不上变化的节奏等问题都是配电线路工程中经常碰到的难题。预算控制不严、不准确的原因通常是新式管理方案的确立。

（六）缺乏有效的风险管理

配电线路工程容易受到外界因素的干扰，由于前期准备工作考虑不周，细节了解不够彻底，对整个工程的进度管理不够精细化，特别是在施工过程遇到的政策处理难题越来越突出，导致了无法预测常见难题。各个工程中所遇到的问题也各不相同，监管者或施工人员很难做到精确的预测。工程中遇到的问题，通常在问题出现的时候，才显得手忙脚乱、无法应付，出现了问题的过时和难以解决，随着时间的推移，这种问题越来越多，势必会阻碍到工程进度和投资成本。这种问题持续的时间越长，其不利影响越大。无法进行问题的及时解决，当问题积聚到了一块，就错失了解决的良机，将不利于工程的良性发展。

二、配电线路工程项目管理问题解决路径

作为电力系统输送能源的最后环节，电力配网工程建设对电力系统实现安全稳定运作而言至关重要。通过近几年的研究和实践，在输电线路工程项目的管理成果有所突破，技术水准显著提升，但对配电线路工程的管理还有待提高。配电线路工程项目管理事宜相对繁杂，尤其是随着配电线路工程数量逐步增加，其工程建设强度加大，在当前形势下对其进行有效的管理显得尤为重要，只有通过管理控制才能保证工程量的准确与可靠，保障工程项目的投资规范化，使得配电线路工程项目管理再创佳绩。

（一）项目化管理的前期准备

1. 组织管理方案的改进

（1）明确项目组织和管理人员

根据项目的管理方案，成立工程项目管理中心机构，对相关的单位和部门进行合理的调配，按照管理方案中计划任务的安排，明确施工组织，合理安排相关的管理人员。

在配电线路施工过程中引入"设备主人"制度。所谓"设备主人"就是指配电线路的主人，主要负责线路的日常运行检修维护管理，对线路的安全可靠运行负直接责任。以往的方式设备主人都是在工程完工投产交付后，才根据相关规定制度制定。提前指定线路设备主人，全程参与整个项目工程的建设管理，对工程建设的各方面进行监督和协调，为线路投产后的日常运行打下坚实基础。

（2）制定详细项目实施方案

具体包括项目施工是通过公开招标的方式进行，施工任务和施工费用包干，施工单位对工程的安全、质量和工程进度进行监督和考核管理。要求施工单位制定完善的施工方案，

还包括"三措",即安全措施，组织措施、技术措施，所以措施要上报审核备案。

（3）后期评估考核制度

由于配电线路工程的特殊性，为保证供电的可靠性减少停电，很多工程可以说边施工边投产，在施工完成后立即投入运行，造成工程的验收过程中形同虚设，特别是近来市场开放后，施工质量明显下降，很多缺陷问题在施工过程中已经形成，而验收根本无法发现，只有在运行后对整个施工过程进行评估考核。

（4）制定施工环境处理措施

组织学习环境体系文件及国家、地方有关的法律、法规，加强环保意识教育，提高对环保重要性的认识，把做好环境保护工作作为自觉行为。现场设备材料进行定置堆放，机具安置在专用加工棚内，施工道路设专人负责清扫，每天施工结束后必须清理好现场，做到"工完料尽场地清"。

为保证项目的顺利开展，包装项目的监督、质量和标准能够达到要求，在施工作业的现场配置了相应的管理人员，对施工的全过程进行监督和检查，促进整个管理方案的严格执行。

2. 项目计划的编制

建设配电线路工程项目投资的决策将以可行性研究为前提与基础，可行性研究对投资。项目的主要内容、标准做了规范，同时对建设本项目建设的合理性、势在必行性加以论述，可行性研究报告最终是向项目投资的策略提供支持，取得批复文件纳入项目储备库，为项目的启动做早期准备。

项目计划就是整个项目的流程设计书，直接关系到项目的成败。项目计划不能仅靠个别成员去随意编写，而应该发挥每一个成员的思路和办法，组织整个项目组共同完成。项目计划越详细越好，但往往在首先运作的时候，很难将这个项目的具体工作谋划至细节方面，因此无法在第一次就全部完成这个项目。开始将大体计划加以规划，在细节上不要加以追求完美，再根据不同阶段制作相对精细的小细节。建设配电线路工程项目投资的决策要在层次、结构上加以保留，在工作的流程中加以表现，同时要符合工作划分工种的需求，表现这个项目的组织中的机构、层次，将大项目的组逐渐分成小组，然后将项目上的分工加以明确。

这个项目得以实施，需要制订相对完备的计划，从而形成相应的、完备的计划编制系列。以应对在实施项目时将要发生的变化为目的，以保证施工项目的计划得以实施为基本目标，以保证进度为前提，项目的计划分为以下四个方面的内容。

（1）总控计划

总控计划通常指整个项目计划安排，主要是为了营造良好的施工环境，要求项目部的所有人员熟悉计划。

（2）月度计划

月度计划是具体的施工控制过程，必须让管理和施工人员都知晓。组织各个专业人员按照计划逐个进行资源的加载，以确定本月度的具体需要，本环节将能保证整个项目得以顺利的实施。

（3）周计划

周计划是每个专业、环节的周工作计划，要求计划的任务和目标清楚明晰。可以增强施工人员的责任感，发挥广大员工的实干精神，确保全体员工自觉执行计划。

（4）日计划

日计划为班组每天的工作安排，通过布置与检查每天的工作任务，为周计划的完成实施提供保障。

（二）项目化管理对策

1. 安全管理对策

安全是电力行业生产与运行的最大工作重点。管理人员不仅仅要把安全当作每周期按规章制度举行的职工对于安全方面的学习、形式也不要拘泥于安全方面的测试，更要组织员工深切地感受到安全的重要。要领会到项目的管理理论如何应用于配电线路工程中，工程项目的安全管理关键在于将"安全第一"的准则坚持贯彻到底，并将每个环节的责任人在安全方面的职责加以落实。将对下面的各个环节加以管理、规范。

（1）健全安全组织机构和管理制度

健全和完善安全管理网络，形成强有力的安全预防和保障体系。不仅要严格遵守国家和电力行业的安全规程，更要结合不同现场时间情况的制定详细的安全管理标准和制度。建立了安全文明生产考核细则和奖罚机制，鼓励先进和警示违章，做到文明施工。在安全管理制度方面要全面落实，不能有任何环节方面的放松，另外要在作业的过程中遵守各项章程序，做到有章可依，同时保证安全管理在"受控""能控""在控"的轨道上正常运行。

（2）落实安全教育与技能培训

通过培训、教导等多种方式将人的安全意识提高，同时，有效将每个人的不安全因素扼杀在摇篮中。将每个职工的基本安全方面的教育提到日程上来，基本安全教育的内容要含文明施工规定，现场施工的安全生产制度，保证施工环境、运作工程的基本情况、施工特点中所表现出来的危险因素、项目安全所涉及的生产技术等，要定期组织职工进行安全教育和开展安全活动。用成熟科学的方法指导生产工艺，控制生产施工过程，消除在安全中所存在的危险因素，新的工艺类型，指导新规定的实施，同时保证在施工的过程能够规范、熟练的应用新材料、新工艺以及新规定。

（3）加强现场监督检查

施工现场的人员、材料、机械相对集中，环境相对复杂，存在较多的危险因素，比如人的行为、物的状态以及各种危险源。施工管理就是首先控制人的不安全行为，制止操作过程中的错误行为，同时综合考虑施工人员的身体情况、技术水平，同时将现场中材料、机械、存放条件、生产对象的状态，均保持在安全可靠的形态。还应制定详细的安全检查计划，开展不同层次的现场检查，形式可以多样化，定期检查与不定期抽查相结合。落实安全生产在项目施工中的终极目的，加以落实安全生产中的相关责任，将安全生产办法加以落实，同时将施工人员的安全方面的主观能动性加以调动，做到安全生产"四不伤害"和"五个统一"，杜绝安全事故。

2. 进度管理对策

项目进度管理对整个项目工程尤为重要，在配电线路项目工程中甚至比质量或成本管理更重要。在制订实现项目工程的计划、进度时，最主要的是充分对影响工程进度的全部因素加以评价，同时，考虑到对工程进度的影响因素及程度，要分析各种因素之间的先后顺序和相互关系，制定出切实可行的实施对策和进度计划，这种前期工作往往要深入细致。要充分结合项目实施过程中所处的环境，对影响进度的各个因素实行多角度控制和处理，对工程进度实施全方位的及时调整，确保进度管理始终处于可控、在控范围之内。首先加强专业知识的培训和管理技术的运用，培养一批项目管理人员，其次严格执行对专业施工队伍的考核。

（1）加强建设项目的现场协调

为了保证进度中管理计划的有效实施，要现场协调好有关线路工程项目的建设。顺利实施施工各项进度计划的必要手段是做好项目施工过程的调度工作。现场调度的具体目标为有效地将现场中的各类资源有效的集成起来，同时，处理在施工中所遇到的问题加以解决，对薄弱的环节加以完善，以确保工程能够得以顺利、有效的开展，加速实现完成施工计划，实现进度的目标。开展各工程建设项目的相关结构、层次的项目要依据相应的各项计划，所以，项目部要设立相应的调度员、相关部门加以协调。在项目进度计划的具体实施过程中，项目部的人员每天要在协调的现场中化解各种类型的矛盾，使这些出现的矛盾不会影响到施工的进程，确保施工的进度及工期。项目经理应定期召开现场施工协调会议，并要求所有管理、施工人员都参加，对当前妨碍施工的问题提出解决办法。

（2）项目进度计划的检查

要根据项目的进度计划的实施记录，加以检查项目的进度计划，同时，搜罗实际的进度数据，整理、统计这些材料，并分析、检查相应的数据，保证按计划实行实际的进度。依据所需要的进度计划，将检查划分为定期与不定期两种，确认检查的时间对计划控制工作的成效有着很直接的作用。计划管理人员要每天收集现场的材料、数据，对比进度的计划，并加强检查、核实，对于滞后的工作要及时给予反馈指出。检查进度计划的内容要包含上次所遗留的问题、处理情况，同时，包括工作进度及进度是否对应于资源。检查进度计划要编写相应的进度日志、进度报告，其要包含进度计划执行截至此日的总体情况、是什么原因使实际进度、计划进度有差别，并加以分析；进度对比对安全、质量有什么方面的影响；要用什么改进措施对计划进度加以测试及调整等。对配电线路工程实施进度计划的检查应集中在施工前，主要是在确定配电线路通道过程中，与各方进行沟通协调，后期架线施工时间一般不是很长。

（3）对项目进度管理的考核

配电线路工程项目进度管理计划的执行时，要保持严肃、严谨、求实的态度。编制了项目进度的计划以后，要建立相应的计划考评制度，可分两个层次。第一层次是合同，业主在合同中对进度明确考核要求，各项目承担人按合同要求实施，一般为无法按合同执行的处罚条款。第二层次是项目部高层管理人员对专业科室所制定的考核办法。考核办法中规定出相对应的奖惩措施，可以分为月度计划考核、主要节点考核等。

3. 质量管理对策

（1）组织机构的建立

建设方以保证工程的质量为目标，要建立完善、正常运转的质量控制体系，在组织制度上控制质量，同时，避免发生问题。项目管理组织机构。

（2）对质量控制体系的监控

施工单位建立起来的质量控制体系，未必完善，因此，业主项目部的专业人员要对下面的内容加以审查，同时监管施工中的各个过程。

1）项目经理部的建设工作是不是健全

树立单位形象的主要标尺是项目经理部，项目经理部是能否建立健全管理制度的主要因素，同时，对管理各项施工活动能否顺利进行有着重大的决定性因素。因此，项目经理部要时时规范自身的管理行为，遵循各项章程，落实奖罚制度，对工程的流程合理化、有序化，同时建立激励机制，来充分调动员工的积极性、发挥其主观能动的作用。

2）审核其管理人员资格，增加对"人"的因素的控制

要认真贯彻项目经理的责任制。项目经理要全面负责有关工期、质量、安全、文明施工等有关方面的内容。项目经理的部门要设立专门的质检人员，对日常的质量的检查工作加以全面的负责与审核。在项目经理的教育指导下，施工管理中的每个职能部门都要按计划施工，确保工程达到预期的目标。

3）建立现场施工会议制度

施工方应召开"班前会"，充分的评估诸如在材料、人员、天气等因素对质量造成的困难、影响，并制定办法予以解决；施工方应召开"班后会"，对施工质量进行归纳总结，详细部署次天的安排，项目部对工作会议进行监督，认真听取各方对质量工作方面的建议，逐个认真落实各项施工计划。

4）应建立激励和约束机制，对质量进行评比和奖惩

定期组织人员检查施工质量，依照验收标准对施工情况进行实测评比，奖励与处罚必须落到个人身上，充分发挥激励和约束机制的作用。

5）可以对分包队伍进行有效的管理

施工单位负责分包单位的工作质量问题。在分包单位进场以前，施工单位要对分包单位进行质量安全方面的教育，以提高质量安全的意识。动态管理劳动用工，同时建立起一支有团队精神、技术水平较高的精锐之师。

4. 成本管理对策

配电线路项目工程成本主要包括建设期成本以及运行期的成本。建设期成本在定义上又叫作初始投入，是资产第一次投入运营时相应的投入；后续投入是资产在寿命周期的范畴中，在实施技改项目时所加入的投入。初始投入与后续投入表现在固定资产原值方面。运行期成本是资产运行的期间内，所发生的成本均与运维检修活动有关。运行期的成本管理延伸了项目的成本管理，整合成本有效地控制了配电线路项目工程的生命周期的成本。其原因是如果不合理的投放资产建设期资源，将无法降低过高的运行成本，但又没有办法反馈上述信息，从而成本管理方面形成了一系列的恶性循环。

配电线路在施工中会出现加大成本支出等种种现象，相关的管理人员要合理的分析如

何配置设备，才能节约资源配置等问题。所以，在确定人力、设备、材料等资源的利用时，要合理的运用项目中科学的管理方法。第一点就是以项目的各种工序流程为基础，将单位工程成本中的直接费用确定下来；另外要依据规范、企业经验数据，测算间接费用。

配电线路工程实施成本控制，主要表现在施工的过程，将所涉及的工程建设费用做到有效的控制，不超过预计的额度，保证实际发生费用、计划发生费用偏差减少，实现管理费用的目标，创造良好的效益、节约资源。项目经理不要等到工程结束时核算成本费用，而必须从项目启动开始就采取"干前预算、干中核算、边干边算"的措施。

长期以来控制投资的重点都放在工程竣工结算阶段，对工程前期阶段的投资控制不够重视。达到控制投资成本的目标，首先要将工作的重点放到工程的前期，要未雨绸缪，前期阶段最重要的是设计阶段。根据相关资料显示，设计阶段对整个工程投资的影响占到80% 左右，因为线路通道对设计的影响非常大，不同通道直接导致材料设备、人工费用以及政策处理费用大相径庭，只有认真的把握好设计阶段的工作，方能达到良好的效果。

达到控制投资的目的，要采取各方面手段，对技术、组织、信息、合同诸多方面加以完善，工程技术人员缺乏经济观念，财会人员的主要职责是以财务制度为依据，缺乏相应的工程知识，同时，也对工程进展的各种问题并不十分熟知。在工程建设过程中改变以往"技术优先"的陈旧思想，正确对待技术与成本两者之间的关系，通过技术方案比较分析、投资效果总体评价，力求技术先进与投资效益同等重要，把成本控制的观念渗透到各项设计、采购、施工措施之中。

第三节　配网基建工程的标准化管理

一、配网基建工程标准化建设的背景

基建工程标准化是根据国家相关法律、法规规定，行业相关规程、规范以及上级制定的工作标准，对工程建设的工作流程，工艺要求和设备材料进行规范，以明确工程的各项要求，达到高效率高质量的施工效果为目的的有效工作流程，具有很强的约束性和严肃性。基建工程的标准化建设管理分为事前控制、事中控制、事后控制三个阶段。其内容均体现在对工程标准化流程的控制和对工程主要技术工艺的管理上，其中包括从工程的启动、原材料的购买、出入库的管理、工程设备的管理、现场施工的过程控制、验收工作的移交等多方面的全过程管理。工程标准化建设是按照统一的标准化管理程序和统一的管理内容，对基建工程进行精益化、效率化、标准化、系统化、规模化和规范化的管理，起到减少因标准不明确而引起的各类问题，消除基建工程的安全隐患，提升基建工程的总体水平，起到对基建工程的标准化管理作用。

电网的发展长期来集中在对输电网的建设上，随着高电压大区域输电网络的形成，与配网投入和建设的不匹配日益显现，配电网方面的技术性能落后及陈旧的设备仍在继续使用，都可能会导致频繁发生事故，造成设备的损坏，危及人身财产安全，直接影响到人民的生产生活和经济建设的发展。为了满足社会对电能不断增加的需求，并提高企业的经济效益和社会效益，配电设备的技术性能及质量的提高就显得相当重要。如何合理规划、严格工艺标准、从根本上优化电网结构，降损节能，是摆在电力工作者面前的一个重要课题。一套合理完善的配电网工程标准化模式与先进设备的配合使用是提高配网工程建设安全质量和工艺水平的基础。我国大部分配电网是在城市建设的同时发展起来的，建成时间早，基础设备差，配电网在原来的线路设备基础上进行改造的难度大，资金需求也大，因而做好配电网工程建设的统筹规划就尤为重要，它的标准化体系首先从配电装备上要满足现代城市的发展要求，同时，要达到运用先进的技术、运行安全可靠、操作维护方便、经济合理、节约能源等要求，并要符合环境保护的政策。

二、施工准备阶段标准化要求

配网基建工程的标准化管理体系，在开工前的准备阶段，需要对项目策划、招标管理、建设协调、原材料进场检验、设计交底等进行相应的安排和规定，根据工程特点、投资额度、地理位置及单位实际情况初步制定工程的管理体系，在行政、人事、财务等方面形成垂直领导，做到科学管理、合理调配，达到资源的有效配置。

（一）项目管理策划

遵照上级公司基建部的要求，制定项目管理策划范本；督促项目管理部按照项目管理策划范本，结合工程具体情况，编制项目管理策划。

（二）招标管理

参与制定市公司设计、施工、监理招标管理规定，参与相关招标工作；参与审查市公司基建项目物资需求，施工需求、物资类招标文件技术条款，参与相关招标工作。

（三）建设协调

加强与相关部门的汇报沟通，建立各电压等级工程属地化建设协调机制，相关部门充分利用对外协调优势资源，统一步调加强地方关系协调，及时解决影响项目进度计划实施的项目核准、征地拆迁、通道手续办理等外部环境问题。推动各级政府制定支持电网建设的相关文件，争取将电网建设工作纳入各级政府责任考核目标。

策划、组织与政府有关部门的座谈交流活动，建立定期协调机制，讨论协调解决措施，主动提出有关建议，积极影响政府有关政策制定。通过多种途径，及时向上级公司基建部反映建设过程中的困难与问题，并提出解决问题的建议。通过了解各业主项目部在建设过程中的困难与问题，不定期组织公司相关部门，设计、施工、监理单位召开工程建设协调会议，协调解决公司基建项目建设过程中的困难与问题。

（四）施工组织设计

根据确定的项目质量管理目标，各参建单位应进行质量管理策划，形成施工组织设计。施工组织设计应按照质量管理的基本原理编制，有计划、实施、检查及处理（即 PDCA 循环）四个环节的相关内容，包含质量控制目标及目标体系分解，达成质量目标的质量措施、资源配置和活动程序等。施工组织设计应包括下列内容：编制依据，项目概况，质量目标，组织机构，管理组织协调的系统描述，必要的质量控制手段，检验和试验程序等，确定关键过程和特殊过程及作业的指导书，与施工过程相适应的检验、试验、测量、验证要求，更改和完善质量计划的程序等。施工组织设计一般由施工项目部总工组织编制，合同单位技术负责人审批，报送项目监理部审查。

（五）设计交底及施工图纸会审

工程设计是决定工程质量的关键环节，设计质量决定着项目建成后的使用功能和使用寿命，设计图纸是施工和验收的重要依据。因此，必须对设计图纸质量进行控制，开工前应进行设计交底和施工图会议审查。不经会审的施工图纸不得用于施工。设计交底在施工图会审前进行，目的是使参建各方透彻地了解设计原则及质量要求。设计交底一般由建设单位组织，也可委托监理单位组织。

设计单位交底的内容一般应包括：

1. 设计意图和设计特点以及应注意的问题。

2. 设计变更的情况以及相关要求。

3. 新设备、新标准、新技术的采用和对施工技术的特殊要求。

4. 对施工条件和施工中存在问题的意见。

5. 施工中应注意的事项。

施工图纸交付后，参建单位应分别各自进行图纸审查，必要时进行现场核对。对于存在的问题，应以书面形式提出，在施工图审查会议上研究解决，经设计单位书面解释或确认后，才能进行施工。

图纸会审由各参建单位各级技术负责人组织，一般按自班组到项目部，由专业到综合的顺序逐步进行。图纸会审由建设单位（或委托监理单位）组织各参建单位参加，会审成果应形成会审纪要，分发各方执行。

（六）原材料进场检验管理

材料合格是工程质量合格的基础。工程原材料、半成品材料、构配件必须在进场前进行检验或复检，不合格材料严禁用于工程半成品、构配件应进行标识。

（七）特殊作业人员资格审查

人的行为是影响工程质量的首要因素。某些关键施工作业或操作，必须以人为重点进行控制，确保其技术素质和能力满足工序质量要求。对从事特殊作业的人员，必须持证上岗。监理应对此进行检查与核实。

（八）设备开箱检验管理制度

设备开箱检验由施工或建设（监理）单位供应部门主持，建设、监理、施工、制造厂等单位代表参加，共同进行。检验内容是：核对设备的型号、规格、数量和专用工具、备品、备件数量等是否与供货清单一致，图纸资料和产品质量证明资料是否齐全，外观有无损坏等。检验后做出记录。引进设备的商品检验按订货合同和国家有关规定办理。

三、施工过程标准化管理

（一）施工流程及关键环节标准化控制

基建工程标准化作业的过程中，要针对工程进度、合同管理、现场旁站和巡视制定相应的管理制度，使工程进度和质量满足设计要求。

1. 施工进度管理

严格按照合理工期编制进度计划、组织工程建设，工程建设强制性规范、"标准工艺"中有明确保证质量的最低周期要求的建设环节，必须保证相应工序的施工时间。在项目因前期或不可控因素受阻拖期时，要对投产日期进行相应调整。缩短工期的工程，必须制定保障安全质量和工艺的措施并落实相关费用，履行审批手续并及时变更相关合同后方可实施。

根据公司要求，指定统一格式，组织各项目负责人对下一年度的基建进度计划进行编制；会同发展策划部、生产技术部、调度中心、招投标管理中心，各供电公司、各业主项目部、设计、监理等单位，召开专题会议，评审下一年度基建进度计划；按照合理工期，对项目"可研批复、初步设计、招标、开工、施工、交货、验收、投产、竣工决算"逐月排定进度；将公司年度基建进度计划报上级公司基建部审批，并按要求进行调整；汇总各业主项目当月进度计划执行情况，公司直属业主项目部、各供电所签订《建设管理委托协议》时，将每个项目的计划进度要求作为的重要条款；每月对计划完成情况进行统计、分析；每半年对进度计划进行同业对标考核；以公司文件形式印发各供电所当月计划执行情况，并下达下月计划；对未完成计划的单位进行通报。

2. 合同管理

参与制定公司设计、施工、监理合同范本；制定公司建设管理委托合同范本；定期抽查市公司直属业主项目部、各供电分公司建设管理委托合同执行情况；要求各业主项目部定期上报设计、施工、监理单位合同执行情况。

3. 项目管理综合评价

制定项目管理综合评价指标与评价标准，组织各业主项目部进行工程总结及自评。按照国家电网公司、市公司优质工程评价方法开展工程综合评价工作，并择优推荐项目参加更高级别奖项的评选。

4. 施工技术交底制度

施工技术交底是施工工序中的首要环节，施工作业前做好技术交底工作，对技术交底工作进行监督。是取得好的工程质量的一个重要前提条件。施工技术交底的目的是使管理人员了解项目工程的概况、技术方针、质量目标、计划安排和采取的各种重大措施；使施工人员了解其施工项目的工程概况、内容和特点、施工目的，明确施工过程、施工办法、质量标准等，做到心中有数。技术交底应注重实效，必须有的放矢，内容充实，具有针对性和指导性。要根据施工项目的特点、环境条件、季节变化等情况确定具体办法和方式。项目技术负责人应向承担施工的负责人或分包人进行书面技术交底，并履行交底人和被交底人全员签字手续。在每一分项或关键工程开始前，必须进行技术交底。未经技术交底不得施工。监理应对技术交底工作进行监督。

5. 设计变更管理制度

经批准的设计文件是施工及验收的主要依据。施工单位应按图施工，建设（监理）单位应按图验收，确保施工质量。但在施工过程中，由于前期勘察设计的原因，或由于外界自然条件的变化，未探明的地下障碍物、管线、文物、地质条件不符等，以及施工工艺方面的限制、建设单位要求的改变等，均会涉及设计变更。设计变更的管理，也是施工过程质量管理的一项重要内容。

6. 旁站、巡视监理制度

旁站是指在关键部位或关键工序施工过程中由监理人员到现场进行的质量监督活动。在施工阶段，很多的工程质量问题是由于现场施工操作不当或不符合规程、标准所致，抽样检验和取样操作如果不符合规程及质量标准的要求，其检验结果也同样不能反映实际情况，只有监理人员的现场旁站监督与检查才能发现问题并有效控制。巡视是监理人员对正在施工的部位或工序现场进行的定期或不定期的质量监督活动。它不限于某一部位或过程，是不同于旁站的"点"的活动，是一种"面"上的活动，使监理人员有较大的监督活动范围，对及时发现违章操作和不按设计要求、不按施工图纸、不按施工规范、不按施工规程或不按质量标准施工的现象，进行严格的控制和及时的纠正，能有效地避免返工重做和加固补修。

7. 工序质量交接验收管理制度

上道工序应满足下道工序的施工条件和要求。各相关专业工序交接前，应按过程检验和试验的规定进行工序的检验和试验，对查出的质量缺陷及时处置。上道工序不合格，严禁进入下道工序施工。

8. 见证取样送检管理制度

为确保工程质量，国家建设部规定，对工程材料、承重结构的混凝土试块、承重墙体的砂浆试块、结构工程的受力钢筋（包括接头）实行见证取样。见证是由监理现场监督施工单位某工序全过程完成情况的活动。见证取样是对工程项目使用的材料、半成品、购配件进行现场取样，对工序活动效果进行检查和实施见证。实施见证取样时，监理人员应具备见证员资格，取样人员应具备取样员资格，双方共同到场，按相关规范要求，完成材料、试块、试件的取样过程，并将样品装入送样箱或贴上专用加封标志，然后送往试验室。

9. 原材料跟踪管理办法

为了使工程质量具有可追溯性，应制定工程原材料使用跟踪管理办法。

（二）安全质量问题与事故处理管理制度

1. 质量事故报告制度

当在工程建设过程中，出现质量事故后，应根据质量事故性质，分级上报，并进行事故原因调查分析。工程事故（事件）由安监部门归口进行调查处理和责任追究，工程建设或工程质量原因引起的安全生产事故（事件），追工程建设阶段相关单位和人员的责任。对负有事故责任的公司所属施工、监理等工程参建单位，除按合同关系追究责任外，还要按内部管理关系追究责任，性质严重的要追究到责任主体的上级单位。性质特别严重的事故，施工项目部应在 24 小时内同时报告主管部门、项目监理部、建设单位、电力建设工程质量监督机构。并于 5 日内由项目部质量管理部门写出质量事故报告，经项目部经理和总工程师审批后报上级公司质量管理部门、建设单位、项目监理部、主管部门。

2. 工程质量问题处理制度

按照《国家电网公司安全事故调查规程》《国家电网公司安全工作奖惩规定》《国家电网公司质量事件调查规程》和《国家电网公司工程建设质量责任考核办法》的相关规定，以管理权限、工作职责为依据，合理界定工程建设安全质量事故（事件）的责任，依据国家相关法规明确和细化公司安全质量事故（事件）的分级分类，规范各级事故（事件）的报告、调查流程，明确处理原则。

工程质量问题是由工程质量不合格或工程质量缺陷引起，在任何工程施工过程中，由于种种主观和客观原因，出现不合格项或质量问题往往难以避免建立工程质量主要责任单位和责任人员数据库，对工程投运后的质量状况进行跟踪评价，主体工程、主要设备在设计使用年限内发生质量问题，通过对主要责任单位和人员在公司进行通报、在资信评价中扣分、在评标环节对其进行处罚、依法进行索赔等措施，追究相关单位和人员的责任。

对于质量问题，应本着"安全可靠，技术可行，经济合理，满足工程项目的功能和使用要求，不留隐患"的原则，按照质量问题的性质和处理权限范围进行处理。按照工程建设合同中的工程质量违约索赔条款，发生质量违约行为后，除了采取扣除质量保证金等手段外，对工程质量事故或缺陷造成的各类直接经济损失，由相应的勘察设计、设备制造、施工安装等责任单位依法按合同约定进行赔偿。重大质量事故处理方案，应经项目监理部审核、建设单位审批。质量问题处理完毕，应经监理检查验收，实现闭环管理。

3. 质量问题闭环管理制度

将工程创优、质量事故控制、"标准工艺"应用等重要质量指标细化分解，明确各项目的具体工程质量控制目标，将相应的责任落实到具体单位与人员，对质量目标完成情况进行全面考核。对未能完成工程质量目标的单位，通过"说清楚"等方式查明原因，进行通报批评，纳入同业对标与业绩考核。工程实际质量指标明显低于控制目标时，在对主要责任人员的绩效考核、项目管理岗位任职等方面，实行工程质量责任"一票否决"。

对于各类质量问题及其处理结果，项目质量管理部门要建立质量问题台账记录，予以保存。应利用台账记录，定期进行质量分析活动，采取预防措施，避免同类事故再次发生。重大质量事故处理方案及实施结果记录应由项目质量管理部门存档和竣工移交。

4. 施工质量责任及考核管理制度

完善资信评价管理办法，对施工、设计、监理、物资供应等单位的安全管理、产品或服务质量、履约能力等进行评价，定期发布资信评价结果，纳入合同管理与招标评标工作。明确各参建单位项目质量管理各级人员的质量责任和具体分工负责范围，充分利用同业对标、综合评价以及各项规章制度中明确的评价手段，做到责任落实到人，避免职责不清，管理职能重复。对公司项目前期、工程前期、工程建设各阶段工程安全质量责任落实情况的绩效评价，利用中间评价结果改进相应环节的管理工作，将最终评价结果与业绩考核、表彰奖励等管理手段中的奖惩措施挂钩。建立科学、合理的考评标准，对其工作质量进行考核，体现"凡事有人负责，凡事有人监督"的原则。施工项目部质量管理责任人包括项目经理、项目总工、专职质检员、班组（施工队）兼职质检员、施工作业人员等。项目监理部质量管理责任人包括项目总监理工程师、专业监理工程师、监理员等。设计项目部质量管理责任人包括项目经理、项目总工、主设人等。

建立健全的施工质量管理体系对于取得良好的施工质量效果具有重要的保证作用。质量管理体系包括项目质量管理组织机构、管理职责、各项质量管理制度、管理人员及专职质检员、兼职质检员、取样员、测量员的上岗资格等。监理应审查施工项目部建立的质量管理体系，对其完善性和符合性进行审核，以确定其能否满足工程质量管理的需要，并对人员到岗情况进行核查。项目监理机构也应建立和完善自身的质量监控体系。

对达标投产、优质工程标准和具体评价指标的研究，按年度滚动更新具体考核内容。严格按规定开展优质工程自查，发挥总部分部一体化的工程质量管理优势，适当增加优质工程抽查范围、比例和批次，确保严格落实优质工程考核标准。加强达标创优成果的应用，在后续工程建设中积极应用创优经验、改进质量工作，研究达标创优考核与各级验收相结合的机制，加强对验收工作质量的评价与考核，强化过程质量管理。

工程施工环节，质量监督员重点检查工程"三措一案"编制是否合理，工程是否按照设计执行，材料质量是否合格，工程质量（重点是隐蔽工程）是否符合规程要求，施工工艺是否美观。项目开工后，质量监督员应通过进入施工现场进行监测、监察、拍照、录像等形式，对基础工程、主体工程、隐蔽工程以及影响施工功能、安全性能的重要部位、主要工序进行监督检查或抽查。质量监督专责对工程施工环节进行质量督查应不少于两次，督查应填写工程质量督查记录。

保证工程分包单位的质量，是保证工程施工质量的前提条件之一。在施工承包合同允许分包的范围内，总承包单位在选择分包单位时，应审查分包单位的基本情况，包括企业资质、技术实力、以往工程业绩、财务状况、施工人员的技术素质和条件等。

监理应审查分包单位施工组织者、管理者的资质与质量管理水平，特殊专业工种和关键施工工艺或新技术、新工艺、新材料等应用方面操作者的素质与能力；审查分包的范围和工程部位是否可以分包，分包单位是否具有按承包合同规定的条件完成分包工程任务的能力。

施工机械设备的技术性能、工作效率、可靠性以及配置的数量等，对施工质量有很大影响。合理选择施工机械的性能参数，要与施工对象特点及质量要求相适应，其良好的可用状态，也是工程质量的保证条件。施工项目部应建立施工机械维修保养管理制度。项目监理部应对投入的施工机械性能、数量及完好的可用状态进行核查。

四、工程质量检验及竣工验收

（一）工程检验及验收管理制度

工程竣工验收应按照检验项目、检验批、分项、分步、单位工程的顺序进行逐级检查验收。工程竣工验收制度应明确工程检验批、分项、分步、单位工程的划分；检验项目的性能特征及重要性级别；检验方法和手段；各级质量检验的程度和抽检方案、比例；检验所依据的工程质量标准和评价标准；验收应具备的条件、程序和组织方式等内容。

（二）工程档案资料管理制度

以河北省电力公司农网改造升级为例，该档案资料统一、规范，结合农村电网改造升级工程的实际，在总结农网完善工程和县城电网改造工程档案管理经验的基础上，编制了《河北省电力公司农村电网改造升级工程档案目录》，同时一般配网工程项目档案以下列几个方面为标准：

1. 必须保证档案与工程实施同步建立。
2. 保证档案资料的原始性、规范性和完整性，并达到标准化的要求。
3. 农村电网改造升级工程档案要专柜永久保存。
4. 竣工验收程序制度要系统、详细。

单位工程竣工后，进行最终检验和试验，来确定工程项目达到的质量标准和质量目标。规定竣工验收的程序，应包括施工单位的质量三级检验、监理单位的竣工初验制度、启动验收的组织方式及验收程序。

第四节　配电线路质量验收

一、工程质量的评定

工程质量的评定是对照工程设计要求和国家规范标准的规定，按照国家（部门）规定的有关评定规则，对工程在建设过程中及单位工程竣工后进行的质量检查评定，确定工程项目达到的质量等级。

工程质量的评定划分为分项工程的评定、分部工程的评定和单位工程的评定。分项工程是质量管理的基础，属于质量管理的基本单元。分部工程是质量管理的一个中间环节，是汇总一个阶段的工程质量。单位工程是一个工程质量管理的整体。分项、分部和单位工程划分的目的在于方便质量管理和质量控制。

1. 分项工程质量等级标准

（1）合格

1）保证项目必须符合相应质量检验评定标准的规定。

2）基本项目抽检的处（件）应符合相应质量检验评定标准的合格规定。

3）允许偏差项目抽检的点数中，建筑工程有70%及其以上，建筑设备安装工程有80%及其以上的实测值应在相应质量检验评定标准的允许偏差范围内。

（2）优良

1）保证项目必须符合相应质量检验评定标准的规定。

2）基本项目抽检的处（件）应符合相应质量检验评定标准的合格规定；其中有50%及其以上的处（件）符合优良规定，该项即为优良；优良项数应占检验项数50%及其以上。

3）允许偏差项目抽检的点数中，有90%及其以上的实测值应在相应质量检验评定标准的允许偏差范围内。

2.分部工程质量等级标准

（1）合格

所含分项工程的质量全部合格。

（2）优良

所含分项工程的质量全部合格，其中有 50% 及其以上为优良。

3.单位工程质量等级标准

（1）合格

1）所含分部工程的质量应全部合格。

2）质量保证资料应基本齐全。

3）观感质量的评定得分率应达到 70% 及其以上。

（2）优良

1）所含分部工程的质量应全部合格，其中有 50% 及其以上优良。

2）质量保证资料应基本齐全。

3）观感质量的评定得分率应达到 85% 及其以上。

二、架空线路隐蔽工程检查项目

（一）基础坑深及地基处理情况。

（二）现场浇筑基础中钢筋和预埋件的规定、尺寸、数量、位置、保护层厚度、底座断面尺寸及混凝土的浇筑质量。

（三）预制基础中钢筋和预埋件的规格、数量、安装位置、立柱倾斜与组装质量。

（四）岩石基础的成孔尺寸、孔深、埋入铁件及混凝土浇筑质量。

（五）液压的接续管及耐张线夹：连接管的内、外径及长度；管及线的清洗情况；钢管在铝管中的位置；钢芯与铝端头在连接管中的位置。

（六）导、地线补修处线股损伤情况。

（七）接地体的埋设情况。

三、架空线路中间验收项目

（一）铁塔基础

1.基础地脚螺栓或主角钢的根开及对角线的距离偏差，同组地脚螺栓中心对立柱中心的偏移。

2.基础顶面或主角钢操平印记的相互高差。

3.基础立柱断面尺寸。

4.整基基础的中心位移及扭转。

5.混凝土强度。

6.回填土情况。

（二）杆塔及拉线

1.电杆焊接后焊接弯曲度及焊口焊接质量。

2. 电杆的根开偏差、迈步及整基杆塔对中心桩的位移。

3. 结构倾斜。

4. 杆塔横担与主柱连接处的高差及立柱弯曲。

5. 各部件规格及组装质量。

6. 螺栓紧固情况、穿入方向、打冲或防盗等。

7. 拉线的方位、安装质量及初应力情况。

8. UT 线夹螺栓、花篮螺栓的可调范围、防松等。

9. 铁塔保护帽浇筑情况。

10. 回填土情况。

（三）架线

1. 弧垂各项偏差。

2. 悬垂绝缘子串倾斜，绝缘子清洗及绝缘测定。

3. 金具的规格、安装位置及连接质量，螺栓、穿钉及弹簧的穿入方向。

4. 杆塔在架线后的偏斜与挠曲。

5. 跳线连接质量，弧垂及跳线对各部位的电气间隙。

6. 接头及补修的位置、数量。

7. 防震装置的安装位置、数量及质量。

8. 间隔棒的安装位置及质量。

9. 导、地线的换位情况。

10. 线路对建筑物的接近距离。

11. 导线对地及跨越物的距离。

（四）接地

1. 实测接地电阻值。

2. 接地引下线与杆塔连接情况。

四、竣工验收项目

竣工验收检查应在全工程或其中一段分部工程全部结束后进行，除中间验收所有各项外，竣工验收检查时尚应检查下列项目：

（一）中间验收检查时发现的有关问题处理情况。

（二）障碍物的处理情况。

（三）杆塔上的固定标志。

（四）临时接地线的拆除。

（五）各项记录。

（六）遗留未完的项目。

五、竣工试验项目

工程在竣工验收合格后应进行下列电气试验：

（一）测定线路绝缘电阻。

（二）核对线路相位。

（三）测定线路参数。

（四）电压由零升到额定电压（一般适用于 110kV 以上线路）。

（五）以额定电压对线路冲击合闸 3~5 次（一般适合 110kV 以及以下线路）。

（六）带负荷运行 24h，并作夜间巡视（500kV 运行 72h）。

线路试验一般由甲方（建设单位）组织。

线路绝缘电阻测定和相位鉴别是采用同一种试验仪器（2500V 或 5000V 摇表）的两个试验项目。用摇表摇测某一相对地绝缘时，其余两相应该接地。试验结束时，接摇表的高压线（火线）应先取下，然后停止摇动，防止线路电容对仪表线圈放电损坏。测量线路绝缘电阻可以检查线路绝缘程度，有无接地或相间短路，以保证线路安全投运。

用摇表鉴别相位也称为核相，是检查线路始末端所标相别是否一致。可在所标同一相线路一端接地，在另一端缓慢转动摇表，如电阻值始终为零，说明所标相别正确，再测核其余两相。

线路参数测定包括直流电阻、正序参数（电阻、感抗、容抗）、零序参数、互感电抗、相间电容和对地电容的测量。

直流电阻测定可在末端将三相短接并接地，在始端用双臂电桥测量 UV、VW、WU 相电阻值，计算可得各相直流电阻值，再换算到 50℃时的电阻值。

正序电阻、感抗测量时，线路末端三相接地，始端加低压三相交流电，测得 U、I、W，计算可得电阻、感抗、电感值。正序电容测量时，线路应空载，加 6kV 三相交流电压，从 U、I 和 W 中计算得正序电容。

零序电阻、感抗测定方法和正序相似，但线路始末端均三相短接，加单相低压交流电。零序电容测定时也和正序相似，但线路始端短接加 6kV 单相交流电，而末端空载。

相间互感电抗测定时，可将线路末端短接并接地，始端用单相变压器经隔离变压器将一端串接电流表接入某相，另一端则分别中接电压表后和各相相线连接，该相互感电抗即该电压除以该相电流值。

相间互感电抗为三相互感电感的平均值。相间电容和对地电容测定时，要做两组试验。一组是一相加压，另两相短路接地试验，测得各相加压时对地电容；另一组是两相加压，另一相接地试验，测得相间加压时相间电容。利用这两组电容值的等值电路列出方程联立求解，可求得相间电容和对地电容。

电压由零升到额定值的试验，能在电压逐步递增过程中，逐步发现问题，及时分析解决。它破坏性小，因而修复也较容易。这种试验借助发电机本身剩磁建立起残压，随后依次投入发电机和励磁机的磁场开关，调节励磁，逐步升压。

线路冲击合闸试验是在运行电压下，对线路本身、断路器、避雷器、仪用互感器及继电保护装置的考验。一般投切 5 次，最后一次不拉开，即作为试运行开始。根据实际试验，220kV 线路，其相对地过电压倍数在 1.21~2.9 倍之间波动。过电压是切、合空载线路产生的，其原因是所用的断路器灭弧能力不够强，以致电弧在触头之间重燃，每次重燃实质上就等于线路的又一次合闸，如果这些合闸都发生在电源电压的最大值处，而且每隔半个周波合闸一次，就会产生很大的过电压。

六、工程资料移交

为鉴定工程质量有关原始施工记录，应在竣工时作为验收文件之一移交给建设单位。

（一）工程竣工时应移交的原始记录

1. 隐蔽工程验收检查记录。

2. 杆塔的偏斜与挠曲。

3. 架线弧垂。

4. 导、地线的接头和补修管位置及数量。

5. 跳线弧垂及跳线对杆塔各部的电气间隙。

6. 线路对跨越物的距离及对建筑物的接近距离。

7. 接地电阻测量记录及未按设计施工的实际情况简图。

（二）工程竣工时应移交的资料

1. 修改后的竣工图。

2. 设计变更通知单。

3. 原材料和器材出厂质量合格证明和试验记录。

4. 代用材料清单。

5. 工程试验报告和记录。

6. 未按设计施工的各项明细表及附图。

7. 施工缺陷处理明细表及附图。

第九章　配电线路运行

第一节　配电线路运行检修内容

随着电压等级的升高和电网的扩大，架空送电线路在电网中的作用和地位越来越重要。它分布在田野、丘陵、城镇之中，随时可能遭到自然灾害的侵袭和各种人为的外力破坏。为了确保电网安全经济供电，对线路管理工作提出了很高的要求。

一、加强设备的管理

每条线路都要明确设备主人，避免死角。每条线路必须有明确的维修界限，应与发电厂、变电所和相邻的运行管理单位明确划分分界点，不得出现空白点。

（一）架空线路与发电厂、变电所户内配电装置分界点在穿墙套管的引流线夹；

（二）电缆线路与架空线路、变电所的分界点在电缆线路终端头接线端子，接线端子上的连接螺丝属电缆线路；

（三）相同电压等级线路同杆架设，分界点在杆塔与导线连接金具连接处，杆塔归属由协商确定；

（四）一条架空线路涉及两个以上单位时，分界点应属主要受益单位或按已签订的协议。

每条线路应建立设备台账，老线路改造或停役和新线路投产、投运、停役一个月，运行单位将设备台账更改后或填写线路专档后，报生技部门。

每季度应做好线路设备评级。各单位在季末下月 5 日前报生产技术科。

二、认真做好线路运行工作

线路的运行工作必须贯彻安全第一、预防为主的方针，严格执行《电业安全工作规程》（电力线路部分）的有关规定。运行单位应全面做好线路的巡视、检测、维修和管理工作，应积极采用先进技术和实行科学管理，不断总结经验、积累资料、掌握规律，保证线路安全运行。

（一）线路巡视工作

线路巡视包括正常巡视，事故巡视，特殊巡视，夜间巡视，登杆塔巡视，监察巡视等。各种巡视工作在不同需要时进行。

事故之后还要组织巡视检查，找出事故地点和原因，了解当时气象条件及周围环境，并做好记录，以便事故分析。对重大事故要进行分析提出对策和措施，做到"四不放过"，即事故原因不清楚不放过，事故责任者和应受到教育不放过，没有采取防范措施不放过，对责任人没有得到处理不放过。

（二）群众护线

开展群众护线是供电部门维护电力线路安全运行的有效措施之一，运行单位应根据护线工作需要，定期召开群众护线员会议。总结交流护线经验，普及护线常识，表彰和奖励先进，其资金应予专项落实。

（三）检查和测量工作

线路应加强接地的检查和测量、导线的检查和测量、绝缘子清扫、杆塔倾斜和拉棒锈蚀腐烂检查以及架空线路交叉跨越其他电力线路或弱电线路的定期检查和测量。

（四）设备缺陷管理和事故与设备健康统计工作

运行单位应加强对设备缺陷的管理，做好缺陷记录，定期进行统计分析，提出处理意见。

运行中的配电设备，凡不符合架空配电线路运行标准者，都称作设备缺陷。设备缺陷按其严重程度，可分为一般缺陷、重大缺陷、紧急缺陷三类。

1. 一般缺陷

一般缺陷是指对近期安全运行影响不大的缺陷，可列入年、季检修计划或日常维护工作中去消除，如绝缘子轻微损伤、电杆轻度裂纹等。

2. 重大缺陷

重大缺陷是指缺陷比较严重，虽然已超过了运行标准，但仍可短期继续安全运行的缺陷。这类缺陷应在短期内消除，消除前应加强监视，如绝缘子串闪络等。

3. 紧急缺陷

紧急缺陷是指严重程度已使设备不能继续安全运行，随时可能导致发生事故或危及人身安全的缺陷，必须尽快消除或采取必要的安全技术措施进行临时处理，如导线损伤面积超过总面积的25%、绝缘子击穿等。

运行人员发现紧急缺陷后应迅速向工区领导或安全员报告。

事故统计和汇编是运行经验的积累。运行单位必须按电压等级和责任分类做好历年的事故统计和分析，为修订规程、制度和反事故措施提供可靠的依据。

设备的健康状况，应按部颁《电力设备评级办法》和各地网局供电设备评级标准的规定进行评级。线路设备评级每年不少于一次，并提出设备升级方案和下一年度大修改进项目。

设备评级与设备缺陷分类有密切联系。只有缺陷分类严密，定级才能正确，才能指导每年大修、改进工程的进行。

线路运行单位技术资料和有关规程应保持完善和准确。

三、加强线路的检修管理

运行单位必须以科学态度管理配电线路，可探索依据线路运行状态开展维修工作，但不得擅自将线路分段维修或延长维修周期。

线路计划检修是保证线路的健康和正常运行的必要工作，应贯彻"应修必修、修必修好"的原则。做好检修施工管理工作是保证完成任务的重要组织措施。检修施工期间是检修活动高度集中的阶段，应充分发挥各级人员作用。

现场工作负责人在开工前要办理好停电申请和工作票许可手续；严防发生人身和设备事故，保证检修质量，坚持"质量第一"的方针，在进度、节约等和质量发生矛盾时，应服从质量的要求。

为了保证线路检修质量，检修人员要做到质量精益求精，不合格的不交验，运行人员要按照验收制度，对每一个项目认真进行检查，质量达到标准的，在验收簿上做出评价及签名。

线路竣工验收后，检修单位要填写线路检修竣工报告，内容包括检修计划日期、开工日期、处理了哪些主要缺陷、耗费了多少工时、主要材料和费用、还存在哪些主要问题、检修评价及设备评级。

各级领导还要重视带电作业工作。局领导对带电作业的人员配备、工具的添置、新项目的研究、工具房的设置等，应给予支持解决，并应严格审查带电作业的各项安全措施，防止人身事故发生。

带电作业人员应经专门培训，并经考试合格、领导批准后，方能参加工作。

四、严格掌握线路基建与改进工程的质量

运行单位应参与线路的规划、路径选择、设计审核、杆塔定位、材料设备的选型及招标等生产全过程管理工作，并根据本地区的特点、运行经验和反事故措施，提出要求和建议，力求设计与运行协调一致。

运行单位在施工期间，要派员常驻施工现场，了解施工质量，发现问题应及早提出改进意见，共同协商保证工程质量。运行单位还应派员参加分阶段验收和总体工程验收。基础和导线连接属于重要的隐蔽工程项目，必须实行中间验收制度。

新建电力电缆和架空配电线路，必须符合有关线路施工及验收规范的质量标准。如验收时发现严重威胁线路安全运行的缺陷或有关线路必要的设计技术资料、图纸和协议书等没有按验收规范规定交齐，运行单位先商请施工单位限期解决。若仍无效时，运行单位可提出延期接收，直至拒绝接收。

五、建立健全岗位责任制

运行单位必须建立健全岗位责任制，运行、管理人员应掌握设备状况和维修技术，熟知有关规程制度，经常分析线路运行情况，提出并实施预防事故、提高安全运行水平的措施，如发生事故，应按《电业生产事故调查规程》的有关规定进行。

第二节　配电线路巡视

一、巡视的目的和安全注意事项

（一）巡视的目的

为了及时掌握配电线路及设备的运行状况，包括沿线的环境状况，发现并消除设备缺陷和沿线威胁线路安全运行的隐患，预防事故的发生，提供翔实的线路设备检修内容，必须按期进行巡视和检查。

（二）巡视时应携带的工器具

巡线人员要了解当日气象预报情况，携带必要的工器具和巡线记录本。巡线人员应穿工作服、穿绝缘鞋、戴安全帽，携带望远镜（必要时还需携带红外线测温仪、测高仪）、通信工具，并根据当天气候情况准备雨鞋、雨衣，暑天山区巡线应配备必要的防护工具和防蜂、蛇的药品，巡线人员应带一根不短于 1.2 米的木棒，防止动物袭击。夜间巡线应携带足够的照明工具。

（三）不同季节巡视的侧重点

架空配电线路巡视的季节性很强，各个时期应有不同的侧重点。高峰负荷时，应加强对设备各类接点的检查以及对变压器的巡视；冬季大雪或覆冰时应重点巡视检查接头冰雪融化状况；开春时节大地解冻，应加强对杆塔基础的检查巡视；雷雨季节到来之前，应加强对各类防雷设施的巡视；夏季气温较高，应加强对导线交叉跨越距离的监视、巡查。雨季汛期应加强对山区线路以及沿山、沿河线路的巡视检查，防止山石滚落砸坏线路以及滑坡、泥石流对线路的影响；巡视工作最重要的是质量，巡视检查一定要到位，对每基杆塔、每个部件，对沿线情况、周围环境检查要认真、全面、细致。巡视完毕后，应将发现的缺陷，按缺陷类别、内容、所在杆号及发现的时间，详细记录在缺陷记录本内，以便对缺陷进行处理和考核。

（四）危险点分析及安全注意事项

1. 巡视时应沿线路外侧行走，大风时应沿上风侧行走。

2. 事故巡线，应始终把线路视为带电状态。

3. 导线段落地面或悬吊空中，应设法防止行人靠近断线点 8m 以内，并迅速报告领导等候处理。

4. 巡线工作应由有电力线路工作经验的人员担任。

5. 单独巡线人员应考试合格并经工区（公司、局、站、所）主管生产领导批准。

6. 电缆隧道、偏僻山区和夜间巡线应由两人进行。暑天、大雪天等恶劣天气，必要时由两人进行。单人巡线时，禁止攀登电杆和铁塔。

7. 雷雨、大风天气或事故巡线，巡视人员应穿绝缘鞋或绝缘靴；

8. 暑天山区巡线应配备必要的防护工具和药品；夜间巡线应携带足够的照明工具。

9. 特殊巡线应注意选择路线，防止洪水、塌方、恶劣天气等对人的伤害。

10. 巡线时，严禁穿凉鞋，防止扎脚。

11. 巡线人员应带一根不短于 1.2 米的木棒，防止动物袭击。

（五）架空配电线路巡视记录

架空配电线路巡视记录应填写以下有关内容：

1. 按照《架空配电线路及设备运行规程》的规定填写。

2. 巡视种类分别填写定期巡视、特殊性巡视、故障巡视或监察性巡视。

3. 巡视范围应注明线路的名称和线路起止杆号。

4. 巡视发现异常，要把具体缺陷位置和危害程度写入线路运行情况一栏；巡视无异常，则在线路运行情况一栏填写"正常"。

5. 处理意见一栏填写巡视人发现缺陷后，对缺陷处理的建议方案。

二、架空配电线路巡视种类

（一）定期性巡视

定期性巡视的目的是经常掌握配电线路各部件的运行状况、沿线情况以及随季节而变化的其他情况。定期性巡视可由线路专责人单独进行，但巡视中不得攀登杆塔及带电设备，并应与带电设备保持足够的安全距离，即 10kV 不小于 0.7 米。

（二）特殊性巡视

特殊性巡视是指遇有气候异常变化（如大雪、大雾、暴风、大风、沙尘暴等）、自然灾害（如地震、河水泛滥等）、线路过负荷和遇有重要政治活动、大型节假日等特殊情况时针对线路全部或全线某段、某些部件进行的巡视，以便发现线路的异常变化和损坏。

（三）夜间巡视

夜间巡视在线路高峰负荷时进行，主要利用夜间的有利条件发现导线接头接点有无发热打火、绝缘子表面有无闪络放电现象。

（四）故障性巡视

故障性巡视的目的是为了查明线路发生故障的地点和原因，以便排除。无论线路故障重合与否，均应在故障跳闸或发现接地后立即进行巡视。

（五）监察性巡视

由运行部门领导和线路专责技术人员进行，也可由专责巡线人员互相交叉进行。目的是了解线路和沿线情况，检查专责人员巡线工作质量，并提高其工作水平。巡视可在春季、秋季安全检查及高峰负荷时进行，可全面巡视，也可抽巡。

三、架空配电线路巡视周期

规程规定，定期巡视周期为：市区公网及专线每月巡视一次，郊区及农村线路每季至少一次。特殊巡视的周期不做规定，根据实际情况随时进行。夜间巡视周期为：公网及专线每半年一次，其他线路每年一次。监察性巡视周期为：重要线路和事故多的线路每年至少一次。

表 9-2-1　线路巡视周期表

巡视项目	周期	备注
定期性巡视	市区公网及专线：每月一次	低压一般每季至少一次
	郊区及农村线路：每季一次	
特殊性巡视	负荷增大、重大活动	根据需要
夜间巡视	每年至少冬、夏季各进行一次	根据大负荷情况
故障性巡视		根据需要
监察性巡视	重要线路和事故多的线路每年至少一次	根据需要

四、架空配电线路巡视内容

（一）导线的巡视检查

1. 裸导线的巡视检查

（1）导线有无断股、烧伤，化工和沿海地区导线有无腐蚀现象。

（2）各相弧垂是否一致，弧垂误差不得超过设计值的 -5% 或 +10%，一般档距导线弧垂相差不应超过 50mm。

（3）接头有无变色、烧熔、锈蚀，铜铝导线连接是否使用过渡线夹（特别是低压中性线接头），并沟线夹弹簧垫圈是否齐全，螺母是否紧固。

（4）引流线对相邻相及对地距离是否符合要求（最大摆动时，10kV 对地不小于 200mm，线间不小于 300mm；低压对地不小于 100mm，线间不小于 150mm）。

2. 绝缘导线的巡视检查

（1）绝缘线外皮有无磨损、变形、龟裂等。

（2）绝缘护罩扣合是否紧密，有无脱落现象。

（3）各相弧垂是否一致，有无过紧或过松。

（4）引流线最大摆动时对地不应小于 200mm，线间不小于 300mm。

（5）沿线有无树枝刮蹭绝缘导线。

（6）红外监测技术检查触点有无发热现象。

（二）杆塔的巡视检查

1. 杆塔是否倾斜（混凝土杆：转角杆、直线杆不应大于 15/1000，转角杆不应向内角倾斜，终端杆不应向导线侧倾斜，向拉线侧倾斜应小于 200mm；铁塔：50m 以下不应大于 10/1000，50m 以上不应大于 5/1000）；铁塔构件有无弯曲、变形、锈蚀；螺栓有无松动；混凝土杆有无裂纹（不应有纵向裂纹，横向裂纹不应超过 1/3 周长，且裂纹宽度不应大于

0.5mm）、酥松、钢筋外露，焊接处有无开裂、锈蚀。

2.基础有无损坏、下沉或上拔，周围土壤有无挖掘或沉陷，寒冷地区电杆有无冻鼓现象。

3.杆塔位置是否合适，有无被车撞的可能，或被水淹、冲的可能，杆塔周围防洪设施有无损坏、坍塌。

4.杆塔标志（杆号、相位、警告牌等）是否齐全、明显。

5.杆塔周围有无杂草和蔓藤类植物附生。有无危及安全的鸟巢、风筝及杂物。

（三）横担和金具的巡视检查

1.横担有无锈蚀（锈蚀面积超过 1/2）、歪斜（上下倾斜、左右偏歪不应大于横担长度的 2%）、变形。

2.金具有无锈蚀、变形；螺栓有无松动、缺帽；开口销有无锈蚀、断裂、脱落。

（四）绝缘子的巡视检查

1.绝缘子有无脏污，出现裂纹、闪络痕迹，表面硬伤超过 $1cm^2$，扎线有无松动或断落。

2.绝缘子有无歪斜，紧固螺丝是否松动，铁脚、铁帽有无锈蚀、弯曲。

3.复合绝缘子伞裙有无破裂、烧伤。

（五）电力电缆的巡视检查

1.电缆路径上路面是否正常，有无挖掘痕迹。

2.路径上有无临建工地及堆积物。

3.路径上有无酸碱性排泄物或堆积石灰等。

4.电缆护管、标桩是否损坏或丢失。

5.架空电缆检查钢索有无断股锈蚀严重，支撑杆是否倾斜。

6.沿墙、楼敷设的电缆固定架是否牢固锈蚀严重，有无松脱现象。

7.终端头及接地体有无异常情况。

8.电缆沟道是否有积水、杂物。

9.电缆沟道是否与天然气管道邻近，天然气有无泄露到电缆沟道的可能。

（六）拉线、顶（撑）杆、拉线柱的巡视检查

1.拉线有无锈蚀、松弛、断股和张力分配不均等现象。

2.拉线绝缘子是否损坏或缺少。

3.拉线、抱箍等金具有无变形、锈蚀。

4.拉线固定是否牢固，拉线基础周围土壤有无突起、沉陷、缺土等现象。

5.拉桩有无偏斜、损坏。

6.水平拉线对地距离是否符合要求。

7.拉线有无妨碍交通或被车碰撞。

8.顶（撑）杆、拉线柱、保护桩等有无损坏、开裂、腐朽等现象。

（七）防雷设施的巡视检查

1. 避雷器绝缘裙有无硬伤、老化、裂纹、脏污、闪络。

2. 避雷器的固定是否牢固，有无歪斜、松动现象。

3. 引线连接是否牢固，上下压线有无开焊、脱落，触点有无锈蚀。

4. 引线与相邻和杆塔构件的距离是否符合规定。

5. 附件有无锈蚀，接地端焊接处有无开裂、脱落。

（八）接地装置的巡视检查

1. 接地引下线有无断股、损伤、丢失。

2. 接头接触是否良好，线夹螺栓有无松动、锈蚀。

3. 接地引下线的保护管有无破损、丢失，固定是否牢靠。

4. 接地体有无外露、严重腐蚀，在埋设范围内有无土方工程。

（九）接户线的巡视检查

1. 线间距离和对地、对建筑物等交叉跨越距离是否符合规定。

2. 绝缘层有无老化、损坏。

3. 接点接触是否良好，有无电化腐蚀现象。

4. 绝缘子有无破损、脱落。

5. 支持物是否牢固，有无腐朽、锈蚀、损坏等现象。

6. 弧垂是否合适，有无混线、烧伤现象。

（十）线路保护区巡视检查

1. 线路上有无搭落的树枝、金属丝、锡箔纸、塑料布、风筝等。

2. 线路周围有无堆放易被风刮起的锡箔纸、塑料布、草垛等。

3. 沿线有无易燃、易爆物品和腐蚀性液、气体。

4. 有无危及线路安全运行的建筑脚手架、吊车、树木、烟囱、天线、旗杆等。

5. 线路附近有无敷设管道、修桥筑路、挖沟修渠、平整土地、砍伐树木及在线路下方修房栽树、堆放土石等。

6. 线路附近有无新建的化工厂、农药厂、电石厂等污染源及打靶场、开石爆破等不安全现象。

7. 导线对其他电力线路、弱电线路的距离是否符合规定。

8. 导线对地、对道路、公路、铁路、管道、索道、河流、建筑物等距离是否符合规定。

9. 防护区内有无植树、种竹情况及导线与树、竹间距离是否符合规定。

10. 线路附近有无射击、放风筝、抛扔外物、飘洒金属和在杆塔、拉线上拴牲畜等。

11. 查明沿线发生江河泛滥、山洪和泥石流等异常现象。

12. 有无违犯《电力设施保护条例》的建筑。

五、配电设备的运行

（一）变压器和变压器台

1. 变压器及变压器台的巡视、检查、维护、试验周期

变压器及变压器台的巡视、检查、维护、试验周期按表规定执行。

表 9-2-2　变压器和变压器台巡视、检查、维护、试验周期

序号	项目	周期	备注
1	定期巡视	与线路巡视周期相同	
2	清扫套管、检查熔丝等维护工作	一般一年一次	脏污地段适当增加
3	绝缘电阻测量	一年一次	
4	负荷测量	每年至少一次	
5	油耐压、水分试验	五年至少一次	

2. 变压器和变压器台的巡视、检查内容

（1）套管是否清洁，有无裂纹、损伤、放电痕迹；

（2）油温、油色、油面是否正常，有无异声、异味；

（3）呼吸器是否正常，有无堵塞现象；

（4）各个电气连接点有无锈蚀、过热和烧损现象；

（5）分接开关指示位置是否正确，换接是否良好；

（6）外壳有无脱漆、锈蚀；

（7）焊口有无裂纹、渗油；

（8）接地是否良好；

（9）各部密封垫有无老化、开裂，缝隙有无渗漏油现象；

（10）各部螺栓是否完整，有无松动；

（11）铭牌及其他标志是否完好；

（12）一、二次熔断器是否齐备，熔丝大小是否合适；

（13）一、二次引线是否松弛，绝缘是否良好，相间或对构件的距离是否符合规定，对工作人员上下电杆有无触电危险；

（14）变压器台架高度是否符合规定，有无锈蚀、倾斜、下沉；

（15）木构件有无腐朽；

（16）砖、石结构台架有无裂缝和倒塌的可能；

（17）地面安装的变压器，围栏是否完好；

（18）变压器台上的其他设备（如表箱、开关等）是否完好；

（19）台架周围有无杂草丛生、杂物堆积，有无生长较高的农作物、树、竹、蔓藤类植物接近带电体。

3. 配电变压器试验和测量

新的或大修后的变压器投入运行前，除外观检查合格外，应有出厂试验合格证和供电试验部门的试验合格证。

变压器停运满一个月者，在恢复送电前应测量绝缘电阻，合格后方可投入运行。搁置或停运 6 个月以上的压器，投运前应做绝缘电阻和绝缘油耐压试验。干燥、寒冷地区的排灌专用变压器，停运期可适当延长，但不宜超过 8 个月。

（1）绕组的绝缘电阻和吸收比

1）周期：交接时、大修后、每隔 1~2 年一次。

2）要求：

①在测试温度 20℃左右时，绕组的绝缘电阻值必须大于等于 300MΩ；

②在同一配变中，高低压绕组的绝缘电阻标准相同；

③大修后和运行中的标准可自行规定，但在相同温度下，绝缘电阻应不低于出厂值的 70%；

④吸收比应大于等于 1.3。

（2）绕组的直流电阻

1）周期：交接时、大修后、每隔 1~2 年一次、在变换绕组分接头位置后。

2）要求：630kVA 及以上的变压器，各相绕组的直流电阻相互间的差别应不大于三相平均值的 2%；630kVA 以下的变压器，直流电阻的相间判别一般不大于三相平均值的 4%，线间差别不大于三相平均值的 2%。

3）不平衡度：（三相最大值 − 最小值）/ 平均值 × 100%。

（3）绕组连同套管一起的泄漏电流

1）周期：交接时、大修后、每隔 1~2 年一次。

2）要求：

①绕组额定电压是 6~10kV，直流试验电压是 10kV；

②配变的泄漏电流值在测试温度 20℃左右时为 70μA；

③泄漏电流测试值与历年数值比较不应有显著变化。

（4）绕组连同套管一起的工频交流耐压试验

1）周期：交接时、大修后。

2）要求：

①绕组额定电压为 0.5kV 时，试验电压是 2kV；

②绕组额定电压为 10kV 时，出厂时试验电压是 35kV，交接及大修后试验电压是 30kV。

4. 配电变压器运行

变压器过负荷运行，温升要增加，绝缘寿命会缩短，运行变压器所加一次电压不应超过相应分接头电压值的 105%。最大负荷不应超过变压器额定容量（特殊情况除外）。上层油温不宜超过 85℃。

常用钳型电流表来测量配电变压器负荷电流。钳型电流表由电流互感器和电流表组成。测量时，握紧手柄，电流互感器铁心即可张开（如图中虚线所示），然后将被测相的导线卡入钳口作为电流互感器一次侧，放松手柄，使铁心的钳口闭合后，接到二次侧上电流表便指示出被测电流值。转换开关切换，可以得到几种不同的量程。

测量配电变压器负荷电流应注意以下事项：

（1）操作人员对带电部分必须保持足够的安全距离，一人操作，一人监护。

（2）测量前，应先考虑可能出现的最大电流，选定电表的量程进行测量，以防烧坏电表，然后调整合适的分接头，开始测量读数。

（3）测量时应尽量使被测导线处于钳口中央，以减少误差。如测量大电流后立即去测小电流，应张开铁心数次，以消除铁心中剩磁。

（4）测量前应注意使表头指针调于零位。

（5）应保持钳口的清洁，携带使用不应受到强烈震动。

（6）测量配电变压器的负荷电流应在高峰负荷时进行，否则应增加测试次数。

5. 配电变压器检查

（1）变压器有下列情况之一者应进行检查、处理；

（2）瓷件裂纹、击穿、烧损、严重污秽；

（3）瓷裙损伤面积超过 $100mm^2$；

（4）导电杆端头过热、烧损、熔接；

（5）漏油、严重渗油、油标上见不到油面；

（6）绝缘油老化，油色显著变深；

（7）外壳和散热器大面积脱漆，严重锈蚀；

（8）有异声、放电声、冒烟、喷油和过热现象等。

6. 配电变电器并列运行条件

（1）额定电压相等，电压比允许值相差 ±0.5%；

（2）阻抗电压相差不得超过 10%；

（3）接线组别相同；

（4）容量比不得超过 3∶1。

变压器并列前应做核相试验，并列运行后，应在低压侧测量电流分配，在最大负荷时，任何一台变压器都不应过负荷。

（二）配变站

1. 配变站的巡视、检查、维护、试验周期

配变站的巡视、检查、维护、试验周期按下表规定执行。

表 9-2-3　配变站（包括箱式）的巡视、检查、维护、试验周期

序号	项目	周期	备注
1	定期巡视	每月至少一次	重要站适当增加巡视次数
2	清扫及各部检查	每月至少一次	
3	开盖维护性修理	每年一次	
4	防火器具检查	每年一次	
5	保护装置、仪表二次线检查、检验	每年一次	

2. 配变站的巡视、检查内容

（1）各种仪表、信号装置指示是否正常；

（2）各种设备、各部接点有无过热、烧伤、熔接等异常现象；导体（线）有无断股、

裂纹、损伤；熔断器接触是否良好；空气开关运行是否正常；

（3）各种充油设备的油色、油温是否正常，有无渗、漏油现象；呼吸器中的变色硅胶是否正常；

（4）各种设备的瓷件是否清洁，有无裂纹、损坏、放电痕迹等异常现象；

（5）开关指示器位置是否正确；

（6）室内温度是否过高，有无异音、异味现象；通风口有无堵塞；

（7）照明设备和防火设施是否完好；

（8）建筑物、门、窗等有无损坏；基础有无下沉；有无渗、漏水现象；防小动物设施是否完好、有效；

（9）各种标志是否齐全、清晰；

（10）周围有无威胁安全、影响运行和阻塞检修车辆通行的堆积物等；

（11）接地装置连接是否良好，有无锈蚀、损坏等现象。

仪表、保护装置等设备的运行，参照有关专业规程。

（三）柱上断路器和负荷开关

1. 柱上断路器巡视

柱上开关设备的巡视、清扫周期与线路的周期相同，柱上油断路器、油负荷开关绝缘电阻测量 1~3 年进行一次，大修周期不应超过五年，操作频繁的开关应缩短大修周期。

巡视检查内容：外壳有无渗、漏油和锈蚀现象；套管有无破损、裂纹、严重脏污和闪络放电的痕迹；开关的固定是否牢固；引线接点和接地是否良好；线间和对地距离是否足够；油位是否正常；开关分、合位置指示是否正确、清晰。

2. 柱上断路器试验

交接和大修后的柱上开关，应进行下列试验，合格后方可投入运行，其试验项目及其标准如下：

（1）绝缘电阻测量：用 2500V 兆欧表测量，绝缘电阻值不低于 1000MΩ。

（2）每相导电回路电阻测量。导电回路电阻值不宜大于 500μΩ。

（3）工频耐压试验。出厂试验按 42kV，1min；交接或大修后按 38kV，1min 进行工频耐压试验，

（4）绝缘油试验。通过开关的负荷电流应小于其额定电流，断路器安装点的短路容量应小于其额定开断容量。

（四）隔离开关和熔断器

1. 隔离开关和熔断器巡视、检查、清扫周期

隔离开关、熔断器的巡视、检查、清扫周期与线路的周期相同。其巡视、检查内容如下：

（1）瓷件有无裂纹、闪络、破损及脏污；

（2）熔丝管有无弯曲、变形；

（3）触头间接触是否良好，有无过热、烧损、熔化现象；

（4）各部件的组装是否良好，有无松动、脱落；

（5）引线接点连接是否良好，与各部间距是否合适；

（6）安装是否牢固，相间距离、倾斜角是否符合规定；

（7）操动机构是否灵活，有无锈蚀现象。

2. 隔离开关和熔断器缺陷处理

熔断器检查发现以下缺陷时，应及时处理。

（1）熔断器的消弧管内径扩大或受潮膨胀而失效；

（2）触头接触不良，有麻点、过热、烧损现象；

（3）触头弹簧片的弹力不足，有退火、断裂等情况；

（4）操动机构操作不灵活；

（5）熔断器熔丝管易跌落，上下触头不在一条直线上；

（6）熔丝容量不合适；

（7）相间距离不足 0.5m，跌落式熔断器安装倾斜角超出 15°～30° 范围。

熔断器遮断容量应大于其安装点的短路容量，通过隔离开关和熔断器的最大负荷电流应小于其额定电流。

（五）电容器

1. 巡视检查

电容器的巡视、检查、清扫与所在线路设备同时进行。检查内容如下：

（1）瓷件有无闪络、裂纹、破损和严重脏污；

（2）有无渗、漏油；

（3）外壳有无鼓肚、锈蚀；

（4）接地是否良好；

（5）放电回路及各引线接点是否良好；

（6）带电导体与各部的间距是否合适；

（7）开关、熔断器是否正常、完好；

（8）并联电容器的单台熔丝是否熔断；

（9）串联补偿电容器的保护间隙有无变形、异常和放电痕迹。

2. 电容器运行监视

电容器发现下列情况应停止运行，进行处理：

（1）电容器爆炸、喷油、漏油、起火、鼓肚；

（2）套管破损、裂纹、闪络烧伤；

（3）接头过热、熔化；

（4）单台熔丝熔断；

（5）内部有异常响声。

电容器运行中的最高温度不得超过制造厂规定值。

电容器的保护熔丝可按电容器的额定电流的 1.2～1.3 倍进行整定。

六、防雷与接地

（一）防雷

防雷装置应在雷季之前投入运行。防雷装置的巡视周期与线路的巡视周期相同。防雷装置检查、试验周期为：避雷器绝缘电阻试验，1~3 年；避雷器工频放电试验．1~3 年。Fs 型避雷器的绝缘电阻应大于 2500MΩ。

（二）接地

接地装置的巡视、检查与其设备的巡视检查同时进行。

柱上变压器、配变站、柱上开关设备、电容器设备的接地电阻测量每两年至少一次；其他设备的接地电阻测量每四年至少一次。接地电阻测量应在干燥天气进行。

总容量 100kVA 及以上的变压器，其接地装置的接地电阻不应大于 4Ω，每个重复接地装置的接地电阻不应大于 10Ω；总容量为 100kVA 以下的变压器，其接地装置的接地电阻不应大于 10Ω，且重复接地不应少于 3 处。

中性点直接接地的低压电力网中的中性线，应在电源点接地；在配电线路的干线和分干线（支线）终端处，应重复接地；在线路引入车间或大型建筑物处，也应将中性线重复接地。

柱上开关、隔离开关和熔断器的防雷装置，其接地装置的接地电阻，不应大于 10Ω。配变站的接地装置的接地电阻不应大于 4Ω。

接地引下线与接地装置应可靠连接。接地引下线一般不与拉线、拉线抱箍相接触。

测量时，电流回路中接地极、电流极均为临时接地极，一般取 Y=20m、Z=40m，测量前将仪表放平、调零、使指针指在红线上。测量时可在线路带电的情况下进行，解开和恢复接地引下线时必须戴绝缘手套，测量时解开接地引下线，将仪表的 E 端和引下线 D 相接，距测点 Y 处打入电拉探针 A，并与仪表 R 相连；在 DA 延长线上距 D 点 Z 处打入电流探针。

将倍率开关先放在最大倍数处，缓慢摇动发电机手柄，同时转动测量标度盘，直至检流计指针停在中心红线处。当指针在红线上时，加快发电机转速至 120r/min。调节测量刻度盘使指针稳定指在红线位置，即能标出电阻值。如果测量刻度盘读数小于 1，应将倍率开关放在较小一档，然后重新测量。测量标度盘的读数乘以倍率，即得所测的接地电阻值。

测量接地电阻时，应在良好干燥天气下进行，避免在雨雪天气测量，一般可在雨后三天测量。

第三节　配电线路现场运行规程

第四节　配电线路防护

一、电力设施的外力破坏情况

电力设施担负着生产、输送、分配电力的重要任务。保护电力设施的安全，保证电力的正常供应，具有十分重要的意义。近年来，外力破坏电力设施的犯罪活动频频发生，大小停电事故不断，给国民经济和人民生活带来了重大损失和影响。

外力破坏电力设施的违法犯罪活动，少数不法分子拆盗电力设施，盗窃电力基建物资；还有些人破坏电力计量仪表，违章用电和窃电；任意挖塘取土，采石放炮，违章建房、植树、等等。

外力破坏的主要原因是：

（一）农村基层政权削弱

许多村干部都只顾自己发家致富，放松对农民的教育管理。少数群众极端利己主义思想严重，正道发不了财就走邪道。

（二）非法收购电力器材直接诱发犯罪

一些集体、个体，甚至国营的收购点和某些工厂给犯罪分子大开方便之门，不要任何证明和手续，一手交钱，一手交货。非法收购不仅方便了销赃，而且诱发助长了盗窃。

（三）新形势下电力部门生产管理工作跟不上

电力设施星罗棋布，点多、面广、线长、分散，尤其架空线路平日处于无人监护状态，极易遭受外力破坏。面对日益严重的外力破坏，电力部门的生产管理还是老一套，相应安全防范措施跟不上。拆了补，补了拆，成天被动应付。

（四）社会性宣传不够

许多群众对盗窃电力设施器材后果的严重性不甚了解，往往为了拆盗几个螺丝、几块角钢卖几元钱而造成倒杆塔事故。

（五）打击不力、不及时

拆盗几个螺帽、几块角钢，从钱数上看，不够盗窃标准，不少地方司法机关又不以破坏电力设施案件论处，致使这些地方拆盗电力设施的犯罪活动日益猖獗。

二、电力设施保护条例的实施

严格执行《中华人民共和国电力法》《电力设施保护条例》《电力设施保护条例实施细则》是以法管电的重要措施，也是我们保护电力设施的法律武器。我们要积极行动起来，主动争取各级人民政府和公安机关的领导和支持，大张旗鼓地开展保护电力设施的宣传教育，发动群众进行综合治理，把保护电力设施的工作推向一个新的阶段，保证电力生产和建设的顺利进行。

条例规定，电力设施的保护，实行电力主管部门、公安部门和人民群众相结合的原则。国务院对电力设施的保护负责监督、检查、指导和协调。各级公安部门负责依法查处破坏电力设施或哄抢、盗窃电力设备器材的案件。

三、电力线路保护范围和保护区

（一）电力线路保护范围

1.架空电力线路保护范围：杆塔、基础、拉线、接地装置、导线、金具、绝缘子、登杆塔的爬梯和脚钉，导线跨越航道的保护设施，巡（保）线站。

2.电力电缆线路保护范围：架空、地下、水底电缆和电缆连接装置，电缆管道、电缆隧道、电缆沟、电缆井、盖板、入孔、标志牌及附属设施。

3.电力线路上的变压器、电容器、断路器、隔离开关、避雷器、互感器、熔断器、计量仪表装置、配电室、箱式变电所。

（二）电力线路保护区

1.架空电力线路保护区：为导线边线向两侧延伸一定距离所形成的两条平行线内的区域。1~10kV 配电线路的防护区为 5m。

2.电力电缆线路保护区：地下电缆线路两侧各 0.75m 所形成的两平行线内的区域；海底电缆一般为线路两侧各两海里（港内两侧各 100m），江河电缆一般不小于线路两侧各 100m（中、小河流一般不小于 50m）所形成的两平行线内的水域。

四、电力设施的防护内容

（一）县以上各级电力主管部门应采取的措施

1.在必要的架空电力线路保护区的区间上应设立标志牌，并标明保护区的宽度和保护规定；

2.在架空电力线路导线跨越重要公路和航道的区段应设立标志牌，并标明导线距穿越物体之间的安全距离；

3.地下电缆铺设后应设立永久性标志，并将地下电缆所在位置书面通知有关部门；

4.水底电缆铺设后应设立永久性标志，并将水底电缆位置书面通知有关部门。

（二）对爆破作业的规定

任何单位或个人不得在距电力设施 300m 范围内进行爆破；若因工程需要必需进行的，应按国家《爆破安全管理条例》《爆破安全规程》和安规的规定进行，并征得电力部门的同意，采取安全措施后方可进行；300m 外的爆破作业，也必须保证电力设施的安全。

（三）任何单位或个人不得从事下列危害电力线路设施的行为

1. 向电力线路射击；

2. 向导线抛掷物体；

3. 在架空电力线路两侧各 300m 的区域内放风筝；

4. 擅自在导线上接用电器设备；

5. 擅自攀登杆塔或在杆塔上架设电力线、通信线、广播线，安装广播喇叭；

6. 利用杆塔、拉线作起重牵引地锚；

7. 在杆塔、拉线上拴牲畜、悬挂物体、攀附农作物；

8. 在杆塔、拉线基础的规定范围内取土、打桩、钻探、开挖或倾倒酸、碱、盐及其他有害化学物品；

9. 在杆塔内（不含杆塔与杆塔之间）或杆塔与拉线之间修筑道路；

10. 拆卸杆塔或拉线上的器材，移动、损坏永久性标志或标志牌。

（四）任何单位或个人在架空电力线路保护区之内必须遵守下列规定

1. 不得堆放谷物、草料、垃圾、矿渣、易燃物、易爆物及其他影响安全供电的物品；

2. 不得烧窑、烧荒；

3. 不得兴建建筑物、构筑物；

4. 不得种植可能危及电力设施安全的植物。

（五）任何单位或个人在电力电缆线路保护区内必须遵守下列规定

1. 不得在地下电缆保护区内堆放垃圾、矿渣、易燃物、易爆物，倾倒酸、碱、盐及其他有害化学物品，兴建建筑物或种植树木；

2. 不得在海底电缆保护区内抛锚、拖锚；

3. 不得在江河电缆保护区内抛锚、拖锚、炸鱼、挖沙。

（六）任何单位或个人必须经县级以上地方电力主管部门批准，并采取安全措施后，方可进行下列作业或活动

1. 在架空电力线路保护区内进行农田水利基本建设工程及打桩、钻探、开挖等作业；

2. 起重机械的任何部位进入架空电力线路保护区进行施工；

3. 小于导线距穿越物体之间安全距离，通过架空电力线路保护区；

4. 在电力电缆线路保护区内进行作业。

（七）任何单位或个人不得从事下列危害电力设施建设的行为

1. 非法侵占电力设施建设项目依法征用的土地；

2. 涂改、移动、损害、拔除电力设施建设的测量标桩和标记；

3. 破坏、封堵施工道路，截断施工水源或电源。

（八）收购电力设施器材的规定

收购的商业企业必须经县级以上地方物资、商业管理部门会同工商行政管理部门、公安部门批准。收购电力设施器材时应在批准的范围内查验证明、登记收购。任何单位或个人不得私自收购。

任何单位出售电力设施器材，必须持有本单位证明；任何个人出售电力设施器材，必须持有所在单位或所在居委会、村委会出具证明，到规定的商业企业出售。任何单位或个人不得私自出售。

五、电力设施保护的奖励与惩罚

（一）奖励

1. 奖励的对象

（1）对破坏电力设施或哄抢、盗窃电力设施器材的行为检举、揭发有功者；

（2）对破坏电力设施或哄抢、盗窃电力设施器材的行为进行斗争，有效地防止事故发生者；

（3）为保护电力设施而同自然灾害做斗争，成绩突出者；

（4）为维护电力设施安全，做出显著成绩者。

2. 奖励（各地、各不同时期，数额可作变动）

电力部门应给予表彰或一次性物质奖励。

（二）惩罚

1. 任何单位或个人违反本节第四部分3、4、5、6项规定，电力主管部门有权制止并责令其限期改正，情节严重的，可处以罚款；违反在电力线下种树规定，限期内未改正的，电力部门还可采取强行伐、剪措施；凡造成损失的，电力部门还应责令其赔偿，并建议其上级主管部门对有关责任人员给予行政处分。

2. 凡违反保护电力设施条例规定而构成违反治安管理条例的单位或个人，由公安部门予以处罚；构成犯罪的，由司法机关依法追究刑事责任。

3. 违反条例非法占有电力建设设施依法征用的土地，应按国家有关规定处理。

4. 违反条例非法收购或出售电力设施器材，由工商行政管理部门按国家有关规定没收其全部违法所得或实物，并视情节轻重，处于罚款直至吊销营业执照。

5. 电力主管部门工作人员违反条例规定，情节严重的，应给予行政处分；构成犯罪的，由司法机关依法追究刑事责任。

6. 当事人对地方电力主管部门给予的行政处罚不服，可以向上一级电力主管部门申诉。对上一级电力主管部门做出的行政处罚仍不服，可在接到通知之日起十五日内向人民法院起诉；期满又不起诉又不执行的，由做出行政处制的电力主管部门申请人民法院强制执行。

第五节　配电线路事故处理与预防

一、事故处理

（一）事故处理的主要任务

1. 尽快查出事故地点和原因，消除事故根源，防止扩大事故。
2. 采取措施防止行人接近故障导线和设备，避免发生人身事故。
3. 尽量缩小事故停电范围和减少事故损失。
4. 对已停电的用户尽快恢复供电。

（二）配电系统事故

配电系统发生下列情况时，必须迅速查明原因，并及时处理。

1. 断路器掉闸（不论重合是否成功）或熔断器跌落（熔丝熔断）。
2. 发生永久性接地或频发性接地。
3. 变压器一次或二次熔丝熔断。
4. 线路倒杆、断线；发生火灾、触电伤亡等意外事件。
5. 用户报告无电或电压异常。

（三）事故处理方法

运行单位为便于迅速、有效的处理事故，应建立事故抢修组织和有效的联系办法。

高压配电线路发生故障或异常现象，应迅速组织人员（包括用电监察人员）对该线路和与其相连接的高压用户设备进行全面巡查，直至故障点查出为止。

线路上的熔断器或柱上断路器掉闸时，不得盲目试送，必须详细检查线路和有关设备，确无问题后，方可恢复送电。

中性点不接地系统发生永久性接地故障时，可用柱上开关或其他设备（如用负荷切断器操作隔离开关或跌落熔断器）分段选出故障段。

变压器一、二次熔丝熔断按如下规定处理：

1. 一次熔丝熔断时，必须详细检查高压设备及变压器，无问题后方可送电。
2. 二次熔丝（片）熔断时，首先查明熔断器接触是否良好，然后检查低压线路，无问题后方可送电，送电后立即测量负荷电流，判明是否运行正常。

变压器、油断路器发生事故，有冒油、冒烟或外壳过热现象时，应断开电源并待冷却后处理。

（四）事故调查处理

事故巡查人员应将事故现场状况和经过做好记录（人身事故还应记录触电部位、原因、抢救情况等），并收集引起设备故障的一切部件，加以妥善保管，作为分析事故的依据。

事故发生后，运行单位应及时组织有关人员进行调查、分析，制定防止事故的对策。并按有关规定提出事故报告。

事故处理工作应遵守电业生产事故调查规程的规定。紧急情况下，可在保障人身安全和设备安全运行的前提下，采取临时措施，但事后应及时处理。

运行单位应备有一定数量的物资、器材、工具作为事故抢修用品。

（五）技术管理

1. 技术资料

（1）运行部门应备有以下主要技术资料

配电网络运行方式图板或图纸；配电线路平面图；线路杆位图（表）；低压台区图（包括电流、电压测量记录）；高压配电线路负荷记录；缺陷记录；配电线路、设备变动（更正）通知单；维护（产、权）分界点协议书；巡视手册；防护通知书；交叉跨越记录；事故、障碍记录；变压器卡片；断路器、负荷开关卡片；配变站巡视记录；配变站运行方式接线图；配变站检修记录；配变站竣工资料和技术资料；接地装置布置图和试验记录；绝缘工具试验记录；工作日志。

（2）运行部门应备有下列规程

《中华人民共和国电力法》《电力工业管理法规》《架空配电线路及设备运行规程（试行）》《电力安全工作规程（电力线路部分）》《电力设施保护条例》《66kV 及以下架空电力线路设计规范》《架空绝缘配电线路设计规程》《交流电气装置的过电压保护和绝缘配合》《电力设备接地设计技术规程》《电气装置安装工程施工及验收规范》《电业生产人员培训制度》《电气设备预防性试验规程》《电业生产事故调查规程》《配电系统供电可靠性统计办法》《电力变压器运行规程》《并联电容器装置设计技术规程》。

（六）缺陷管理

缺陷管理的目的是为了掌握运行设备存在的问题，以便按轻、重、缓、急消除缺陷，提高设备的健康水平，保障线路、设备的安全运行。另一方面，对缺陷进行全面分析，总结变化规律，为大修、更新改造设备提供依据。

设备缺陷实行运行班（站）、分公司（分局、工区）、公司（局）三级进行管理。各级都要建立缺陷记录，内容包括发现的时间、缺陷内容、处理意见、处理结果，并注明是一般缺陷、重大缺陷还是紧急缺陷。巡线人员现场发现缺陷后，应详细地将线路名称、杆号、缺陷部位、缺陷内容、缺陷种类及建议处理方法等事项填入巡视工作票。巡视工作票一式两份，自存一份，另一份交班（站）长，同时，巡视人员还应将缺陷登记在缺陷记录本上。班（站）长接到巡线人员填好的巡视工作票后，要对巡视工作票上各项内容进行审核，并签署意见，如认为缺陷不清楚或缺陷比较复杂，可组织有关人员会同巡线人员共同到现场核查和鉴定，并迅速安排处理。班（站）能处理的缺陷，班（站）按月将缺陷消除情况填入消缺记录上报分公司（分局、工区）。缺陷消除后巡线人员应立即将消缺时间、消缺人员名字等记入缺陷记录本和检修记录本上。班（站）不能确定的缺陷和不能处理的重大缺陷要上报分公司（分局），分公司（分局）根据实际情况迅速对班（站）不能鉴定的设备缺陷作出判断，对班（站）不能处理的重大缺陷研究处理方法，及时安排消缺。分公司（分局）不能处理的缺陷应立即上报公司（局）生技部，生技部接报后应会同有关单位共同到现场核查和鉴定，并组织对缺陷进行消除。对于对安全运行影响不大、一段时期内无法消除或需要花较大代价来消除的缺陷，可作为永久性缺陷记录在案，在年度大修技改中予以消除。

运行中的配电设备，凡不符合架空配电线路运行标准者，都称作设备缺陷。设备缺陷按其严重程度，可分为一般缺陷、重大缺陷、紧急缺陷三类。

1. 一般缺陷

一般缺陷是指对近期安全运行影响不大的缺陷，可列入年、季检修计划或日常维护工作中去消除，如绝缘子轻微损伤、电杆轻度裂纹等。

2. 重大缺陷

重大缺陷是指缺陷比较严重，虽然已超过了运行标准，但仍可短期继续安全运行的缺陷。这类缺陷应在短期内消除，消除前应加强监视，如绝缘子串闪络等。

3. 紧急缺陷

紧急缺陷是指严重程度已使设备不能继续安全运行，随时可能导致发生事故或危及人身安全的缺陷，必须尽快消除或采取必要的安全技术措施进行临时处理，如导线损伤面积超过总面积的 25%、绝缘子击穿等。

紧急缺陷严重威胁线路安全运行，应及时向上级领导汇报并立即安排消除；重大缺陷应采取防止缺陷扩大和造成事故的必要措施，应加强对缺陷变化情况的监视，消缺时限不得超过一周；一般缺陷可列入月度检修计划中及时消除，处理不得超过三个月。即：紧急缺陷不过日，重大缺陷不过周，一般缺陷不过月。按月对缺陷及消除情况进行统计，并经常对缺陷进行分析，研究缺陷发生、发展的规律，对制定预防事故的措施、改进运行维护工作提供真实依据。

二、配电线路反事故措施

要做到配电线路安全无事故运行，除了加强线路管理、严格执行现场规程、实施电力设施保护之外，还必须抓紧做好反事故措施。

加强设计审查，保证施工质量，加强检修管理，提高运行水平是保证线路安全可靠运行的有效方法。主要的措施有以下几个方面。

（一）把好基建质量关

1. 加强设计审核

运行单位要参加设计审查，提供运行经验和有关测量试验数据，并从生产实际出发提出设计要求。设计部门要听取运行部门的意见和要求，特别要注意地形和气候的影响。设计部门往往考虑得多的是线路长度和投资。从安全运行出发，线路应尽量避免高寒山区、河谷沙滩、石灰岩溶洞等地区，一定要经过时，要采取特殊措施。高山大岭的重冰区、强烈的风口，均应按实际荷载设计。

2. 施工要符合设计

施工单位不能擅自更改设计标准，施工要符合设计要求。特别注意杆塔基础的埋深、混凝土基础浇制质量、预制基础的规格和安装位置、拉线装置的规格和埋深、回填土的夯实程度。对埋没在松软地、沙地、低畦地和洪水可能冲刷处的杆塔，以及山坡可能会发生滑坡或石灰岩地区杆塔，要检查是否采取了相应的措施：增加基础埋深，采用重力式基础，增加卡盘或拉线，另设防洪设施等。凡是不按设计和施工工艺标准施工的杆塔基础均应作为缺陷，要及时处理。

3. 加强原材料和设备的验收

施工单位和运行部门都要加强对原材料和设备的验收工作，发现有不符合设计和出厂要求的产品，不准投入工程使用。要注意不错用钢材，不随便代用，不用没有产品合格证、没有产品商标或者制造厂不明的产品。新型器材、设备和新型杆塔必须经试验、鉴定合格后方能使用，在试用的基础上逐步推广应用。

4. 运行单位把好验收关

运行单位要加强对新建、改建工程的质量验收工作，特别要加强对隐蔽工程（如杆塔基础、导线连接）的验收。

5. 清理线路通道

新线路投运前，基建部门要组织力量将通道清理完毕。

（二）提高检修质量

线路检修必须按确定的周期和项目进行。检修工作结束后，运行人员根据检修要求进行质量验收。若发现不符合质量要求，必须返工重修。

（三）防止倒杆塔事故

1. 杆塔歪扭

对杆塔轻微歪扭，应进行定期观察，并做好记录，注意发展情况。必要时，进行强度验算和分析，根据情况进行处理。

2. 水泥杆裂缝

水泥杆发生裂缝，应进行定期观察和记录，注意发展情况，必要时采取堵缝或换杆措施。

3. 杆塔部件锈蚀

杆塔及拉线的地下部分，由于地下水和土壤的腐蚀作用，会逐渐损坏。尤其在化工厂、造纸厂等有腐蚀性的污水处或地下水本来就有腐蚀性的地方拉线的拉棒，10年左右就会严重腐蚀。我国南方，黄土丘陵地区，由于土壤酸性高，对金属零件的腐蚀也很严重。新线路投运，用不了几年，铁件的地上部分完全良好，但地下部分却已经锈蚀了。镀锌件只要一开始锈蚀，速度很快。有时用油漆防锈，其效果反而更不好。

铁塔锈蚀主要是未镀锌的铁塔。这种铁塔，在5~10年内就必须油漆一次，锈蚀比较严重的是靠近地面的一节。有的塔材，投运20年左右，就发现锈蚀穿孔。镀锌铁塔也有锈蚀问题，关键是镀锌质量。

严重锈蚀的杆塔部件、拉线和拉杆，应及时更换。

4. 防偷盗部件

加强巡视检查，防止杆塔部件（特别是杆塔拉线、接地线）被盗，一经发现应及时补齐。

5. 基础不稳

施工未按设计进行或周围环境变动，造成杆塔基础埋深不够；线路经过松软土地或水田，设计施工中未采取可靠措施；雨季低洼积水，山洪暴发冲刷杆塔基础；冬季施工时，用冻土作回填，又未踏实和堵土，春天解冻时土层下沉等原因造成基础不稳。在大风、雨季、覆冰或洪水冲刷时，就很容易发生倒杆（塔）事故。所以经常检查杆根培土，及时发现埋深不够，也是防止倒杆塔的重要措施。

（四）防止断导地线

1. 防止导线过负荷运行

线路长期过负荷会导致导线的机械强度降低和永久性变形，在导线张力大时可能引起断线或因驰度过大致使对交叉跨越物放电而烧（断）线。对经常过负荷并发生多次断股的导线，应及时更换与负荷相适应的线号，对交叉距离不足者应及时采取措施。

2. 导线腐蚀

影响导线腐蚀的因素除气温、湿度、雨量外，线材本身的质量和污秽的类型更为关键。腐蚀导线程度按轻重顺序划分为清洁区、沿海区、工业区、沿海工业区。

在污秽地区，一般应对运行 10 年以上的架空线锈蚀情况进行检查或强度抽样试验，锈蚀严重或强度不符合要求时应及时更换。

3. 连接管处故障

要加强对导线连接管和并沟线夹的检查和测量，发现问题应及时采取有效措施进行处理。今后基建、施工、生产运行部门，导线连接不采用爆压工艺，并沟线夹可采用楔形结构。

（五）防止雷害事故

1. 接地装置

接地装置必须按运行规程要求，定期进行检查和测量，不合格者应及时进行处理。

2. 空气间隙

即导线对杆塔的空气间隙运行中发现空气间隙不满足规程要求时，要加强监视和分析，及时处理。

3. 线路交叉跨越距离

对交叉跨越距离要有测量记录，对不符合规程要求，根据危害程度，分期分批地进行处理。

（六）防止外力破坏

1. 认真贯彻《电力设施保护条例》，加强保卫力量，争取地方政府和公安部门的支持，积极开展反外力破坏的宣传教育工作，确保线路安全运行。

2. 加强运行人员责任性。运行人员要加强责任性，后果严重、性质恶劣的外力破坏事故，应向当地公安部门及时报告。

3. 开展群众护线。

三、线路故障与预防

配电线路运行的根本任务是保证配电线路不间断地供电，在运行中要求不发生停电跳闸事故。由于架空线路量大面广，又长期处于露天之下运行，所以，经常会受到周围环境和大自然变化的影响，从而使架空线路在运行中会发生各种各样的故障。据历年运行情况统计，许多故障属于季节性故障。为了防止线路在不同季节发生故障，就应有针对性的采取相应的反事故措施，从而保证线路安全运行。

（一）配电线路的故障原因

引起事故的原因，大致有如下三类。

1. 大气自然条件的影响

这类事故是由于大气自然条件的影响造成的，如风、雪、雨、雾、雷电、露水、洪水等，这类事故往往带有季节性。所以，一般也称季节性事故，常见的季节性事故主要有以下几种。

（1）大风

刮大风时，如果风力超过架空线路的设计荷载，就会发生倒杆塔事故。这种事故通常是在当地出现了超出设计所考虑的风速条件时才会发生。如果杆塔或拉线等零件由于锈蚀或其他原因降低了它的机械强度时，即使在正常风力的作用下，也可能发生倒杆（塔）事故。

由于风的原因，有时还会引起导线间的闪络，甚至断线事故；有时还会引起导线风偏对杆塔或档距中对树木、建筑物等的闪络事故；也会引起导线振动，导致导线疲劳断股，甚至断线落地的严重事故。

（2）冰雪影响

当线路导线出现严重覆冰时会使驰度过大，杆塔的机械负荷增加，从而造成导线对地或对交叉物的接地放电事故，或者造成断线、倒杆塔事故。此外，当初次下雪时，由于绝缘子表面污秽严重，加上雪内含有尘污，也有可能发生污闪事故。覆冰脱落时还会引起导线发生跳跃，因而引起混线事故。

（3）雷击

线路上遭受雷击，常会损坏线路元件，使线路跳闸停电。雷击可能使绝缘子或瓷横担闪络，甚至击碎。有时雷击还能把架空线打断，把导线、接地线及其金具烧伤，甚至熔化烧断。雷击还可能引起间隙闪络。

（4）雨量

雨水对线路的影响是多方面的，毛毛细雨可能使清扫不及时的脏污绝缘子发生污闪事故，从而引起线路跳闸停电。倾盆大雨久下不停，会使河水暴涨或山洪暴发而冲倒杆塔。

（5）气温和湿度

气温对线路最明显的影响是驰度，气温高导线松弛，容易引起交叉跨越和对地距离不足而放电，气温低时导线应力过大而断线。湿度对放电的影响也是显而易见的。

2. 线路本身存在的缺陷

线路施工时，使用不合格的材料和工艺方法错误，以及杆塔结构设计或安装不合格，都可能在运行中造成事故。在设计中由于路径和气象条件选择不当，在运行过程中也会发生断线或倒杆塔事故。如果在勘测时由于粗心大意，该测的一些横断面未测，就可能导致在运行中导线对边坡放电的事故。

线路个别元件由于运行年久、材质老化，使电气和机械强度降低，又未及时检修，也会发生各种事故。

3. 外界环境的影响

架空线路受周围环境的影响很大，如沿线附近的村木，在线路上活动的各种鸟类，线路附近的各种工厂，线路下面堆放的各种易燃材料等，都可能使线路发生故障。

鸟类在线路杆塔上筑巢或在杆塔上停落，有时大鸟穿过导线飞翔，或者在绝缘子串的上方排粪、吃食，都有可能造成线路接地事故。

树木、藤类植物的生长，与配电线路的导线接近时，就会造成线路接地故障。

工业区特别是化工厂或其他有污染源的地区，所产生的尘污或有害气体会使绝缘子的绝缘水平下降，以致在空气湿度很大的天气里，特别是在大雾天气里发生闪络事故。线路经过海边或内陆盐碱地区，也会发生类似事故。

各种外力的影响，也会造成各种各样的线路事故。在线路附近放风筝，开挖放炮，在电线上打鸟，杆塔基础旁挖土，在已有电力线路旁边的各种装卸、施工作业，以及外力偷窃线路器材等均会造成线路事故。

（二）配电线路故障的处理

为了总结经验教训，研究事故规律，开展反事故斗争，必须认真进行事故的调查分析。通过反馈事故信息，也为提高运行、检修、设计、施工安装水平及设备制造的可靠性创造条件。

事故调查要做到及时、准确、完整。事故发生后，必须认真保护事故现场，调查人员迅速赶到现场，收集有关的各种原始记录和技术资料，对特大事故、重大事故和比较典型的事故应该录像。事故分析应实事求是，查清事故发生、扩大的原因和暴露的问题、责任，采取防止事故的对策。事故报告应及时准确地上报。

对发生的责任事故必须严肃处理。对玩忽职守、工作不负责任、违章指挥、安全管理不善等造成重大责任事故的应追究有关主要领导人员的责任。

对特大、重大事故以及其他性质严重的事故，应按规定及时报告有关部门并邀请派人参加调查，并应按事故调查规程进行。

为了全面吸取教训，事故发生后，除了及时将事故情况报告上级主管部门外，还应及时将事故信息反馈到与事故有关的单位，如设计、制造、修造、安装和科研等部门，必要时请他们派人参加调查。

配电线路事故的原因是多方面的，但只要严格执行各种运行、检修制度，切实做好维护和检修工作，认真执行各项反事故技术措施，发生事故后认真调查研究，及时总结经验教训，落实整改措施，配电线路的事故是可以避免的。

（三）雷击事故

1.变压器典型雷击事故分析

（1）事故原因及暴露问题

目前，我国 3~10kV 变压器多为 Y，Yn0 接线，变压器高压侧的避雷器接地线与变压器金属外壳、低压侧的中性点均按有关规程采用三点连在一起的接地方式。

遭雷击的原因如下：

1）当高压侧落雷三相同时进波时，通过避雷器的雷电流会在接地电阻上产生很大的压降，该压降有可能使低压侧线圈绝缘击穿；同时，通过电磁感应在变压器高压绕组上按变比感应出很高的电压，并在高压侧中性点上达到最大值，最终使中性点的绝缘击穿。这种反变换过电压还可能将高压绕组的层间或匝间绝缘击穿。

2）配电变压器低压侧落雷，作用于低压侧的冲击波按变比感应到变压器高压侧，产生正变换引起的高电压，这一电压的幅值也能使高压侧的绝缘击穿。

这些事故暴露出对防雷工作不够重视，未能采取有效防雷措施，导致正、反变换过电压损坏配电变压器。

（2）防范措施

Y，Yn0 接线的配电变压器，除在高压侧采用避雷器保护外，低压侧可采用低压避雷器来保护。运行实践表明，若在配电变压器低压侧加装避雷器，能有效地抑制低压绕组可能出现的各种过电压，使高压绕组得到保护。据统计配电变压器低压侧加装低压氧化锌避雷器后，雷击损坏率事故得到有效控制，配电变压器雷击事故率呈明显下降趋势，可见，这种防雷措施效果是非常明显的。

2.架空绝缘导线典型雷击事故分析

（1）事故原因及暴露问题

对于裸导线，电弧在电磁力的作用下，高温弧根沿导线表面滑移，并在工频续流烧断导线或损坏绝缘子之前引起断路器动作，切断电弧。因此，裸导线的断线故障率明显低于架空绝缘电缆。

试验研究和实际事故原因分析证实：架空绝缘线路雷电过电压闪络时，瞬间电弧电流很大但时间很短，仅在架空绝缘导线绝缘层上形成击穿孔，不会烧断导线。但是，当雷电过电压闪络，特别是在两相或三相（不一定是在同一电杆上）之间闪络而形成金属性短路通道，引起数千安培工频续流，电弧能量将骤增。此时，由于架空绝缘电缆绝缘层阻碍电弧在其表面滑移，高温弧根被固定在绝缘层的击穿点而在断路器动作之前烧断导线。

（2）防止架空绝缘导线雷击断线的措施

对于架空绝缘线目前可采取以下防雷措施：

1）安装避雷线，此种方法避雷效果最好，但可行性和难度大，成本高。

2）提高线路绝缘子耐压水平，将 10kV 绝缘子换为防雷绝缘子，将大大提高防雷水平。

3）在多雷区按照一定档距安装线路避雷器，减少雷击断线事故。

4）延长闪烁路径，导致电弧容易熄灭，局部增加绝缘强度，如在导线与绝缘子相连处加强绝缘，以及采用长闪烁路径避雷器等。

5）局部剥离绝缘导线，使之局部成为裸导线，从而电弧能在剥离部分滑动，而不是固定在某一点烧蚀。

另外，新一代防雷支柱绝缘子FEG-12/5，适用于10kV架空电力线路中绝缘和支持导线用，而且还具有防止10kV架空绝缘导线雷击断线的保护功能。该绝缘子还具有为防止导线因热胀冷缩而移动的移动压块和穿刺式的刺齿构造，安装施工方便可靠，不需剥开绝缘层，可避免线芯进水和腐蚀，同时也极大地减轻操作人员的劳动强度，在防止架空绝缘导线雷击断线方面具有广泛的应用前景。

（四）污闪

1. 影响污闪的因素

（1）影响污闪的因素

由于自然界的污秽种类是多种多样的，地理环境和气候条件存在差异，湿润特征千差万别，加之绝缘子本身形状、尺寸、安装方式和承受的电压、频率的不同，都直接或间接影响绝缘子的表面状况和表面电弧的发展，因而也影响着绝缘子的污闪电压。

（2）我国大气环境污染的特点

1）工业污染占的比重较大。

2）大气中总悬浮微粒日平均浓度大，城市更严重。

3）燃煤所产生的污染加重，造成大气中SO_2、NO_2、总悬浮微粒及降尘量均达到相当严重的水平。

4）酸雨的污染范围不断扩大。

5）废气排放量逐年增加。

综上所述，我国的防污闪工作是一项长期艰巨的工作，应常抓不懈，从技术上和管理上制订切实可行的措施，减少污闪事故的发生。

2. 防止污闪的措施

各种污秽达到一定程度时，令引起绝缘子串的闪络，通常称为污闪。污闪故障波及面广且时间较长，有时造成几十条线路污闪停电。所以防止污闪对保证线路安全运行极为重要，一般可根据本地区的运行经验，采取以下防污闪措施。

（1）确定线路的污秽期和污秽等级

根据历年线路发生污闪的时期和绝缘子的等值盐密测量结果，确定本地区电力线路的污秽季节或月份和污秽等级（或允许的绝缘子串单位泄漏比距）。这样，可在污秽季节到来之前完成防污工作，同时，对新建或大修改建的线路提供防污闪数据。

（2）定期清扫绝缘子

在污秽季节到来之前，逐基登杆清扫绝缘子。清扫方法，可用干布、湿布或蘸汽油的布（或浸肥皂水的布）将绝缘子擦干净；也可带电冲洗绝缘子（现已很少采用）。对污秽严重，不易在现场清扫的绝缘子，可以更换新的绝缘子，将旧绝缘子带回在工厂进行清洗。

（3）在线监测和更换不良或零值绝缘子

对绝缘子串定期进行零值和不良绝缘子的测量，及时更换不良和零值绝缘子，使线路永远保持能耐污闪的绝缘水平。

在线监测的前提条件是需要有相应的仪器才能进行。在绝缘子数量大的情况下，劳动量也很大。并且目前开发出的一些在线监测仪器，在使用中受温度、湿度、风速等气候条件影响较大，准确率起伏很大。市场新开发的玻璃绝缘子虽然具有零值自爆特点，为绝缘子的绝缘检测提供了一条新的途径，但由于其自洁能力差，积污重，很不适应中及重污区使用，且造价高，应用也不广泛。

（4）增加绝缘子串的单位泄漏比距

绝缘子表面泄漏电流越大，污闪越严重，而泄漏电流的大小与绝缘子串的单位泄漏比距成反比。因此，可以增加绝缘子片数或改为耐污绝缘子来增加绝缘子串的单位泄漏比距。

（5）采用憎水性涂料

憎水性涂料是一种具有黏附性和拒水性油料。将它涂在绝缘子表面，当污秽物落在其上后，便被涂料包围形成一个个孤立的细小微粒。因为这些污秽物的微粒外面包裹了一层拒水性涂料，故使里面的污秽物质不易吸潮，即使吸潮后也是一个个孤立的微粒，而不能形成片状水膜的导电通路，从而可以避免污闪发生。

采用憎水性涂料是一种比较先进且成本较低的方法，优越性也比较明显。我国从六七十年代就开始使用耐污涂料，最初使用硅油、硅脂、地蜡。80年代以来，又开发出室温硫化硅橡胶RTV（Room Temperature Vulcanized Silicone Rubber）涂料应用于现场，由于其具有憎水性和包容污秽物的特点，当污秽物落上后，被防污涂料包围成一个个孤立的细小微粒，使其不被雨水或潮雾中的水分所润湿，因此，该污秽物质不被离子化，从而能有效地扼制泄漏电流，极大地提高绝缘子的防污闪能力。在实际应用中，使用RTV涂料，要严格按使用说明书操作。施工工艺要求较高，太薄或龟裂、脱皮都会失去应有作用，造成闪络事故。在保证喷涂质量的条件下，一次使用可保持绝缘子五年内不用清扫。

（6）采用复合绝缘子

复合绝缘子是由环氧玻璃纤维棒制成芯棒和以硅橡胶为基本绝缘体构成的，环氧玻璃纤维棒抗张机强度相当高，为普通钢材抗张强度的1.6~2.0倍，是高强度瓷的3~5倍。硅橡胶绝缘伞裙具有良好的耐污闪性能，所以采用复合绝缘子是线路防污闪的有效措施。

另外，在春检、秋检将跌落保险处污秽物进行清洗，对污秽段的跌落保险，在跌落保险上加装爬距增长器、更换绝缘导线和在绝缘子附近的绝缘导线上缠绕绝缘包覆带并涂RTV涂料，也是防止污闪的有利方法。

由于10kV配网架空线路的污闪故障对供电可靠性危害极大，因此治理工作非常重要，只有通过预防与治理相结合的措施，采用先进的治理方法，才能达到预期的效果。同时防污闪工作要有规范的制度和科学的管理方法，通过强化管理，层层落实防污闪工作，把污闪跳闸率降到最低点，力争消灭污闪故障，保证配电网安全运行。

（五）春夏季事故预防

严格地讲，污闪、雷害、风害也都是春夏季多发的事故。春夏季温度变化对野外线路影响十分直接，春天的树木生很快，鸟害和风筝对线路事故比例增大；夏天气温高，导线驰度增大，容易引起交叉跨越距离或对地距离不够而引发事故；同时，夏季洪水对架空线路也有较大威胁。

1. 树木的修剪和砍伐

春夏两季，树木生长快，在线路下面或附近的树木就有可能碰触导线；大风天气里，尤其热带风暴侵袭沿海地带树，树木摇摆、断枝、倒树比较容易发生。由于树木本身含水量大，当触及架空线路时，就会造成接地、烧伤导线，甚至发生断线事故，还可能引起火灾。

为了防止树木引起线路故障，就必须适当进行树木的修剪和砍伐工作，以使树木与线路之间能保持一定的安全距离。

2. 鸟害事故对安全运行造成了极大的危害

（1）鸟害事故情况

1）口衔铁丝、柴草下落，引起接地或短路事故。乌鸦、喜鹊嘴衔树枝、柴草或铁丝等往返飞行于线路上空，树枝等落到导线间，或者搭到导线与横担之间造成接地或短路事故。

2）鸟巢引起线路接地事故。鸟巢靠近带电部分，阴雨等原因使对地或对横担绝缘距离不够。

3）伸展翅膀引起相间短路甚至断线事故。乌鸦等较大鸟在线间飞行或打架，伸展翅膀均易造成短路甚至断线，鸟触电死亡。

4）暴风雨天气，鸟巢吹散触及导线造成跳闸事故。

5）鸟粪引起对地闪络。大鸟在导线悬挂点上方排粪污染绝缘子，或者下雨时粪便从绝缘子上流下时引起闪络放电。

（2）几种有效的防鸟方法

防止鸟害是季节性很强的任务，一般头一年的冬季就应该着手准备第二年春季的防鸟工作，有效的防鸟方法主要有以下几种。

1）增加巡线次数，随时拆毁鸟巢

防鸟季节巡线和正常巡线不同，不但次数增加，发现鸟巢后，还应尽快拆除。所以工作人员要频繁登杆，拆捣鸟巢时应有专人在杆塔下监护，并应携带必要的安全用具和劳动保护用品，以保证工作人员安全。

工作人员要多准备几种防鸟措施，一种方法不行再换其他方法。乌鸦筑巢最为顽固，往往要搭拆几次才能驱鸟，不能认为拆除鸟巢就万事大吉。

拆除鸟巢时，注意树枝中央杂铜丝、铁线。偶一不慎碰到带电设备，就容易发生事故。使用操作杆拆除鸟巢，应用试验合格的绝缘棒。

2）在杆塔上安装惊鸟措施，使鸟类不敢接近。

3）杆塔上添加防鸟装置，使鸟无法在上面立足或转移活动位置。

这种方法一般不需改变杆塔结构，只在鸟类容易栖息的地方加装一些特别的装置。

3. 夏季检查交叉跨越

在夏天，由于气温高，导线弧垂增大，使交叉跨度变小，容易发生事故。因此，在巡视线路时应检查交叉跨越距离，检查中应注意以下几个问题：

（1）运行中的线路，导线弧垂的大小主要决定于气温、导线温升和导线上的垂直荷重。当导线温度最高或导线覆冰时，都有可能使弧垂变大。因此，在检查跨越距离是否合格时，各地区应用导线覆冰或最高温度来验算。

（2）档距中导线弧垂的变化是不一样的，靠近档距中心的弧度变化大，靠近导线固定处变化小。因此，在检查交叉跨越时，一定要注意交叉点距杆塔的距离。在同样的交叉距离下，交叉点越靠近档距中心，危险性越大。

（3）检查交叉跨度时，应记录当时的气温，以便对照。

4. 架空线路防洪

（1）洪水的危害

夏季的洪水对线路的安全运行也有较大危害。洪水对线路杆塔的危害主要有下列几种情况：

1）杆塔基础土壤受到严重冲刷流失，因而破坏了基础的稳固性，造成杆塔倾倒；

2）基础已被洪水淹没，水中的漂浮物（树木、柴草等）挂到杆塔或拉线上，这就增大了洪水对杆塔的冲击力，若杆塔强度不够，则造成倒杆事故；

3）跨越江河的杆塔，由于其导线弧垂大，跨越距离较小，故随洪水而来的高大物体容易挂碰导线，造成混线、断线或杆塔倾倒；

4）位于小土堆、边坡等处杆塔，由于雨水的浸泡和冲刷引起坍塌、溜坡，造成杆塔倾倒。

综上所述，由于洪水而造成的事故，往往是由于杆塔倾倒引起的。而且在洪水中抢修比较困难，有时甚至不能马上抢修，故会影响正常供电。因此，防洪必须预防为主，事先摸清水情，了解洪水规律，对有被洪水冲击可能的杆塔应在汛前认真检查，及时采取防洪措施。

（2）防洪的技术措施

要根据具体情况，全面进行技术经济比较后决定，具体的方法有：

1）对杆塔基础周围的土壤，如有下沉、松动的情况，应填土夯实，在杆根处还应剖出一个高出地面不小于 30cm 的土台；

2）采取各种方法保护杆塔基础的土壤，使其不被冲刷或坍塌；

3）对于设在水中或汛期有可能被水浸淹的杆塔，应根据具体情况增添支撑杆或拉线；

4）在汛期有可能被洪水冲击的杆塔，根据具体情况，应增添护堤。

结　语

电力系统是由不同电压等级的电力线路组成的一个发电、输电、配电、用电的整体，即有发电厂、输电网、配电网和电力用户组成的整体，是将一次能源转换成电能并输送和分配到用户的一个统一系统。电力系统的出现，使高效、无污染、使用方便、易于调控的电能得到广泛应用，推动了社会生产各个领域的变化，开创了电力时代，发生了第二次技术革命。电力系统的规模和技术水准已成为一个国家经济发展水平的标志之一。

本书详细论述了电力系统的相关安全知识，希望对于电力相关的工作者在以后的工作中能给予一定的帮助，也望广大读者品评与指正。